中国社会科学院创新工程学术出版资助项目

总主编：史丹

可再生能源与消费型社会的冲突

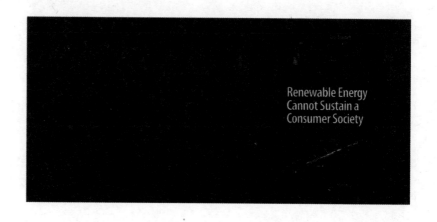

Renewable Energy
Cannot Sustain a
Consumer Society

【澳】 泰德·特瑞纳 著

赵永辉 译

经济管理出版社

ECONOMY & MANAGEMENT PUBLISHING HOUSE

《能源经济经典译丛》专家委员会

能源已经成为现代文明社会的血液。随着人类社会进入工业文明，能源的开发利用成为经济活动的重要组成部分，与能源相关的生产、贸易、消费和税收等问题开始成为学者和政策制定者关注的重点。得益于经济学的系统发展和繁荣，对这些问题的认识和分析有了强大的工具。如果从英国经济学家威廉·杰文斯1865年发表的《煤的问题》算起，人们从经济学视角分析能源问题的历史迄今已经有一个多世纪了。

从经济学视角分析能源问题并不等同于能源经济学的产生。实际上，直到20世纪70年代，能源经济学才作为一个独立的分支发展起来。从当时的历史背景来看，70年代的石油危机催生了能源经济学，因为石油危机凸显了能源对于国民经济发展的重要性，从而给研究者和政策制定者以启示——对能源经济问题进行系统研究是十分必要的，而且是紧迫的。一些关心能源问题的专家、学者先后对能源经济问题进行了深入、广泛的研究，并发表了众多有关能源的论文、专著，时至今日，能源经济学已经成为重要的经济学分支。

同其他经济学分支一样，能源经济学以经济学的经典理论为基础，但它的发展却呈现两大特征：一是研究内容和研究领域始终与现实问题紧密结合在一起。经济发展的客观需要促进能源经济学的发展，而能源经济学的逐步成熟又给经济发展以理论指导和概括。例如，20世纪70年代的能源经济研究聚焦于如何解决石油供给短缺和能源安全问题；到90年代，经济自由化和能源市场改革的浪潮席卷全球，关于改进能源市场效率的研究极大地丰富了能源经济学的研究内容和方法，使能源经济学的研究逐步由实证性研究转向规范的理论范式研究；进入

21 世纪，气候变化和生态环境退化促使能源经济学对能源利用效率以及能源环境问题开展深入的研究。

需要注意的是，尽管能源经济学将经济理论运用到能源问题研究中，但这不是决定能源经济学成为一门独立经济学分支的理由。能源经济学逐步被认可为一个独立的经济学分支，主要在于其研究对象具有特殊的技术特性，其特有的技术发展规律使其显著区别于其他经济学。例如，电力工业是能源经济学分析的基本对象之一。要分析电力工业的基本经济问题，就需要先了解这些技术经济特征，理解产业运行的流程和方式。比如，若不知道基本的电路定律，恐怕就很难理解电网在现代电力系统中的作用，从而也很难为电网的运行、调度、投资确定合理的模式。再如，热力学第一定律和第二定律决定了能源利用与能源替代的能量与效率损失，而一般商品之间的替代并不存在类似能量损失。能源开发利用特有的技术经济特性是使能源经济学成为独立分支的重要标志。

能源经济学作为一门新兴的学科，目前对其进行的研究还不成熟，但其发展已呈现另一个特征，即与其他学科融合发展，这种融合主要源于能源在经济领域以外的影响和作用。例如，能源与环境、能源与国际政治等。目前，许多能源经济学教科书已把能源环境、能源安全作为重要的研究内容。与其他经济学分支相比，能源经济学的研究内容在一定程度上已超出了传统经济学的研究范畴，它所涉及的问题具有典型的跨学科特征。正因为如此，能源经济学的方法论既有其独立的经济方法，也有其他相关学科的方法学。

能源经济学研究内容的丰富与复杂，难以用一本著作对其包括的所有议题进行深入的论述。从微观到宏观，从理论到政策，从经济到政治，从技术到环境，从国内到国外，从现在到未来，其所关注的视角可谓千差万别，但却有着密切的内在联系，从这套经济管理出版社出版的《能源经济经典译丛》就可见一斑。

这套丛书是从国外优秀能源经济著作中筛选的一小部分，但从这套译著的书名就可看出其涉猎的内容之广。丛书的作者们从不同的角度探索能源及其相关问题，反映出能源经济学的专业性、融合性。本套丛书主要包括：

《能源经济学：概念、观点、市场与治理》(Energy Economics: Concepts, Issues, Markets and Governance) 和《可再生能源：技术、经济和环境》(Renewable Energy: Technology, Economic and Environment) 既可以看做汇聚众多成熟研究成果的出色教材，也可以看做本身就是系统的研究成果，因为书中融合了作者的许多真知灼见。《能源效率：实时能源基础设施的投资与风险管理》(Energy Efficiency: Real Time Energy Infrastructure Investment and Risk Management)、《能源安全：全球和区域性问题、理论展望及关键能源基础设施》(Energy Security: International and Local Issues, Theoretical Perspectives, and Critical Energy Infrastructures）和《能源与环境》（Energy and Environment）均是深入探索经典能源问题的优秀著作。《可再生能源与消费型社会的冲突》（Renewable Energy Cannot Sustain a Consumer Society）与《可再生能源政策与政治：决策指南》（Renewable Energy Policy and Politics：A Handbook for Decision-making）则重点关注可再生能源的政策问题，恰恰顺应了世界范围内可再生能源发展的趋势。《可持续能源消费与社会：个人改变、技术进步还是社会变革?》（Sustainable Energy Consumption and Society：Personal, Technological, or Social Change?)、《能源载体时代的能源系统：后化石燃料时代如何定义、分析和设计能源系统》（Energy Systems in the Era of Energy Vectors：A Key to Define, Analyze and Design Energy Systems Beyond Fossil Fuels)、《能源和国家财富：了解生物物理经济》（Energy and the Wealthof Nations：Understanding the Biophysical Economy）则从更深层次关注了与人类社会深刻相关的能源发展与管理问题。《能源和美国社会：谬误背后的真相》（Energy and American Society：Thirteen Myths)、《欧盟能源政策：以德国生态税改革为例》（Energy Policies in the European Union：Germany's Ecological Tax Reform)、《东非能源资源：机遇与挑战》（Energy Resources in East Africa：Opportunities and Challenges）和《巴西能源：可再生能源主导的能源系统》（Energy in Brazil：Towards a Renewable Energy Dominated Systems）则关注了区域的能源问题。

对中国而言，伴随着经济的快速增长，与能源相关的各种问题开始集中地出现，迫切需要能源经济学对存在的问题进行理论上的解释和分析，提出合乎能源发展规律的政策措施。国内的一些学者对于能源经济学的研究同样也进行了有益的努力和探索。但正如前面所言，能源经济学是一门新兴的学科，中国在能源经济方面的研究起步更晚。他山之石，可以攻玉，我们希望借此套译丛，一方面为中国能源产业的改革和发展提供直接借鉴和比较；另一方面启迪国内研究者的智慧，从而为国内能源经济研究的繁荣做出贡献。相信国内的各类人员，包括能源产业的从业人员、大专院校的师生、科研机构的研究人员和政府部门的决策人员都能在这套译丛中得到启发。

翻译并非易事，且是苦差，从某种意义上讲，翻译人员翻译一本国外著作产生的社会收益要远远大于其个人收益。从事翻译的人，往往需要一些社会责任感。在此，我要对本套丛书的译者致以敬意。当然，更要感谢和钦佩经济管理出版社解淑青博士的精心创意和对国内能源图书出版状况的准确把握。正是所有人的不懈努力，才让这套丛书较快地与读者见面。若读者能从中有所收获，中国的能源和经济发展能从中获益，我想本套丛书译者和出版社都会备受鼓舞。我作为一名多年从事能源经济研究的科研人员，为我们能有更多的学术著作出版而感到欣慰。能源经济的前沿问题层出不穷，研究领域不断拓展，国内外有关能源经济学的专著会不断增加，我们会持续跟踪国内外能源研究领域的最新动态，将国外最前沿、最优秀的成果不断地引入国内，促进国内能源经济学的发展和繁荣。

丛书总编　史丹

2014 年 1 月 7 日

致谢
Acknowledgments

在所有给予该项目帮助的人中，要特别感谢英国最优人口信托的安德鲁·弗古森（Andrew Ferguson）先生。

作为一名具有批判态度的全球教育工作者，如果想要获得本书中涉及的一些主题的总结和文件资料，请登录名叫"更简单的方法"的网站，网址为：http：//socialwork.arts.unsw.edu.au/tsw/。

目录

Contents

第①章　背　景

在过去的 30 年里，工业社会对能源的大量需求在未来能否继续得到保障的问题，引起了人们的极大关注。最近，坎贝尔（Campell，1997）和其他一些人士认为：工业社会高度依赖的能源，如石油，将比想象的更加稀缺，且供给量可能在 2005~2015 年达到顶峰；另外一些人士认为，目前世界上的能源发现率大约是其利用率的 25%，而且非常规能源，如焦油砂、页岩油，将难以有效缓解现状。美国地质调查局（USGS）最近对最终可开采的石油量做出一个更高的估计，但这也仅仅使供给量高峰的到来推后大约 10 年。

如果考虑到第三世界国家的能源需求，并将其纳入讨论范围的话，形势将变得更加糟糕。如果现在全世界的所有人口都以发达国家的人均能耗率来消耗能源的话，那么世界的能源供给量将会为现在的 5 倍。到 2070 年，世界人口预计将达到 94 亿人。如果全世界的所有人口仍然以现在发达国家的人均能耗率来消耗化石燃料的话，所有可开采的常规能源，如石油、天然气、岩页油、铀（作为燃烧反应堆的燃料）和煤炭（可开采量为 2 万亿吨），都将会在大约 20 年内枯竭（Trainer，1985）。

当今，消费型社会已经到了超过资源可持续性利用水平以及环境承载能力的地步，但我们却没充分地认识到这一点。例如，温室效应问题就很清晰地反映了当前所处的形势。政府间环境变化专门委员会（IPCC 2001、2005，参见 Enting 等，1994）提供了一组有关排放率和大气中二氧化碳浓度将上升到相关水平的数据。

● 最经常引用的图表也许能够表明，如果要使二氧化碳浓度稳定在 550 ppm[①]，即 2 倍于前工业化时期水平，那么其排放量到 2040 年就必须削减到 2.5 Gt/y[②]，到 2200 年削减到 0.2 Gt/y。而现在因化石燃料燃烧产生的二氧化碳排放量已经超过了 6 Gt/y。

● 如果要维持二氧化碳浓度在 450 ppm 以下，其排放量到 2100 年必须削减到大约 1+Gt /y，2200 年削减到 0.3 Gt/y。这一目标显然有些过高，因为现在大气中二氧化碳浓度已经达到 380 ppm，并且还要受到诸多不确定性气候因素的影响。

● 极限值是指最大浓度为 400 ppm，即会引发灾难性影响，如墨西哥湾暖流停止移动，同时伴随着气温升高 2 摄氏度。

● 如果要将二氧化碳浓度维持在当前水平，到 2040 年就必须将二氧化碳排放量削减到 0.5 Gt/y，并且在 2070 年以后的几十年里，必须从大气中抽取比排放量更多的碳。

因此，将控制目标定在不超过 2 Gt/y 看起来似乎是明确的，但更加合理的目标应趋近 0.5 Gt/y。然而，到 2050 年，澳大利亚农业和资源经济局预测的二氧化碳排放量将会达到多少呢？结果，是令人震惊的 15 Gt/y。

当世界人口达到 90 亿时，全球碳消费预算量为 1 Gt 的情况下，每人每年大约可消费 150 千克的化石燃料，这仅相当于现在发达国家人均化石燃料消耗量的 2%~3%；换言之，按现在发达国家每人

---

① ppm 是指 Parts per million，百万分率，定义为百万分之一，1 ppm 即是一百万分之一，1 kg 的物质中有 1 毫克（mg）某物质，某物质含量即为 1 ppm，表示浓度的计量单位。
② Gt 是指 Gigatonne，千兆吨，Gt/y 是指千兆吨/年。

每年消耗超过 6 吨的化石燃料的标准来测算，那么仅能满足 1.7 亿人的能源需求，相当于全球总人口的 2.5%。

这些数据揭示了：我们面临着严重的不可持续性问题。消费型资本主义社会巨大的生产和消费已远远超出了合理水平。因此，我们必须放弃全部化石燃料的消耗，也就是说，我们的生产生活必须几乎要全部依靠新能源。然而，本书认为在当今消费型资本主义社会中，由极高的产出和消费水平引致的大量能源消耗需求，仅仅依靠新能源是难以维系的。

然而，以上列出的数据仅仅揭示了当前问题的严重性，如将经济增长因素也考虑进去的话，问题会更加严重，笔者将会在本书第 10 章中做详细阐述。这里假设，到 2070 年全球 94 亿人口要达到发达国家的生活水平，如按年经济增长率 3% 测算，那么每年全球经济产出必须为现在的 60 倍之多。

因此，新能源能否维系我们的消费型社会这一问题，已然不再局限于其能否解决当下能源需求了，对此本书也已旗帜鲜明地给出了否定答案；而真正的问题是，新能源能否满足由无限增长的生产消费所引致的能源需求。

所有上述问题能够或将能够由新能源来解决——这是一个强有力的、从未受到质疑的假设。也就是说，人们普遍认为像太阳能、风能等新能源可以替代化石燃料，并能够确保消费型社会对能源的大量需求。然而，奇怪的是，目前几乎没有文献对这一假设的可能性做出任何有信服力的阐述，但盲目乐观和无法令人信服的论断经常不绝于耳。比如，"只要有水，氢能就是用之不竭的"[1]；"新能源将是能够满足人类未来能源需求的潜在替代物"（Lewis，2003）；"……现有新能源能够替代煤炭发电"（Diesendorf，2005）；"新能源可以高效满足能源需要，而不会带来任何问题"（ACF，2005）；"……能源作物能提供足够的生物质燃料"（Lovins 等，2005）；"实际上，所有能源观察家都认为各类替代能源是用之不竭的"（Gordon，1981）；"使用当前技术，利用全新能源，可以实现电力的持续供应"（Czisch，2004）；"未来50年，太阳能能够替代化石燃料和核燃料，并由此创造出一个完全可持续的能源系统"（Blakers，2003）。

遗憾的是，在评价以上假设有效性的过程中，那些最了解新能源领域的专家们实际上并没有起多大作用。他们只对推广其钟爱的新能源技术感兴趣，但对这种技术的缺陷，以及在未来应用中可能出现的困难却熟视无睹。在他们推崇新能源的文章中，夸大、误导、可疑谬论随处可见。一些微小的技术进步，尚不可知未来会将发挥何种作用，但他们通常也会将其称之为"如奇迹一般的解决方案"。因此，在他们的圈子中，对可再生技术应用前景的质疑却极为鲜见。

从寻求公众及科技基金支持的角度来看，他们过于热衷于可再生技术是可以理解的，但这还意味着，这些所谓的"专家"们对可再生技术的应用前景及局限性将难以做出客观的评估。在得出以下结论的过程中，笔者遇到了莫大阻力和困难，这主要来自于那些刻意回避可再生技术及其方案（包括在个人沟通中用到他们所提供的数据时，可能导致的法律风险）缺陷的人。当他们开始意识到可再生技术的缺陷正越来越多地被披露时，便不再公布相关信息。除此之外，那些开发新能源的私人企业也不会将相关信息公之于众。例如，要想得到风能发电站的实际产出与发电现场平均风速之间的关系的信息是完全不可能的。因为，私人企业的商业利益可能会因尖锐的批评、挑剔以及过激的言论，甚至是骚扰而受到侵害。

在面对上述困难时，要想获得解决问题的信息是不可能的，同时，还意味着人们必须基于所能获得的支离破碎的信息，试图做出间接的估计。理想状态下，应由对新能源科技领域的专家进行研究，而不是我们，但是把这样一个任务最终还是留给了像笔者这样的局外人来完成也是可以理解的。

尽管本书对各类新能源的研究不是十分全面，但试图做出充分的分析解释，也就是说，会对一些关键问题进行充分讨论，使其更具有说服力。对于一些有望在未来可能发挥重要作用的新能源技术，本书没有进行详细的探讨，原因是我们还没有理由去坚信，这些新能源技术在当下能够替代风能、太阳能热电、太阳能光伏电以及生物质能四种主流新能源。

1.1　两个核心问题

当前，新能源面临着两个重要问题，即电力供应和液态燃料供应。尽管新能源可以较好地满足不同类别的需求，或者是不同地区的需求，如通过简单的"太阳功率分频"设计可以加热和冷却，以此而建构的系统还可以捕捉并存储太阳能。但是，电力及液态燃料，这既是能源的两种形态，消费型社会对其有巨大的需求；同时也是新能源面临的两个严峻问题，因此，基本问题是如何可靠地输送这些大量的能源，而不是计较资金成本或"能源回报"。

液体能源（包括石油和天然气）的供给现状是明确的例子。本书第 5 章近乎武断地给出了如下结论，尽管充分考虑到技术进步，我们也难以获取足够的能源供应量。获取可再生液体能源仅有两个途径：生物质能和氢能。即便潜在土地及新能源的产出非常大，也难以按现在发达国家人均液体燃料消耗量的 10% 的标准来满足未来全球 94 亿人的能源需求。

电力的供给现状却不那么明朗。一些地区如欧洲东北部及美国，在冬季能够从风能中获得大量的电力供应，尽管夏季风能供给不是那么令人乐观。然而，即使不用担忧风能及电能的电力供应，这些不同形式的新能源在最需要的时候依然难以"雪中送炭"。

在靠煤与核能大幅提高能源供给量的情况下，仅仅认为新能源的贡献是"锦上添花"，这具有一定的误导性。在上述情况下，由新能源的不确定性所引致的各种问题才能够得到有效规避：当没有阳光或没有风的时候，可以通过增加煤炭燃烧来补给能源供应。然而，本书所关注的问题是：开发一个用新能源来满足各种能源需求的系统，这就意味着能源产出将面临巨大的波动性，因此需要大量的能源储备以备能源供应不足之需。目前，对于这一问题，仍然没有满意的解决方案。

电力是一种难以大量储存的能源，因此需要转换为其他形式（如氢能和抽水储能）加以储存，等需要时再将其转换为电能。然而，这整个过程涉及诸多困难以及耗费过高的转换成本，这些问题将会在本书第 5 章和第 7 章进一步讨论。最优的选择就是：先用电能将水抽到很高的水坝中，待风能不足时，再利用水力进行发电，然而在该过程中会面临水电装机容量限制等问题。据统计，水力发电所产生的电能不到全球电能总量的 10%，因此，当没有风或阳光时，仅靠水发电补给电力供应是远远不够的。

换句话说，风能和太阳能最大的问题在于其自身的不确定性，尤其是太阳的昼夜交替、冬季的日照以及某些时间无风等问题。许多地区在夏季可以产生大量的太阳能光伏电以及太阳能热电，而在冬季却不能，尤其是欧洲的一些地区。在夏、秋两季风能发电量都比较低；更大的问题则是每天风力的巨大变化。

目前，即便是风能资源非常丰富的地区，风力发电也难以提供电力需求总量的 25%，风能相对丰富的地区一般也不超过 10%~15%，这一问题主要源自于风能的巨大不确定性。风能的不确定性还意味着，在建立大量的风力发电站的同时，仍然需要建立与原来一样多的煤力发电站和核电站，以供给无风时的能源需求。

世界将步入"氢能经济"时代的观点已为"常识"，本书将在第6章详细说明为什么这一观点不成立。对这个基于假设的观点的质疑，首当其冲的便是大量氢能来源问题。本书的第二、三、四章都将会阐明仅仅依靠太阳能或风能是难以满足电力需求的，将剩余能源转化为氢能更是不可能。即使有大量的氢能，一些观点依然坚持认为我们没有步入"氢能经济"时代，因为这还涉及因氢原子微小、质轻等物理特征所导致的一系列问题。在产出能源之前，需将大量的氢气抽出或加以储存，而这个过程本身就需要消耗大量能源。据估计，如将撒哈拉沙漠的氢气抽出并输送到欧洲，实际上就需要消耗相当于所抽取能源量的65%。除此之外，还会有其他损耗以及将氢气输送到燃料箱中的输送成本，尤其是发动机及其消耗电能的问题。最终，在扣除所有抽取及输送损耗后，燃料箱中仅能剩余最多50%~60%的能源。

如果将所有的损耗都加在一起的话，我们就会发现，用氢能而非风能供给电力或驱动汽车将要消耗相当于3倍或4倍的风能，而我们在一直试途将风能替代石油能源。此外，还包括以氢能形势储存风能过程中的损耗，以及再将氢能转化为电能的损耗。这样一个能源转换系统的财务成本大约是现有煤炭发电系统的12~15倍，这还不包括氢能在生产、抽取、储存以及装入燃料箱等过程中的损耗成本。

以上现状提出这样一个问题：在现有电力成本基础上，我们能够容忍其增加几倍？如果电力成本在现有的基础上增长了5倍，我们的经济尚能够幸免于难，如果增长了10倍，还能做到吗？

那么，更不用说在风力小的夏季和秋季用太阳能发电，在阳光较弱的冬季采用风力发电了，因为这就意味着我们需要建立两个成本极其昂贵的能源系统，而目前我们已经有了一个。当其他两个不能用时，我们有风能系统、太阳能系统以及煤炭发电系统可以用。

以上就是新能源，尤其是氢能在应用过程中所面临的重大难题及高昂成本。本书从第 2 章到第 7 章都将会对以上问题提供详细的论证。第 8 章将简要总结为什么四种主要新能源难以维系当今发达国家能源消耗需求的原因。第 9 章简要解释了核能也不能解决能源短缺问题的原因。

本书最终所得出的结论或许不会触怒那些新能源技术的积极倡导者，因为本书承认每一类新能源都将会为能源供应作出重要贡献。大多数积极的倡导者都宣称仅仅风能就能够满足 20%~25% 的能源需求量，本书第 2 章的讨论也认为在许多地区是可能实现的。然而，本书所批判的一类观点是：新能源是取之不尽、用之不竭的，能够满足社会快速发展的全部能源需求。

1.2　更宽广的背景：不可持续、不公平的社会

第 10 章从全球经济增长的制约性因素这更加宽广的视角，对能源问题作了进一步分析。即使不考虑所面临的能源问题，长远来看，过度依赖资源耗费和牺牲环境的生活方式是仍然不可持续的，这一观点在过去 40 年间得到了越来越强有力的印证。发达国家人均生态面积（"footprint"）是全球平均水平的 10 倍。此外，我们的生活是建立在极其不公平的全球经济体系基础之上的。如果不占有世界上的绝大多数资源并"压迫"第三世界国家发展，发达国家难以享有现在较高的生活水平，因为这样做会给发达国家的民众和企业带来诸多好处，然而并不惠及第三世界国家的广大人民。

大多数人认为，尽管面临的资源问题和生态问题非常严重，然而这些问题是可以通过大力推进再循环技术以及加大科技研发得到

有效解决。第 10 章将对"科技万能"这一极其错误的观点提出质疑，原因是当前资源过度消耗非常严重，仅通过以上技术手段是难以解决的。要想解决这一问题，首先就需要发达国家将其人均资源消耗降低 90%。然而，在一个将能源是否充足作为衡量生活质量重要指标的社会中，仅仅推进循环利用、提高能源利用效率以及开发新型能源技术，对于解决能源问题是难以奏效的。

更加重要的是，第 10 章将对致力于经济增长的荒谬观点提出质疑。如果我们再继续迷恋于大幅提高产出、消费、生活质量和国民生产总值（GDP），所有问题将会快速恶化。然而，提高产出、消费、生活质量和 GDP 却是所有政府的最高承诺，经济学家和民众的最高追求，而且也是这个经济体系的根基命脉。

如果要努力避免第 10 章所得出的结论成为现实，关键在于消费型资本主义社会本身就是不可持续的，或者说是不公平的。除非我们过渡到一个完全不同的社会体系，否则就难以解决这一社会所产生的这些重大全球问题。消费型资本主义社会体系内部的变革已然如隔靴搔痒，必须过渡到一个完全不同的社会、经济、地理、政治及文化体系，自我救赎才可实现。

当然，本书并不反对开发新能源。40 年以来，我一直认为新能源是一种理想的能源形态，必须越来越多地加以利用，并服务于我们的生活，但是目前的新能源利用水平难以满足消费型资本主义社会的需求。在生活中，我也总是尝试利用新能源，并不抵制。在我们的农场里，一直用柴火取暖，几十年来用柴炉做饭（当然现在不是），用风车抽水，并且屋顶上的光伏板已使用了 30 多年。 在以前出版的几部书中，我一直倡导，在一个可持续发展的世界中，我们必须要大力利用新能源，并使之更好地服务于我们的生活，但这一切只有从消费型资本主义社会向一个"更简单的社会体系"（第 11 章已作阐述）彻底转变后才能实现。

1.3 向"绿色"人士致歉

显然，本书所传达的信息对于绿色运动人士并不是一个好消息，而且如果他们严肃对待的话，笔者也清醒地认识到这会对环保事业可能造成危害。如果环保人士不对当前的生活方式及消费型社会体系发起任何重大挑战，那么他们很难唤醒公众的环保意识。

几乎所有的环保人士看起来都没有思维上的内在矛盾。事实上，他们却在说："请大家通过利用新能源来挽救我们的地球吧，因为新能源可以使消费型社会持续发展下去，并不会对当前的生活方式及经济增长造成威胁。"其实，要想让人们对这些看似没有"威胁性"的信息给予关注是件很困难的事。因此，要让人们通过削减90%的能源消耗，并放弃化石燃料来挽救环境将是件更加困难的事，更何况声明新能源"无用"！

在过去几十年中笔者也曾参与过绿色运动，如果本书受到广泛讨论的话，绿色运动的目标可能会受到责问，更不要说让人们普遍接受。因此，本书立竿见影的影响将是对核能的大力支持（尽管该案例可能与第9章的观点相悖）。

正如第10章将要阐明的那样，一般情况下，绿色运动本身也是有着严重的缺陷。对于大多数的绿色运动而言，仅仅称得上"浅绿"。大多数环保活动家和环保机构也没能跳出消费型资本主义社会的框架来推动改革。同时，他们也没有认识到，如果不彻底地向一个完全不同的社会体系进行彻底转变的话，环境问题及其他重大的问题是难以得到有效解决的。

第10章解释了为什么消费型资本主义社会不会成为可持续发展

的公平社会，因为该类社会体系不能由市场力量来驱动，它必须进行少量的国际贸易且并不实现经济增长，大多情况下它是由多个小型的经济体组成，并且其主流驱动价值不是竞争与占有。是否能够实现这一转变现在已经不再那么重要了，并且笔者对实现这一转变的前景非常悲观。重点是，当"增长的极限"的论断能够得到认同，一个可持续的公平社会也难以以其他形式得到构建。虽然对以上问题的讨论至关重要，但是很少有绿色环保组织对其非常重视，即便是一些绿色环保组织曾经提到过这些问题。

"科技万能论"的支持者常被称为新能源领域内的"瘟疫派"，但他们的极限能够公开接受此类批评。本书的态度明确，尽管他们所开发出来的技术是多么优越，但他们依然是在为"魔鬼"工作。如果没有实现从消费型社会向一个"更加简单的社会体系"转变的话，一个持续发展的公平世界就难以建立；然而这一转变会受到一些人的阻挠，因为这些人笃信科技进步会消除人们对社会转型的需求。

第 11 章涉及对新社会形态中关于能源经济的量化分析。这一分析解释了如何通过有限资源轻易地降低人均能耗及生态面积，但要实现这一目标，需要对经济、政治、地理、文化等系统实施大范围的、彻底的转型。最后，本章还对有效实现转型的不同方式进行了简要讨论。

1.4 本书的精神内核

新能源总是受教条式的、挑战性的和未经检验的论断和假设所困扰；然而也表明了一些强烈的、毋庸置疑的信念。很少人会出版关于对新能源批评的书籍，最为有名的一个特例就是霍华德·海登

（Howard Hayden）的著作《太阳能的骗局》（2003，2004）。

新能源的限制性因素都有哪些？这是一个大家试图去研究而又几乎容易被完全忽略的问题，本书给出了这一问题的答案。本书试图清晰而简明地列举例证，这些来自相关文献以及与一些研究人员的讨论。[2] 有时，这些资料不完整、自相矛盾，甚至不令人满意，一些重大的问题没有像预期的那样给出清晰的界定。尤其，当我们在信息不确定的状态下做研究，就可能导致对新能源技术的潜力做出过高或过低的估计判断。因此，笔者尽最大努力避免这个问题，但鉴于现实问题的复杂性，在以下章节中可能出现含糊不清的情况。同时，读者也应该认识到书中信息是日积月累的结果，这也意味着通货膨胀因素致使过去一些成本数据现在变得不那么可靠。

然而，笔者认为本书还是得出了具有相当说服力的结论。尽管主要发现可能会被证实具有一定的不准确性，但最为重要的是，本书在正确识别困难矛盾、明确现状、指出待解决问题、提供论证和观点、试图解读现状、让公众对所存在的问题有更深刻的了解等方面作出了积极贡献。此外，本书试图对各类问题进行梳理，以供他人进行批判的评估、建言和改进，并指出需要妥善应对的挑战。其实，最重要的不是本书的结论是否正确，而是其是否为得出永恒正确的结论作出贡献。

本书所承担的任务并没有被夸大。一个普遍的假设是，消费型资本主义社会也可以靠新能源来运转，尽管这个社会的运转目标是要最大限度且永无止境地扩大生产、销售、贸易、投资，提高生活水平以及国民生产总值。事实上，已有的文献及公众话题几乎没有涉及对这一问题的讨论，所以也没必要去考虑这样一个看似理所应当的假设。但是如果这个假设是错误的，那么我们在不远的将来将逐步面对灾难性的问题，所以我们迫切需要社会模式的彻底转型。因此，对这个假设的批判性思考与讨论应逐步面向社会大众。

第❷章 风 能

　　与其他新能源一样，对于风能应用潜力的判断是一个仁者见仁智者见智的问题，一些关于可用量和应用局限的结论，尽管这些结论令人充满信心，但在现实中通常却是可望而不可即。事实上，当今有很多过度乐观的判断与主张，比如：美国风能协会曾表示风能可以提供 3 倍于美国现在用电量的电能；一些人认为风能非常丰富，能够满足人们各类能源需求。不过本书表明，即便在风能非常丰富的地区，风能也仅能满足该地区全年能源需求非常小的一部分，其主要原因在于风力的不确定性。

　　从事风能产业的绝大多数人可能会对上述结论比较满意，因为风能是重要的潜在能源，但目前却难以部分或者全部替代化石燃料。在本章，新能源经济中关于风能满足能源需求的限制性因素变得越来越清晰。

　　地球上的风能蕴藏着巨大能量，在很多地区潜在的风能利用量远远超过需求。然而，这里需要区分潜在的可利用量与实际可利用量，因为风力不是恒定不变的，而是间歇性的一种能源。如果不确定性不是所要考虑的主要问题，那么馈入因子将是决定从风力中获取能量的主要指标。

2.1 电容量与馈入因子

我们通常认为，一台风车的发电量可以超过平均电容量的 30%，也就是说，在最优状态下可以产生 750 kW 的发电量的风车能够产出平均约 225 MV 的发电量。然而，一台风车的电容量是其区位的函数。因此，关键问题就演变为优越区位的数量，以及如果在不为优越区位的情况下，要产生尽可能多的风能时电容量将会下降多少？

"馈入"是指从风车输入电网的实际电能量。有时，风能虽有大量供给，但很少被利用，原因是现有的燃煤电站及核电站已经在供给能源，难以在短期内快速退出。提升燃煤电站、天然气发电站或核电站的发电量仅要花费 12~24 个小时，而将风能资源整合进全国电力供给系统将十分困难（为方便起见，本书中的"燃煤电站"代指燃煤电站、天然气发电站及核电站三类发电站）。

年平均馈入量通常小于风车所显示的电容量。假设一个优越的区位位置使一台风车在一个较长的期间内所产出的电量可以高于平均水平的 35%，或者可能超过其最高产出量，如 2003 年英国的平均电容率为 24%（新能源基金会，2004；贸易与工业部，2004），令人惊讶。过去两年，荷兰、丹麦、瑞典和德国的电容率为 22%（Ferguson，2003；Windstats）。在 1997 年和 1998 年，英国平均电容率为 24%~26.7%。1990 年，加利福尼亚州的风力发电站所达到的平均电容率为 18.6%（Elliott、Wendell 和 Gower，1991）。Sharman（2005）的报告显示，2003 年丹麦的馈入因子为惊人的 17%；E.ON Netz（2004、2005）的报告显示，2003 年德国的数据与丹麦接近，约为 16%，2004 年为 19%。

丹麦被公认为风能开发利用领域的领导者，全国 18% 的电力供应来自风力发电。相比其他国家而言，德国在风能开发利用领域也具有显著优势，其风能发电量大约占到了全欧洲装机容量的 1/3，其中，E.ON Netz 公司就运营着 44% 的发电量，传输半径达到 880 公里。该公司最近新公布的一份报告也非常重要，因为报告中的数据都基于大量的现实经验基础之上。在他们的风能发电系统中，半年度的馈入因子平均达到 11%，这也意味着该指标在最糟糕的月份将更低。尽管德国的风能系统目前仅供给全国电力需求的 4.7%，但在将少量的风能整合进该系统的过程中遇到了很多麻烦。所以，我们应对关于可利用的风能及电容量的乐观观点保持警惕。

随着可用的优越区位位置的减少，我们可以预计到平均的电容量会降低，因为首先利用并安装风车的位置一般都是最优的位置。德国和丹麦的情况再次引起了人们对该问题的重视。Czisch（2004）表示：在德国，优越的区位位置变得越来越稀缺。

2.2 排斥性因子

令人惊讶的是，鉴于诸多因素，大量风能发电优越的区位位置却没有得到利用，这主要包括已有用途的土地、国家公园、军事用地、国家森林保护区、濒危物种栖息地（如候鸟）、集水区，以及远离输电网络的偏远地区等。此外，土地的所有者可能也不希望在其土地上建设风车，因此会遭到当地居民以及旅游业界人士的强烈反对。

这些排斥性因素在欧洲要比在美国多一些，原因是美国的领土

面积是欧洲的 3.5 倍，而欧洲的人口密度则是美国的 4~12 倍
(Sorenson，2000)。关于这类问题的其他证据详见本章注释 1，注释
认为，3/4 或者更多的优越区位位置可能是不可用的。

2.3　量的问题：所需面积与供给面积

对风电场区的面积做出合理估计是非常有用的，因为风电场区
的面积与一台 1000 MV、电容率为 0.8 的燃煤电站的产出是相关的。
Hayden (2003) 认为，813 平方公里的区域对应的发电量是 1.2 W/m，
其关于电场实际面积与发电量关系的数据都是从 7 个实际案例中获
得的。

基于这类数据的最优假设依然是不确定的。就像区位位置的面
积及阵列的损失假设 (Array Loss Assumption) 一样，风车的尺寸大
小与功率对其发电量也发挥着重要作用。[2] 这种不确定性主要来自
风车所设定的电容量大小。每年 35% 的电容量一般都可以达到，但
仅限于那些非常优越的区位位置的地方，对于整个系统而言，一般
要低于这一水平的一半。

在 Hayden 所研究的 6 个案例中，风车的电容率都在约 36% 的水
平，远高于注释 2 所提到的整个风能系统的平均水平。其中一个案
例的电容率为 34%，其相对应的电场面积达到 1970 平方公里之大。
如果在 Hayden 研究的案例中所设定的电容率为 25%，接近欧洲的
平均水平，那么其相对应的电场面积将会提高到大约 1170 平方公里
（从给出的数据中可以得出，在他所涉及的案例中的电场面积平均
直径为 10 × 2.5）。

然而，Sharman 和 E.ON Netz (2004) 的报告中丹麦和德国风能

系统 17%的馈入量与我们的计算产生了进一步差异。如果用这一数据来测算的话，那么 Hayden 报告中的电场面积则变为了 1828 平方公里。

可见，这个问题相对复杂且悬而未决，但下文的讨论将采用 1170 平方公里作为可以获得风能所对应电场面积的粗略指标。如果我们把这个数据与 40%的排斥性因子结合起来研究，那么在相当长的期间里，发电量相当于一座 1000 MV 的燃煤电站的风能系统，占地面积可能会达到 2200 平方公里。

2.4　平均数的含义

如要在大比例尺的地图上，将以上数据适用于具有不同均值的区域，并由此得出在某个地方应建立多少风能发电站，是十分困难的。比如，在澳大利亚大比例尺的地图上，新南威尔士州的大部分地区都标着 6 m/s 这样一个数字，但这并不代表该地区每个地方的风速都能达到平均水平 6 m/s。在幅员比较辽阔的地方，风速的波动性一般较小，可超过 8 m/s，风力电站也可建于此处。

鉴于此，我们需要关注的是风经过风车时或发电地点时的速度，以及其与发电量与电容量的关系，并不是大比例尺地图上某一地区的平均风速。其实，这是映射清晰度的问题。在理想状态下，地图上应当可以标示出每平方公里区域上的风速均值，也就是说，我们需要高清晰、高分辨率的地图。

如果认真地研究一下德国的大比例尺地图，则会发现德国是一个风力低速区。大多数地方的平均风速相当的低。在网站 Winddata 上的地图显示德国几乎一半的国土面积上的风速在 3~4 m/s 左右，而另外一半则在 2~3 m/s 左右，很少有地方能够超过 5 m/s。然而，德国有很多的风力电站，似乎证明了即使在风速比较低的地区，风能发电也是可行的，因此世界上很多国家就开始在许多风速比较低的地区建立风电站，试图获得大量风能。德国之所以能够获得大量风能，关键在于其风电站都是建立在风能资源相对较优的地区，尽管平均风速较小，但风力比较恒定。

丹麦的大比例尺地图显示，其全国平均风速小于 7.5 m/s，但 2005 年发电量为 12.5 MV 的 Norre 风电站及发电量为 4 MV 的 Delabole 风电站都是建设在平均风速为 9 m/s 的区域上（Hansen，2005）。

现实中可能遇到的一个问题是，即使有风能资源丰富的风力发电地点，但是由于其面积小而难以建立大型的风力发电场。Mills（2002）估计，一个发电场至少要建立 5 台风车才能最大限度降低每千瓦的发电成本。虽然在两座山之间的区域风力较强，但其区域面积不能达到 2 平方公里的最低要求。这也意味着，在大比例尺地图上，一些地方看起来位置很优越，但最终还是难以得到有效利用。

遗憾的是，通过公共数据对大比例尺地图上的地点进行重要性评估是很困难的，并且通常是不可行的，因为风电站实际发电量的数据、实际的平均风速和地图上标示出来的数据等通常是不公开的。此外，风力发电公司也不愿意将自己内部的数据透露给竞争对手。[3]

由于缺乏相关的信息数据，从而要对以下两个问题进行详细阐明变得相当困难。第一个问题是，发电量相当于 1000 MV 的风力发电站所占用的区域面积应进一步扩大，因为在电容量既定的情况下，所占用的面积与此区域上的风速是相关的。因此，我们不能仅仅将大比例尺的地图上所标有 8 m/s 风速的区域面积简单地用 1170 平方公里相除，进而得到要达到相同发电量所需燃煤电站的数量。这样一来，将会做出过高估计，因为在整个广大地区中的很多小区域，其平均风速过低，而难以进行风能发电。

　　第二个至今尚未得到解决的问题是，在低风速条件下，风速与发电量之间存在怎样的关系，且在低风速条件下，风力发电站成本将会攀升，变得不再经济（下文将作深入讨论）。

　　以下章节在分析解决大比例尺地图问题中，没有将分辨率考虑进去。因此需要切记的是，如考虑分辨率问题，将会严重低估风能资源的应用潜力。

2.5　欧洲

　　根据欧洲能源地图集（1991），除斯堪的纳维亚半岛以外的欧洲地区，大约有 450000 平方公里的区域，其风速为 6.5 m/s 或更高。然而，Grubb 和 Meyer（1993）的研究表明，即使在欧洲风力较大的地区，其风速也远低于平均风速，仅有 90000 平方公里的区域其风速为 6 级风。如果将地图不同风速的地区都按风速 8 m/s 的水平进行集中转换，那么用于发电的面积也仅有 270000 平方公里。如果其有 10% 的利用率（在人口稠密的欧洲一般很难达最多），就相当于 25 座装机容量为 1000 MV、电容率为 0.8 的燃煤电站的发电量。目前，欧洲电力供给量相当于 350 座装机容量为 1000 MV、电容率为 0.8 的燃煤电站的发电量。

　　尽管这样的推导不是特别严谨，但却在一定程度上反映了欧洲风能应用潜力巨大，但风能资源仍然有限，远不能满足当前能源需求的事实。因此，本章所得出的结论与欧共体（1994）的结论是一致的，即"……可利用的陆上风能……大约为 350 太千瓦（TWh），仅占欧共体 1990 年电力需求总量的 23%"。Czisch（2004）对丹麦的研究报告认为，陆上风能可以满足欧洲电力需求的 25%。Czisch

估计德国大约最多为 17%，同时还提到了另外两个，其中一个研究结果为 29%，另外一个为 25%。

位于英国哈韦尔的能源技术支持协会估计，英国陆上风速能达到 7m/s 或更高的区域可以提供 58000 GWh/y，海上风能可以再提供 100000 GWh/y。两者加起来就可以达到英国电力需求总量的 40%。尽管以上风能是目前电力供应的重要组成部分，但这并不意味着目前风能非常丰富。

2.6 美国

尽管美国的风能应用潜力非常大，但如果认为可利用的风能远大于电力的需求，这恐怕是个谬论。从美国新能源实验室（NREL，2004）提供的风能地图就可以看到，年均风能量的确很大。年均风能地图（2-01）提供了具有不同风速均值地区的详图。通过目测，可以大致估计出各风电场区域的面积。

3 级风（6~7 m/s）或更高　　　240 万平方公里

4 级风（7~7.5 m/s）或更高　　75 万平方公里

5 级风（7.5+ m/s）或更高　　　3 万平方公里

通常认为，当一个地方的风速均值在 8 m/s 以上时，投资风力发电才是经济的（下面再作解释）。当前技术水平下，在 3 级风的地区进行风力发电的投资开发是不可行的。

现在，让我们再次对地图的分辨率问题进行讨论，高分辨率的地图是指在地图一个区域标示着 6~7 m/s 这个数字，并不意味着在这一区域的任何地点的风速都是 6~7 m/s，仅在风速为 7.5+ m/s 的区域中，风速均值才足够高。幸运的是，美国新能源实验室提供的地图能详细反映以上信息。

地图（2-11）显示，标示着 4 级风的区域面积大约为 75 万平方公里，其中的 36% 的面积达不到 7m/s 的平均风速，而在 55 万公顷的区域上分布着许多优越的风力发电地点，在这些小区域上平均风速可以达到 7 m/s 或者更高（在这里，不考虑这些区域的电容量问题，也不考虑所需风力发电站的数目问题）。如按在 1170 平方公里的区域上的燃煤发电量进行换算，这就相当于 500 座燃煤发电站的发电量。

如果，我们假定排斥因子为 40%，则可得到等量与 300 座燃煤电站的发电量，大约占美国电力系统电容量的 50% 以上，相当于 600 座电容率为 0.8、荷载功率为 1000 MV 的燃煤电站的发电量（联合国统计要览，2000）。如考虑到应对偶发的需求高峰，那么整个电力系统的电容量需要进一步提高。

那么，风力达到 3 级区域怎么样呢？正如以上所述，这一区域大部分地方的风速达不到 6 m/s，如果以该区域面积为权重，乘以风速为 6 m/s 的风能与 8 m/s 的风能，其值为 0.54，即相当于 1000 座燃煤电站的发电量。排斥性假设认为，3 级风的区域还可以再增加 600 座风电站进行发电，尽管现实中这可能会远远低于这一数据，但此处数据的精准性并不那么重要。总体而言，潜在可利用的风能是目前发电量的 2 倍，这一估计与其他的估计数据基本相当，差异不大，包括美国新能源实验室的估计。

然而，正如下文所阐述那样，新能源的主要问题在于它的不确定性。美国新能源实验室的地图并没有提供风速分布、风速差异及风力持续时间长短等方面的进一步信息，但季风地图（2-6）却做到了。从该地图上可以看出来，冬季风力最强，夏季则比较弱。以下为夏季风力及风电场区域的一组数据。

3 级风（6~7 m/s）或更高　　　　　64 万平方公里

4 级风 （7~7.5 m/s） 或更高   32 万平方公里

5 级风 （7.5+ m/s） 或更高   5 万平方公里

如果 4 级风的区域面积为 32 万平方公里，不考虑地图映射分辨率问题，在排斥因子为 40% 的条件下，夏季风能系统的发电量相当于 140 座燃煤发电站。如果将 3 级风 （或更低一些的平均风速） 的区域也算上，那么发电量大约相当于 284 座燃煤电站。

Sorenson （2000） 谈到 Batelle 的一个较为稳健的估计，即在风速为 6 m/s 或更高的区域，排斥因子为 50% 的条件下，45000 平方公里的区域面积的发电量可以达到全美国的 27%（与在 300 平方公里区域上，燃煤电站功率为 1000 MV 下的发电量相比，这一发电量是令人难以置信的高）。这仅仅是全年的平均水平，因此 Sorenson 对夏季发风力电量的估计可能会较这一水平低一些。

美国风能地图显示，冬季风能主要分布在美国的西部和东部，大大降低了风能的传输距离，但在夏季，风能主要集中在美国的中部地区，离人口稠密的东西部地区大约有 1500 公里的传输距离。

Archer 和 Jacobson （2003） 通过利用高度为 10 米的轮毂的相关数据模拟了 80 米的轮毂，进而对美国风能资源做出了一个更为乐观的估计。他们认为，美国 1/5 的国土面积上的平均风速可超过 6.9 m/s。这大约是美国新能源实验室估值的 2 倍，但夏季风能发电量仍满足不了美国电力需求。地图上风速超过 8.1 m/s 的区域大致相当于美国国土面积的 5%。该实验做出了这样一个假设，即在这一区域上建立大量的风电站可以克服风能的不确定性和整合性问题。其文章中的结论五和结论六给出了一个毋庸置疑的观点，即大规模的风能发电系统可以有效缓解以上问题，但却没有对其实际的效果进行讨论分析。下文对风能的不确定性问题的讨论认为，这一问题将会继续存在。

虽然以上推理不是非常严谨，但对整个问题的判定是十分重要的。从表面上看，夏季风能好像能够满足美国电力总需求的一半甚至更多，但是这却忽视了风能自身的不确定性问题。从全年来看，风能难以满足电力需求，也难以产生大量的机动车辆所需的氢能。幸运的是，夏季是利用太阳能最好的时期，因此如何将这两种能源混合起来加以利用将是未来探索的方向。

2.7　澳大利亚

20 世纪 90 年代的后几年，澳大利亚全国电力年均总需求量为 700 PJ（22GW），这相当于 28 个电容率为 0.8、荷载功率为 1000 MV 的燃煤电站的发电量，在电力需求高峰时，实际所需发电量要更大。

2005 年，可持续能源发展组织（SEDA，2005）的网站上给出这样的估计，新南威尔士州的风能发电量可达 1 GW。然而，该州 2004 年的电力需求量已达到了 12.5 GW。

澳大利亚 CSIRO 风能研究机构认为，在新南威尔士州，平均风速至少要达到 8 m/s，且必须获得 4 c/kWh 的联邦新能源补贴，风力发电才是经济可行的。这一结论令人惊讶，因为一般情况下风速只要超过 7 m/s，风力发电便是经济可行的。

CSIRO 通过对新南威尔士州风力情况（Coppin、Ayotte and Steggle，2003；SEDA 新南威尔士风能地图集，2005）的模拟估计表明，在该州 9 万平方公里的面积上，平均风速超过 8 m/s 的区域面积仅为 134 平方公里。在不考虑排斥性因子的前提下，按每台燃煤发电站 1170 平方公里的比例进行测算，这就相当于电容量为 1000 MW 的 0.12 座燃煤电站的发电量。

下面对风速较低的区域作详细列举。风速在 7.5~8 m/s 的区域面积为 336 平方公里，风速在 7~7.5 m/s 的区域面积为 2175 平方公里，风速在 6.5~7 m/s 的区域面积为 7761 平方公里。如果以这三类风速中所蕴涵的风能为权重，对面积进行测算，那么折合为 8m/s 的区域面积大约为 6706 平方公里，或者相当于 6 座燃煤电站的发电量，考虑到 40% 的排斥性因子，相当于 3.6 座燃煤电站的发电量。

新南威尔士州最高电力需求相当于 14.4 座电容率为 0.8 的燃煤电站发电量。在大分水岭沿线地带 9 万平方公里之外的区域风力也较强，但对于风力发电而言，这些区域却不尽如人意。

2004 年 7 月，《维多利亚风能地图集》出版了（维多利亚可持续能源组织，2004）。维多利亚州位于南纬 40 度附近，因此拥有较大的风能潜力。该州 15% 的土地面积都属于国家公园，这些区域上的风力要远超平均风速，但根据法律这些区域不允许建立风力发电站。此外，该州 1/3 的区域都不在输电距离 30 公里以内，但本节暂且不考虑这一因素。该州平均风速为 6.5 m/s，但风力分布地图显示，仅有很小一部分区域的风速超出平均水平。该州具有不同平均风速的区域面积有：风速达到 6.5 m/s 的有 1000 平方公里，风速达到 7 m/s 的有 23000 平方公里，风速达到 7.5 m/s 的有 7000 平方公里，风速达到 8 m/s 的有 2000 平方公里，风速超过 8.5 m/s 的有 1000 平方公里。换句话说，尽管该州平均风速为 6.5 m/s，但仅有 14% 的区域上的风速超过 7 m/s，风速超过 8 m/s 的区域仅占 1.7%。需要再次强调的是，在位于维多利亚州以北的新南威尔士州，仅当风速超过 8 m/s 且给予 4 c/kWh 的补贴时，风力发电才是经济可行的，然而这会导致支付给发电运营商的正常价格翻番。因此，在维多利亚州，目前仅 3000 平方公里的小区域上的风力发电才是"经济可行的"，甚至有时还需要来自政府 100% 的补贴。据测算，该区域的风力发电量仅相当于 2.7 座燃煤电站的发电量。然而，当预测未来风能利用潜力时，需考虑低风速的利用及高价格的可接受性等因素。

　　尝试对低风速区域的风能利用潜力评估，可从以下方面展开。因为风能的大小是其风速的立方传数，因此 7.5 m/s 的风速所蕴含的风能是 8 m/s 的风速所蕴含的 85%。以此类推，7 m/s、6.5 m/s 和 6 m/s 的风速所蕴含的风能分别为 8 m/s 的 67%、54% 和 43%。如果维多利亚州的风能发电量用以上系数进行折算的话，风速超过 7 m/s 的区域将产生相当于风速为 8 m/s 的 19000 平方公里区域的风能发电量。如果 1170 平方公里区域的风能发电量相当于一台电容率为 0.8、功率为 1000 MV 的燃煤电站的发电量，那么维多利亚州的风能发电量就相当于 19 台燃煤电站的发电量。如果考虑到具有高于平均风速的国家公园不允许建风力发电站的话，那么就相当于大约 10 台燃煤电站的发电量。

　　同理可得，在风速为 6.5 m/s 的 106000 平方公里区域上的风能发电量就相当于风速为 8 m/s 的 57000 平方公里区域上的风能发电量，相当于 26 台燃煤电站的发电量，但是低风速区域的风力发电是否可行，请见下文论述。同时，需要注意该州大部分区域的风速都低于 6 m/s。

　　从以上分析可以大致得出这样一个结论，即维多利亚州和新南威尔士州两个地区风能发电量之和为 8 c/kWh，也不能满足当前电力需求。如果将风能发电的风速降低至 7 m/s，那么潜在的电力供给基本可以满足当前需求。再次说明一下，以上推理分析是否精确不是本节所关注的重点，重点在于这些推理分析所得出的结论，即相对于电力需求而言，潜在可利用的风能是可观的，但却不丰富。

　　虽然澳大利亚西南部拥有大量的风能潜力，但距离东部一些人口稠密的州可达 3000~4000 公里，这就意味着该地区的风能难以得到利用。

　　在风能发电中，塔斯马尼亚州所扮演的角色默默无闻。该州的西半部分风力很大，但中部就相对很小（Hutchinson、Kalma 和

Johnson，1984）。虽然其风能资源比较丰富的区域面积仅为维多利亚州风力优越的区域的 1.5 倍，但是风速要比维多利亚州更高。尽管塔斯马尼亚州人口不是那么稠密，但是要对排斥性因子做出合理的估计是比较困难的，因为该州 40% 的面积都属国家公园，而根据法律国家公园是不能建立风力发电站的，而该州大多数的国家公园都位于风能资源丰富的西部地区。此外，塔斯马尼亚州偏远人稀，该州的风能电要输送至人口稠密地区需经过 400~2500 公里的传输距离。

尽管公共通用的地图没有明确标示资源分布，但是澳大利亚南部地区的资源相当丰富。然而，事与愿违，当考虑到是否能供给全国的需求时，雪山水利发电计划也面临着传输距离的问题。通过利用澳大利亚大海湾沿线上的悬崖进行抽水储能的提案已经被否决，因为很明显，这种方式会导致海水盐分的渗漏，从而污染附近土地。

虽然以上的数据和推理带有一定的不精确性和不确定性，但是本节却对可利用的风能做出了一个大致的估计。在美国、欧洲及澳大利亚东部地区的潜在可利用的风能大致与目前电力需求量相当，或许更高。换句话说，风能发电可以供给大量电力，但其发电量不可能超出当前需求量的几倍，也不可能在满足电力需求之后，用大量富余的风能电作为机动车辆的动力。需要再次说明的是，当我们考虑到风能不确定性问题的时候，情况将迥然不同。

2.8　海上风电潜能

浅海海域蕴藏着巨大的风能利用潜力，尤其在欧洲的海岸线。虽然在这些地区建立并维护风力发电站的成本相当高昂，但是风力更强大、稳定，且不受崎岖地形的影响。相对于其他地区，沿海地区受到更少的排斥性因素影响，尽管有时航运需求可能会对其产生较大影响。

尽管人们对海上风能发电有乐观的预测，但在 2005 年几乎没有任何商业海上风电系统项目的上马，因此得出关于海上风能利用潜力的结论可能为时尚早。最容易忽略的一个现实是：在风速高的地区，出于安全问题的考虑，风力发电站常常不得不关闭。而且值得注意的是，苏格兰地区的风力发电站的馈入因子与威尔士地区的大致相当，尽管苏格兰是欧洲风力最强的地区。美国风能协会（2001）估计，美国海上风能潜在可利用量大约为陆上可利用量的 15%。英国风能地图显示：尽管在冬季，大部分地区的风速均值（10~13+ m/s）都很高；但在夏季，这些地区风速均值超过 7 m/s 的区域距离海岸线（不包括北海和波罗的海）一般不超过 100 公里，更远离海岸线的水域一般则较深。

总之，可用于风能发电的海上区域面积要远远小于陆地面积。目前，用于建设海上风能发电站的水域深度最深仅为 18 米（《风能统计时讯》，2004）。大部分海深在 50 米深以内的欧洲海域距离海岸线一般都为 10~30 公里，但不包括北海、波罗的海以及爱尔兰海。以爱尔兰为例，深度在 20 米以内的海域面积微乎其微。英国可风力发电的海域面积与陆地面积比率在欧洲是最高的，且其海上潜在风能发电量占整个欧洲的 1/3（BWEA，2005）。据估计，欧洲潜在海上发电量大约可以供给 22% 的电力需求。Czisch（2001）得出了一个更高的数据，即北海和波罗的海可用作风能发电的面积可达到 50 万平方公里，但是风力发电站在海底的深度将达 50 米，是目前深度的 3 倍。如果这片海域能得到开发的话，其产出的海上风力发电量将是目前欧洲电力消耗量的 2 倍。但在这样一个深度的海域内建立风力发电站的成本目前还尚不可知。按目前的深度测算，建立海上发电站的成本几乎是陆上成本的 2 倍。在 3 倍于目前海域深度的区域建立风力发电站将意味着耗费高于 3 倍的材料、能源消耗以及建造成本。

因此，尽管海上风能资源比较丰富，但与欧洲的电力需求相比，海上风能资源还达不到丰富的程度，同时还要面临着季节转换带来的不确定性（见下文）。根据 Czisch（2001）的研究，欧洲夏季风能资源大约是 2 月的 1/5。

2.9　关于风能资源总量的结论

尽管为风能资源总量下一个绝对的论断比较困难，但以上的分析表明，很多地区可供利用的风能资源总量大致与电力需求量相当，其总量可能会更高一些，但不会大幅高于电力需求量。尽管下文将对低风速地区风能利用的可能性进行讨论，但可以确定，在讨论中肯定会遇到许多突如其来的限制，达成的方案难以显著地改变现状。第 6 章将对利用氢能储存电能或驱动机动车辆过程中产生的大量能源损失进行分析讨论。即使风能的供给量在满足电能需求后仍有大量富余，而在此过程中的损失也足以否决这些方案。因此，我们可以得出一个一般性的结论，即尽管潜在可利用的风能足以满足电力需求，但却还不能为交通系统提供电能或氢能机动车辆。

在我们分析讨论中所涉及的地区都是位于南（北）纬 40 度左右，而这些区域风能资源最为丰富；但是世界上大多数人口居住的地方却离这片区域。最后，需要再次强调的是，电力需求如此之快地增长以至于到 2050 年供给量将可能达到现在的 4 倍（见本书第 10 章）。例如，澳大利亚的最高电容率已经以每年 2.9% 的速度增长，并且每 24 年都将会翻一番。

2.10 不确定性、渗透率与整合性问题

新能源发电系统能够较好地与全国电力供给系统相衔接，但也仅能满足电力总需求的一小部分，因为新能源发电量是不确定的，可根据非再生能源的发电量自行做出小幅调整。所以，没有必要在能源充足的时候储存大量新能源以待紧缺时利用。然而，本书所关注的是，新能源能否满足社会的能源总需求。对于风能来说，其最大的缺点在于巨大的不确定性，有时可能风力巨大，而有时可能一点风也没有。"任何地方都会有无风的时候"（Hayden，2004）。

因此，下文关于对一定时期内可利用能源量的讨论在初步展现了风能满足能源需求中所发挥的作用。由于风能的不确定性，问题的关键在于可以将多少风能顺利地输入能源供给系统，以及随之带来的成本与影响。其中一个影响是，昂贵的新能源系统将会大部分甚至全部被闲置，因此设立能够满足电力需求独立供电系统显得尤为重要；另外一个影响是，按照需求波动调整间断不稳定的能源的发电量是比较困难的。除了有限的水电资源以及天然气之外，其他能源的发电量是难以快速调整的。

过去人们通常认为，在渗透率问题出现之前，风能资源比较丰富的地区可以满足大约 20%甚至更多的电力需求。一些研究报告认为，这样的估计过于乐观，当风电渗透率低于 10%时问题就会随之而来。Kelly 和 Weinberg（1993）认为，欧洲不是间歇性能源风电的绝佳位置，其发电量最高也只有电力总需求量的 18%；而西班牙的官方人员最近认为最高只有 17%（《风能月刊》，2003 年 12 月，

2004)。Grubb 和 Meyer（1993）认为，早在 20 世纪 90 年代的大多
数研究报告显示，风能发电量仅能达到电力总需求量的 5%~15%。
他们还认为，在渗透率为 10% 的前提下，丹麦的惩罚代价变得过
高。英国能源研究委员会（UKERC）的研究报告（2006）认为，英
国电力系统的渗透率为 20% 时不会出现任何问题（请见下文批评的
观点）。然而，最引人注目的是，目前一份关于德国和丹麦的研究
报告对供电系统中出现的整合性问题进行了讨论分析，该供电系统
仅能够满足约 5% 的全国电力需求。

表面上看，只有当丹麦风能发电量达到需求量的 18% 时才会遇
到种种问题。然而，这一经常被引用的数据具有一定的误导性，因
为丹麦大多数的风能发电都输往了国外，输入丹麦国内供电系统中
的电量不到 4%，结果导致大量的能源要么倾销到国外，要么以低
价在国内售出（《乡村保卫者》，2002）。2000 年，丹麦的风能发电
量达到了需求量的 34%~45%，这些问题也陆续暴露出来。丹麦有时
会售出 40% 的富余电力（Ferguson，2004；Sharman，2005）。Duguid
等人（2004）认为，"几年前我们不得不花钱让瑞典买下这些富余能
源。""德国……正在重蹈覆辙……其在市场上的购买力……已经达到
了批量销售成本的 20 倍，而销售的富余电力价格却异常的低。"

丹麦对风能的大规模开发，首先主要得益于其邻国对风能发电
的投资甚少，并且在丹麦电力富余时向其购买以补给本国电力不
足，这在新能源开发利用领域是不多见的；其次，该地区水电资源
比较丰富，而水电发电量可以实现快速调节以适应风能发电的波动
性；最后，丹麦是一个拥有 540 万人口的小国，因此丹麦所输出的
富余风能发电量对于大国而言，其作用是相当有限的。

这里最重要的一个因素是风能发电商所承诺的电力供应提前期，
如违约将面临惩罚。该提前期越短，就意味着对于风能资源的浪费
就越少，因为提前期越短对需求的估计就越精确。目前，英国的提

前期是 1 个小时，但提前期为 4.5 小时的时候，约 15% 的电量就闲置了（Ferguson，2003）。在风能资源比较丰富的地方，提前期可以短一些，但在德国这样一个风能资源不太丰富的国家，提前期需要几个小时，尤其在风能资源贫乏的地区，运用风能发电时过长的提前期问题难以得到有效解决。

以上总结分析表明，风能的不确定性及整合性问题共同限制了风能在补给电力供给时所发挥的作用，而且另一亟待解决的问题则是，风能是否能在新能源系统中占据重要地位。下文将会列举一些更加详尽的事实与证据对其具体分析说明。

2.11　关于不确定性的证据

风能发电场的记录显示了一定时期内发电量的峰值分布，包括很短期间内的发电量高点与低点。Outhred（2003）的报告提供了美国本顿湖（Lake Benton）风能发电场 10 月的发电情况，即约有 14 天发电的最高电容率为 60%~90%，而剩下的时间却仅为 10%，其中有 4 天的电容率几乎为 0。

除了以上这些变化快速的波动外，夏季与冬季的风能也存在着巨大差异。在丹麦、德国、荷兰和瑞典，2000 年冬季的风能发电站的电容率平均为 33%，但在夏季平均电容率仅为 15%。2008 年 8 月，德国和荷兰的电容率实际上分别下降到 8% 和 7%，而同年 2 月的电容率分别为 38% 和 35%。1998 年丹麦的电容率记录如下：5 月 18%、6 月 14%、7 月 12%、8 月 12%、9 月 15%、11 月 13%，该国全年平均水平则为 22%。1998 年荷兰的数据要低一些，3 月 15%、4 月 15%、5 月 15%、6 月 13%、7 月 12%、8 月 9%、12 月

12%，全年平均水平为 18%（Ferguson，2003）。

令人吃惊的是，德国最大的风能发电公司 E.On Netz 的报告显示，其风能发电量占德国全国风能发电量的 44%。这就是严峻的整合性问题，虽然风能发电量不足德国总发电量的 5%（Duguid 等，2004；E.On Netz，2004、2005；Sharman，2005）。该报告指出，将风能发电系统整合进德国全国电网系统面临着"……高成本和棘手的工程难题……"一份 2005 年的总结性报告（Constable，2005）认为，"很大程度上，风能仍然不能代替常规能源"。（2005 年德国能源机构的 DENA 电网研究似乎与上述观点相悖，要得到更多批判性的观点，请详见注释 4。）

在 2003 年 4 月 30 日和 2003 年 8 月 2 日，E.On Netz 公司风能发系统的电容率最高值下降到了约 4%。在 2003 年 8 月 3 日之后的 7 天内及 2003 年 9 月 2 日之后的 7 天内，其发电系统的电容率均未达到 16%。最为重要的是，全年发电量分布图呈尖凸的锯齿状及出现了深陷的狭缝，该图清晰地显示了对备用发电的巨大需求（见 Schneller，n. d.）。

2004 年 E.On Netz 公司的报告显示，德国 2003 年半年度的平均电容率仅为 11%，这意味着在某些月份其电容率将会更低。该报告认为该年度风能高于全年平均水平。

E.On Netz 公司 2005 年报告中的图 6 以图形的方式展现了所面临的调度问题。功率为 5.5 GW 的发电系统在某一天的电容率可能为 100%，而两天之后可能会是 0。在短期内，电容量会以每分钟 16 MW 的速度耗损。该报告指出，风能的这种不确定性对于电网的结构也有影响，因为这意味着更多的电力需要向不同的地区进行长距离的输送，因为这些地区的风能情况会发生快速的巨大变化。因此，输电网需设定一个相当大的电容量，以确保大量的电能输送、复杂的调度路径以及调节的顺利进行，而燃煤发电系统或核能发电系统是不需要这些的。E.On Netz 公司强调这种方式可能会干扰供电系统的正常运转，进而对电力调度造成困难。

该报告的研究重点是大型的风力发电场，而不是单个的发电站。报告反映了发电场本身的不可控因素的负面影响，尤其多个发电场的整合衔接问题，同时该报告还分析了大片区域上风能发电量之间低相关度的正面影响。需要进一步强调的是，正如 Schiller 分布图所显示的，在电网功率为 6 GW、传输距离为 880 Km 的前提下，馈入因子具有高度的不确定性，因此需要大量的备用电容量以满足不时之需。

众所周知，澳大利亚南部风能资源非常丰富。最近关于该地区的一份研究报告（规划委员会，2005）认为，如果风能供给量由需求量的 10% 提高到 19%（也就是说功率达 800 MV），那么严重的整合性问题将会出现。这一水平"……将会显著地增大预测未来所需发电量的难度"，并且"……要确保合适的发电站能够随时发挥作用将变得非常困难"。Davy 和 Coppin（2003）的报告显示，澳大利亚南部在 2003 年 2 月份期间连续 5 天一点风都没有。

Sharman（2005b）认为，英国难以将风能发电增长至发电电容量的 10% 以上，低于政府此前的预定目标。Sharman 关于丹麦的一份报告（2005a）指出，2002 年丹麦风能发电系统连续几周电容率都低于 5%，而 7 月份当月平均电容率为 3%。更值得关注的是，丹麦风能发电系统一年中有 54 天根本就没有发电，并且该年度中有 2 天在午夜期间及凌晨 2：30 至早上 6：00 期间几乎没有风。

根据 Grubb 和 Meyer（1993）的报告，美国冬季与夏季风速之比为 2.5：1，这一比值在英国更高。澳大利亚这一比值大约在 1：1.4 与 1：1.8 之间（Kassel，2004）。然而，风能的变动程度要比风速变动更大。Czisch 和 Ernst（2003）报告中的图 5 显示，欧洲 2 月份平均风能总量是 5 月份的 4.7 倍，并且一年中最暖和的 4 个月的风能仅为 2 月份的 18%。然而，以上关于均值的分析并没有阐明平均月度风能变动情况。那么会有多少时间风能发电的电容率低于 Czisch 给出的 12.5%的夏季平均电容率呢？

除此之外，风能的平均值在年度之间也有很大差异，根据世界风能协会（1994）的统计最高差异可达 25%。澳大利亚南部的研究报告（ECOSA，2005）显示，一些年份 1 月的中午 12 点的平均风能较其他年份约低 15%。澳大利亚 CSIRO 的报告显示，某一个地方的年度平均风速可能会相差 2 倍（www.csiro.au/weru）。Mills（2002）认为拉尼娜（La Nina）和厄尔尼诺（El Nino）现象的差异可能会导致平均风速改变 1 m/s。

澳大利亚南部 ESCOSA 研究（规划委员会，2005）的模拟估计发现，一个大型发电系统（功率为 500 MV）的风能发电标准差为 125 MV。当平均白天发电量为 250 MV（这一数据令人质疑，意味着电容率要达到 0.5），夜晚为 100 MV，该差异之大令人吃惊。因此，白天大约 1/3 的时间发电量可以达到 100MV，但仍低于 165MV 的平均水平（即假设电容率最高值平均为 0.3）。所以风能发电的最大电容率可以达到 8%，那么夜间的发电量会是白天的 1/3 吗？在此需要提醒的是，不要轻易被风能分布图所误导，因为该图仅显示了月度平均风速，正如 Czisch 报告中所给出的那样。

在分析评价了 212 个研究之后，英国能源研究中心最近的研究报告好像延续了“不确定性并不是问题”这一主题。该报告认为，“在评价的所有研究中，没有一个研究……认为间接性问题（例如，渗透率为 20%）是新能源利用过程中的重要障碍”。然而，该报告中对关键问题的分析具有一定的挑战性，尽管其主要结论可以勉强接受，但仍欠说服力。该报告还认为，需要 5%~10%电容率作为备用电能来确保供电系统的平衡，需要 15.2%~21.1%的备用电容率来确保供电系统的可靠性。然而，这就意味着备用的热能电厂必须要能够传输 56%~96%的风力发电量。换句话说，如果多发 1 MV 的风能电，备用的热能电容率也要相应地增加。[5] 此外，UKERC 的结论设定了一个令人质疑的 0.35 的风能发电电容率水平，这要高出目前电容率水平的 50%。Sharman 认为，尽管英国有大量的海上风能发电项目的投资，但其风能发电系统的电容率也难以超过 0.27。

以上关于风力发电的案例常常认为丹麦拥有丰富的风能资源，是一个风能发电技术最发达的国家，而德国则在风能资源开发上拥有远大目标，这令风能的积极倡导者感到困惑和不安。这些案例显示了大型风能发电系统的电容率可以看作一个建立在最佳发电地点的风能发电站的既定日常平均发电量；而另外其他一些随机因素并不明显。因此，有没有经济、政治、管理等因素的原因可以解析这些数据为什么会这么低？当大量的风力发电站建立起来的时候，是不是对最佳风力发电区域的利用会越来越少？德国风能发电电容率较低是不是因为该国风能资源贫乏造成的呢？但这些答案并不能解释丹麦的数据。所以，是不是发电系统的电容率要远远低于风能发电站的电容率呢？如果是这样的话，需谨慎地对采用 35%+的电容率水平进行估计。鉴于已建行了大量的热力与燃煤发电混合电容率，这意味着化石燃料发电站目前还不能关闭，那么丹麦的这个电容率数据应该是多少呢？或者在现实世界中，是不是要实现既定的风能发电量要比理论上预测发电量面临更多严峻的限制呢？

2.12 澳大利亚东南部地区风能不确定性及相关性的证据

    Davy 和 Coppin（2003）关于澳大利亚东南部地区风能利用潜力的研究是非常有价值的，是目前非常少有的关于这一主题的详细数据来源。他们的记录显示，风能的不确定性问题以及相关性问题非常严重。该研究对于风力发电站整合效益的讨论分析非常重要，整合包括了 1500 公里的区域上为一体化的风力发电系统。该区域被认为风能资源比较丰富，远远优于欧洲的大多数地区。

    低风速的情况一般要持续相当长的时间。[6] 无风占据了大部分时间，在冬季有时甚至会持续 10 天以上，尽管冬季是多风季节。长期的无风情况可能会在三个州同时出现。也就是说，有时无风的情况可能会蔓延到整个 1500 公里的区域。"……州与州之间的风力不确定性是高度相关的。"不同地点间风力不确定性的正相关意味着，在无风期间一个州不可能通过依赖另外一个州的电力供给来满足其需求。最糟糕的是，除短暂的无风外，冬季的冷风可能会在三个州同时发生，并且持续数天，新南威尔士州最常遭遇低风情况。[7] 低风会使这三个州的风力发电站平均电容量下降，即当平均低风时间为 4+、3.5 和 2.5（小时）时，电容率会分别下降到 15%、10% 和 5%。其中有一次，澳大利亚南部地区的无风时间连续持续了两天半，从而使发电量下降到了平均水平的 1/3。同样，当风速过大且持续 1~3.5 个小时的情况下，风力发电站就必须要关闭。

    Davy 和 Coppin 所列示的分布风能分布情况（其报告的图 1b）显示，当将这三个州一个月的累积风能发电量加总到一起时，风能的不确定性就会有所缓解，但不确定性依然处于较高水平，且有时三个州的发电总量可能会下降到非常低的水平。在无风时期，其中有 4 天平均电容率会下降到 10%以下，有 1 天会下降到 4%。即使将这三个州的发电量都加在一起，也仅能使极低的电容率提高到 9%。需要注意的是，以上结果是通过对这三个州整体情况研究得出的，但对于不同的州，其风能情况差异是很大的。该图显示了，即使在风能最为丰富的冬季，新南威尔士州大约 25%的时间的风能发电的电容率低于 5%，大约 40%的时间低于 10%。对于该地区而言，强风也会给该地的风能发电产生负面影响，但其影响却要比无风情况小得多。

此外，报告中的图 17 还显示这三个州白天与夜晚风力差异是非常大的。如果将这三个州的风力加在一起虽可以在一定程度上平滑差异，但该差异依然很大。比如，如将差异设定在 0%~100%区间的话，一般而言差异会达到 50%，且最高点有时会高于最低点两倍，最高电容率会是最低电容率的 6 倍。

Davy 和 Coppin 研究报告中的图 18 显示了冬季有 5 天的无风期，在此期间在这 1500 公里区域上的总电容率下降到了 5%，仅大约为连续两日最高电容率的 15%；而且，这三个州连续五天几乎没有发电，而在另外一种情形下，电容率可能一夜之间从 10%飙升到 80%。[8]

风能资源的季节性差异在对这三个州的分析研究中体现得非常明显。无论是单个州，还是所有的州，秋季的风能大约是夏季风能的 2/3。换句话说，尽管将这三个州风能资源加总之后，仍然表现出了巨大的季节性差异。在阿德莱德，秋季的风能大约是 10 月的 23%（Davy and Coppin，2003）。澳大利亚气象局公布的数据（2005）与 Davy 和 Coppin 研究一致。在新南威尔士州中南部的沃加地区，4 月份无风的时间占到 14%，即使在多风的 8 月份，大约有 11%的时间无风。

最后，再分析一下风能资源的年度差异。在一些年份，风能资源的总量仅仅为其他年份的一半（Coppin、Ayotte and Steggle，2003；Coppin and Katzfey，2003）。

Davy 和 Coppin 研究报告中的图 3 对这一情况进行了总结，该图显示在该 1500 公里的区域上，一年中大约有 30% 的时间是在低于 26% 的电容率下进行风能发电，20% 的时间是在低于 20% 的电容率条件下进行发电（笔者对这一估计有 95% 的把握）。显然，一个大型的风能发电系统需要一个高度可靠的电力供给系统做后盾，且该系统可以随时被要求进行大规模的电力供应。

正如以上分析的那样，丹麦和欧洲的其他小国能将富余的风能电出口到周边国家补给其电力缺口。此外，北欧地区丰富的水利发电可以快速地补给因风能发电波动带来的电力缺口。然而，以上条件却不适用于澳大利亚的东南部地区，这就意味着在非常低的风能渗透率的条件下，各类发电系统的整合性问题将变得异常严峻（需要提醒的是，这些问题在德国已经出现，且其风能渗透率仅为 5%）。

Davy 和 Coppin 所提供的关于风能不确定性的详细证据进一步证实了以上所得出的风能均值和方差。月度风速均值分布图可能容易给人以误导，其实关键在于风能均值的变化，风速是否经常降低或者是否经常低于平均水平以下。在 Coppin、Ayotte 和 Steggle（2003，Fig.23）的报告中，从其风能分布及风能发电站的发电量的重叠图来看，这一观点是显而易见的。虽然平均风速为 7 m/s，但有 13% 的时间风速是非常低的，以至于难以进行发电。发电站所接收到的风速如低于该区域的平均水平，该发电站的发电量将还达不到该电站荷载电容量的 10%，一半的时间其发电量平均只有最高电容量的 5%。因此，如果让该风能发电站为一个市镇供电的话，那么备用供电系统大部分时间都必须处于工作状态（见下文关于电力供应的

"超负荷")。如将许多发电量整合在一起，该问题可以得到一定程度上的缓解，但需要注意的是，整个 E.On Netz 电力系统在半年的时间内，其发电电容率都在5%左右。

这些数据适用于所有需要煤电、燃气发电、核电或者水电来补给风能电力缺口的地区。这些其他种类的电力需大约在10%的时间内供给约90%的电力需求（没有考虑抽水储能等的影响）。

Davy 和 Coppin 研究报告中的图3可以这样理解，如果在澳大利亚南部地区建立一个平均电容率为38%的大型风能发电系统，那么其一般时间的发电量将会低于这一水平，其实际平均发电量可能仅为荷载电容率的23%。换句话来说，备用发电系统必须要能提供该风能系统发电量的40%才能满足电力需求，即（(38~23)/38%）。因此，备用发电系统的发电量需一直保持在风能系统发电量的20%。在没有违反温室气体排放管制的情况下，这一备用电量将远远超出用燃煤发电填补的电力缺口。其人均电量缺口为7G J（e），这将需要用21GJ 的化石燃料发电来满足，即使假设化石燃料不用于交通工具驱动动力或其他用途，这一水平也仍高出第1章中所设定目标值的10倍。需要强调的是，CSIRO 风能研究人员一直认为澳大利亚东南部地区风能资源十分丰富，远超欧洲。

因此，Davy 和 Coppin 研究中的证据表明，风能不确定性问题是相当严重的，甚至令人感觉到无能为力。尽管澳大利亚三个州1500公里区域上的大型风能发电系统发电量的总和，在分析图上仍表现出大幅凸凹的供给曲线走势。因此，电力调度人员不得不长期严重依赖甚至是完全依靠其他比较有弹性的能源来满足电力需求。即使在一年中，风电的总产出量可能远远超出电力需求量，但在这一年中的很多时候，由于其不确定性，可能仅仅只能满足一小部分的电力需求。此外，标示着全国风能均值的地图并不能有效地解决风能分布问题，比如就像上文所提到的美国新能源实验室（NREL）所出版的风能地图，尽管这些地图可以反映出拥有丰富风能平均值，也无法解决风能分布问题。因为平均值仅仅反映的是可利用的风能，而比风能平均值更重要的是，在某一区域上一年中每时每刻风能的供应缺口是多少。

2.13   预测

如果风能可以准确地预测，那么整合性问题就会随之缓解。风能发电公司必须提前数小时承担起一定量的电力供应任务，如果做不到，将会面临惩罚。E.On Netz 公司越来越重视提高预测的准确性，但仍然时常会产生明显误差。对于荷载电容量为 5800 MW 的发电系统，2003 年对风能电供给量的估计超过实际的 478 MV，曾经有一次预测误差达到 2900 MV。Sharman（2005）指出，对于风能发电量的预测误差平均大致相当于荷载电容量的 21%，那么这个误差量就需要备用电力系统进行弹性补给。

在对 E.On Netz 公司报告的总结评述中，Constable 认为，"对于风能的预测往往是不准确的，尽管对其投入了大量资源以改进预测精度，但事实上仍然没有得到明显改观"。"E.On Netz 公司对提高预测的精确度进行了大量投资，尽管如此，严重的误差仍然比比皆是……并且预测风能发电量存在着天然性的障碍"。

我们应该认识到完美的预测能力仍解决不了风能的不确定性及整合性问题，能够认识到这一点是非常重要的。当风能小的时候，发电量就低，但目前还难以对这一情况进行准确预测。

2.14 不同地点风能的相关性

一些风能的倡导者声称，将一个广阔区域上的各个风电站联结起来，风能不确定性问题也就随之解决了，这是因为不同地点风速的相关性低。如果将所有在风能电供给系统中的风电站都聚集在一起的话，当这片区域无风的时候，所有的风电站都不得不闲置。然而，如果在同一个风能电供电系统中的风电站彼此相距很远的话，就会出现一些电站在发电，而另外一些在闲置。也就是说，不同地点风力强度的相关性将会随着距离增边长而降低，当风电站间的距离足够远的话，那么其相关性将会趋近于 0。这就意味着，当风能发电系统分布在一个广大的区域上，再将所有风能汇集起来，总会有一些风电站在发电。

在此所涉及的第一个问题就是，不同地点的风能相关性究竟有多低？对这个复杂的问题而言，风速的衡量标准可以是 5 分钟内的平均值，也可以是半天的平均值，但这却会影响所得出的相关度。对于我们而言，在一个较长时期的风速平均值基础上得出相关度是非常重要的。尽管调度员对过去 5 分钟是否所有地点的风速都一样的问题并不关心，但是如果早上的风速都一样的话，比如每天早上发电站都在闲置，这时他们将会遇到麻烦。尽管在一个相当长的时期内风速均值的相关性会更高，但发电站分布区域越广，风速相关性就会越低。[9]

E.On Netz 公司关于大型风能风电系统实际经验的报告引来了无数的质疑，质疑一些理论性研究上的相关性给予了过度乐观的预期，比如 Czisch 和 Ernst（2003）的理论研究。该公司风能发电站分布在 880 公里的区域上，但来自该发电系统的发电总量仍然时高时低，不确定性很大，这就意味着很多的发电站之间有较高的相关性，即有时所有发电站都在发电，并产出大量电力供给，但有时所有的发电站却都在闲置。

Davy 和 Coppin（2003）在研究中提供的关于风能不确定性的详细证据对于风能相关性研究是非常重要的。该研究表明，将澳大利亚东南部地区上约 1500 公里的风能整合（将所有风电场整合在一个发电系统中），可以将风能的不确定性从 70% 降低到 50%，或许降不了这么多。这还意味着，在这片广阔区域内，不同地点的风能具有较强的相关性。本书的注释 6~9 提供了其他一些证据。以上这些案例与研究皆表明，即使将广阔区域上的风能整合也难以有效改变风能的不确定性问题，这些不确定性包括因季节变化导致的不确定性，以及在一个地区长期弱风或无风问题等。

一些人的研究似乎是建立在这样一个事实之上的，即一个区域上的风能相关性并不能确保风能发电系统总是能够产出大量电能，尽管在某一时刻，一些电站处于闲置状态，而另外一些却在发电。需要说明的是，这里存在着错误的推理。当然，低相关性或者无相关性就意味着一些电站在闲置，而另外一些在发电，但这却没明确在整个区域上某一时刻的平均风速。如果一些发电站在闲置，那么发电量就会下降，且当在一个区域里风力相对较小或无风的时候，很少甚至没有发电站进行发电。因此，一般而言，所有发电站的风力强度都是高度不相关的。

显然，无论相关度为多少也不能改变这个现实，即夏季欧洲的平均风能资源远低于冬季。同样，整个欧洲大陆经历数天温暖天气的时候，其持续时间要明显短于一个季度。Duguid 等人（2004）的研究表明，"在欧洲，如果持续数天无风的话，大部分地区都将处于高度的能源压力之下。在冬季，无风经常会导致霜冻和浓雾，这将会对热能和光的需求大幅攀升"。在此再次引用 Hayden (2003) 的话, "任何地方的风力都会有小的时候"。正如 Schurman (2005a) 所说的那样, 在 2002 年丹麦的风能发电系统有 54 天几乎没有发电, 并且 E.On Netz 公司的报告还表明, 德国大型风能发电系统一年中数月平均电容率只有 5%, 这令人十分震惊。

2.15　整合各洲风能

Czisch 和 Ernst (2003) 讨论了将欧洲与西伯利亚、摩洛哥、哈萨克斯坦的风能发电系统联系在一起的可能性, 因数千公里的距离可以克服风能较小区域内的不确定性问题。Czisch (2004) 对大型发电系统的风能利用前景非常乐观。"建立一个完全可再生和可持续性的电力供给系统是切实可行的……" Czisch 和 Ernst 都认为, 这样一个系统可以将风能的供给不确定性降低到 10%, 并可以通过使用现有水坝抽水储能的方式来确保满足后续电力需求。Saharawind (2005) 在对摩洛哥风能研究的基础上, 也提出了类似的建议。

Czisch 和 Ernst 说, 如果有一个相当于风能电站电容率 26% 的非风电备用系统, 他们所提议建立的系统可以供应欧洲约 30% 的基础负荷需求。这将会是一个庞大的备用储备, 能降低燃煤与核能供给的 30%。这也意味着需要建立一个备用电力供给系统, 该系统可以供应与风能发电站相同的电量。[10] 这些数字与下面的证据是一致的, 这些证据表明, 大量的风能电被整合进一个系统中, 仅带来了很小的"容量可信度"。

虽然这个方案具有利用大量风能的优点, 但这是建立在欧洲能够充分利用大量风能的假设基础上的。事实上, 他们报告中的图 1

显示了欧洲、西伯利亚、摩洛哥和哈萨克斯坦面积之和几乎相当于全球土地面积的 1/3，西从爱尔兰东到印度，北从北冰洋南端到赤道。这样广阔的区域还意味着大量的能源传输损耗，根据 Czisch 的假设，这一损耗可能会达到传输能源量的 25%，即每传输 1000 公里就会损耗 4%，这还不包括能源转换过程中的损失以及与风能发电站的连接损耗，反映出能源传输成本如此之高。

如要有效应对能源传输过程中的整合性问题，我们需要掌握 Davy 和 Coppin（2003）对这片地区风能研究的相关数据，也就是不同地点的风能分布情况，包括风能的均值及方差。报告中的图 3 表明，该地区风能发电站可能会低于发电系统最高电容的具体时间。为支撑 Czisch 和 Ernst 的乐观论断，就必须证明整个发电系统高度可靠，并能在任何时候或者是大多数时间持续地发电并供给电能。报告中的图 5 显示了风能的总体分布，但这仅仅是风能的均值分布，仅从该分布图上得不出风能的变动情况。其次，Czisch 和 Ernst 认为抽水储能可以消除风能的整合性问题，但这种方式应用难度很大。全球水力发电电容量仅约为电力总需求的 10%，因此这种发电方式难以填补当风力弱时风能电留下的巨大电力缺口。

另外一个问题就是上文提及的风能的季节不确定性。Czisch 和 Ernst 所提供的数据显示，作为跨洲的电力系统，冬季风能远高于夏季，并且 11 月的发电量要低于夏季发电量的平均水平（参见 Czisch，2004，图 5；以及 Czisch 和 Ernst，2003，图 5）。

需要注意的是，在约占全世界陆地面积 1/3 的广阔区域上指出来哪些地方风能资源丰富、哪些地方贫乏，并不能有效解决风能的这些问题。如果要在任何时候都能够 100% 地供给电力，就需要在这一区域上的不同地点建立若干风能发电系统，并确保这些系统能够满足所有的电力需求。当在夏季欧洲风力弱的时候，电力供给可由摩洛哥来补给，因为夏季摩洛哥风力很强、发电量大，但这还意味着需要在摩洛哥建立像欧洲一样多的风能发电站。但是当摩洛哥的风力减弱时，欧洲可以从哈萨克斯坦的风能发电站获得同样多的电力补给吗？Czisch 建议将 5 个相距遥远的广阔地域连接起来，也就是建立 5 个单独的风能发电系统，夏季还可以利用位于北非的光伏电系统和太阳热能系统来补给风能电供给缺口。

Davy 和 Coppin 的相关证据并不支持 Czisch 和 Ernst 关于将广阔区域上的风能发电系统连接起来的乐观论断。他们发现大规模的风能发电网络系统（上文提及的风能电网络系统）虽然可以有效减低风能发电的波动性，但却使整个电力供给变得更加不稳定，在经常性及持续性的极端事件发生时（如无风期），不稳定性表现得将更加明显。

另外一个问题就是哈萨克斯坦和西伯利亚距离欧洲相当遥远，意味着每天的电力最高产出量与最高需求量之前有几个小时的时差。那么如何将这些电量储存起来以应对不时之需呢？在一些地区如摩洛哥，有严重的沙尘暴，这就会对发电系统的性能正常发挥产生巨大影响。

Davy 和 Coppin 提出的建议还涉及一些政治和道德问题。对于欧洲而言，利用比起自身大 5~6 倍面积上的风能仅仅供给了欧洲电力总需求量的 30%。当然，居住在毛里塔尼亚和哈萨克斯坦之间的居民也可以利用这些风能。在一个公平和可持续发展的世界上，虽然能源的出口是可以接受的，但 Czisch 和 Ernst 所提供的数据并没有显示这能够满足欧洲当地所有居民的人均电力消费水平。其实，供给量并不是主要问题，主要问题是能否有效克服风能的不确定性，但这一问题至今仍不明朗。

由于风能不稳定性问题的存在，就否决了实施"超大"风能系统的方案（Cavallo，1995）。一些人认为风能价格很便宜，因此可以建立超出通常平均需求量的风能发电容量。当风能减弱时，仍然可以产出足够的能源来满足需求；然而当风力大时，一些风能发电站就要闲置了。

虽然建立超大风能系统可能会是一个好的设想，但实施起来难度非常大。第一个问题是风能并不廉价，当考虑到非峰值时的风能发电电容量、风能电传输电网以及备用电容量时，风能发电的财务成本通常是燃煤发电的 10 倍。如果建立大量风力发电站，其在风力很弱时仍然可以发电，那么原则上任何国家都可以供给大量的风能电。这一问题是显而易见的，即下一步需要怎样做才能实现既经济又可行呢？然而，就算是多大的风能发电系统也不能够克服在广阔地区上持续无风的风能发电难题。

Davy 和 Coppin （2003） 所提供的图 3 清晰地论证了超大型的风能发电系统可以缓解这一问题，但却不能彻底消除。对于一个最高发电量能够满足需求的风能发电系统而言，大约 20% 的时间其电力供给仅能满足不到 20% 的需求。因此，如果将该发电系统的电容量翻倍，那么大约 20% 的时间因为没有需求，发电量就会下降约10%。

然而，欧洲的能源需求可以由欧洲以外的地区来供给，这是其中一个可以证明本章所得出的一般性结论的证据。关于风能的利用潜力可以由 Davy 和 Coppin 所提供的各地区 （尤其是欧洲） 的风能分布图来进一步说明。

2.16　"但是我们需要削减燃煤电站"：需要多少容量可信度与备用电

那些毫不知情的人认为，风能发电站建设得越多，我们需要的化石燃料发电站就越少，其实这是一个很大的误区，尤其是在风能电在电力供给系统中的比重比较高的时候。这里有两个因素，即"容量可信度"与"备用电容"。容量可信度，是指不再需要燃煤发电站、燃气发电站或核能发电站的数量；"备用电容量"是指当风能发电量降低时，所需燃煤发电站、燃气发电站或核能发电站的数量。

如果通过在电力系统中添置风能发电站来减少燃煤或核能发电量，并从该角度来考虑问题的话，火力发电量需求曲线首先是大幅上升，之后快速恢复平稳状态。通过对荷兰的研究得出了一个令人惊讶的结论，即仅当风能电的贡献量增长到全国电力发电量的 1.8% 时，增加风能发电站数量可以或多或少减少对煤电或核能电的需求（欧洲风能地图，1991）。

2005 年，E.On Netz 研究报告引用了两个独立的研究。这两个研究认为，"从宏观规划的角度，约 80% 容量可信度……实际上为 0。"（Constable，2005，见报告中的图 7）。该报告还特别强调，当风能电的贡献量增加时，容量可信度就会降低（图 2）。UKERC 的报告也得出了类似的结论。

DENA 电网研究小组建议将德国风能供给系统的电容量提高到 36 GW，这样可以淘汰 2 GW 的化石燃料发电站（关于本研究的一些批评性评论详见注释 4）。Hayden（2003）认为，"每个地方都会出现风能资源减少的情况……因此风能发电设备就必须做好充分准备来应对无风的情形。换句话说，风力发电机组本身并不能增加发电系统的电容率"。在该报告的修订版中，他认为，"风力发电机组……不允许任何设备脱离出去像一台独立发电站一样运行"（2004）。从其他已被核实的证据可以看出，虽然这可能会是对现状的一种夸大，但也基本接近现实。

Davy 和 Coppin（2003）对横跨澳大利亚东南部的风电系统中能够利用的电容量给出了一个相当低的数据，而且确保风能电能随时得到利用的把握有 95%。在新南威尔士州，一天中风能最好的半天时间里，有 95% 的把握确保最高装机容量的 4.6% 的电能可以被利用，一天中风能最差的半天时间里电能可利用量仅为 0.5%，整体上为 1.3%。对于澳大利亚东南部三个州而言，地域面积绵延 1500 公里，这三个州电能可利用率之和为 9.5%。Coppin 认为该值在秋季会更低。

同样，Czisch 和 Ernst 也提出了一个宏大的建议，即要满足欧洲电力需求的 30% 还需要建立相当数量的常规备用发电站（他们认为，备用电站必须要达到风能发电站最高电容量的 26%，但即使风能发电电容率为 33%，备用电站在最高电容率条件下的发电量也与风能发电量基本相当）。

Milborrow（2004）认为，如果风能发电可以供给电力需求的 20%，那么备用电容量仅需为电力总需求量的 10% 即可。其实，这并不是微不足道的事，因为这还意味着每两台风能发电站就需要配备一台燃煤发电站作为补充。Sharman 关于丹麦（2005a）的报告重点强调了这一点，即每一台风能发电站需要配备一台额外的、与风能发电站电容量大致相当的燃煤发电站、燃气发电站或核电站作为备用，以防风能发电站在无风时不能发电。

E.On Netz 2004 年的报告认为 "……传统的发电站电容量仍需要维持……在风能发电站装机容量的 80% 或更高"。这是一个非常大的数字，意味着建立一台电容量为 1 MV 的风能发电站，其平均发电量为 0.16 MV，还需要建立一个电容量为 0.8 MV 的燃煤发电站，尽管它在大多数时候都是闲置的，并不发电。E.On Netz 关于德国风能利用的 2004 年的报告中认为，风能至多减少对传统能源 20% 的依赖。事实上，德国必须要花 1 亿欧元来建立新的燃煤发电站，来应对风能发电站不发电的状况。

因此，一般而言，我们建立的风能发电站越多，那么就必须建立更多的燃煤发电站、燃气发电站或核电站与其相配套。当然，当风能发电量在电力供给系统中占比很小，可以忽略不计的话，这一问题则不会发生。在美国，风能发电量仅占电力供给量的 1%，因此当风能发电量很低时，很容易用其他能源来替代风能。丹麦风能发电量仅能供给 68000 人使用，考虑到电力储存能力及向能源消耗大国的输出能力，建立配套电力系统就显得没有太大必要了。

换句话说，建立风能发电站是为了辅助常规发电站，而不是替代常规发电站，其实质是避免煤炭或天然气的消耗，而不是避免建立燃煤或燃气电站。正如 Constable（2005）所说的那样，"风能并不是一种替代能源，而是一种补充能源"。

此外，因为一部分燃煤电站必须要保持运转，也就是说，一直要处于"热身"状态而不是闲置状态，当风能下降时能够随时运转起来。在这种情况下，燃煤电站的发电量很小，但却排放了大量的碳，因此其发电效率很低。

Ferguson（2005）认为，建立风能发电站实际上会导致燃煤或燃气发电站的大量增加，化石燃料的大量消耗。这是因为燃气发电站的发电量维持在一个较为恒定的水平上时，才是最有效率的。如果这些燃气发电站（联合循环燃气涡轮机）随着风能的大小不断快速变换其发电量，将会使效率大减。此外，发电量的频繁的变动还会降低发电站涡轮机的寿命减低（Sharman，2005）。

2.17 "至少我们得减少煤炭消耗"

用风能电代替燃煤发电或核电，是可行且非常重要的。然而，Ferguson（2006）给出了以下令人迷惑的一组数据。1990~2003 年，丹麦风能发电量呈显著增长，占电力利用总量的18%，同时人均二氧化碳的排放量下降了0.3%，绝对值降到了10.9吨。英国同期的风能发电量也出现了小幅上升，远低于丹麦，但人均二氧化碳的排放量却大幅下降了8.5%，绝对值降到了9.5吨，低于丹麦的排放量。这看起来好像风能电利用程度最高的国家并没有减少二氧化碳的排放。

如果要维持安全的温室气体排放量，风能能够使煤电降低到既定的水平吗？不幸的是，正如第1章中的数据显示的那样，毫无疑问，答案是否定的。IPCC碳排放情景模拟方案显示，我们必须使碳排放量不高于约1Gt/y，甚至是低于这一水平。这就意味着，全球90亿人口平均下来每人每年消耗的化石燃料为0.15吨。尽管如此，这还没有考虑液体燃料的消耗，这部分燃料每年大约可以产出330 kWh的电量，也就是说，平均每人可以多消耗33 W的电量，这大概相当于澳大利亚人均电力消耗的3%。此外，风能发电系统还必须要有相当于其自身电容量8倍的备用发电系统，以填补风能下降导致的电力缺口。需要提醒的是，Davy和Coppin的研究发现，澳大利亚南部地区的风能发电系统的总电容率大约为系统最高电容率30%的26%，甚至更低，那么要填补这样一个缺口就需要其8倍的化石燃料，这已远远超过了碳排放的最高限度，甚至还没考虑传输过程中的能源损耗。

2.18　用氢能电能填补风能电供应缺口吗

理论上讲，风能的不确定问题是可以克服的，只要在风能充足时，将剩余的风能电以氢能的方式储存起来，待风能下降时加以使用。然而，我们仍然面临着问题，那就是风能电量和成本问题。

第 6 章将会对氢能电涉及的问题进行深入讨论。Bossel（2004）解释了由于氢能发电中的大量能源损耗，从而决定了氢能发电仅仅只能供给其发电量的 25%。换句话说，每供给 1 单位的氢能电，就需要产出 4 倍的电力（下文将会给出更令人悲观的估计）。

如果我们看一下电容量为 104 MV 的本顿湖（Lake Benton）风能发电场 10 月份的风能发电量分布图，就会发现如果将高于 18MV 的电量都转化为氢能电，并储存起来，以供风能减弱时利用，那么该发电场就可以持续地输送 18 MV 的电量。换句话说，在这一发电水平上，如果有电力缺口，就会用高于这一水平的、已转化为氢能电形式的 25%那部分加以填补。

风能电场中的发电站的造价大约为 1.04 亿美元，即 1000 美元/千瓦（高峰）。需要提醒的是，这还不包括构成供电系统的其他方面的成本费用（参看以下成本说明）。但是，如果该发电站仅供给 18 MV 电量的话，那么每千瓦的电力成本将会上升到 5780 美元。

以上数据是在风能资源较为丰富的条件下得到的。如果我们看一下 E.On Netz 关于德国的研究报告，或者 Sharman 关于瑞典的研究报告，就会发现他们两国的平均电容率不及本顿湖风能发电场的一半，其氢能电成本将会大幅提高，达到 11500 美元/千瓦。如果看一下澳大利亚南部地区风能发电场（不仅包括风力场也包括农场和系统）的发电成本，其中一个发电场的发电成本已接近 2500 澳元/千瓦（1 澳元约等于 0.7 美元），那么澳大利亚的风能发电成本（其中包括了用氢能电填补电力缺口的成本）将会是燃煤发电站包括燃料的发电成本的 11 倍之高。

下面让我们看一下关于"氢能经济"的设想，即将大量的风能发电站和太阳能蓄电池板产生的氢能加以储存，并在需要时加以利用。如果一个电容率为 25%的风能发电系统产出的电量以氢能的形式加以储存，那么它的有效电容率为 6%，假定在风能发电站建设成本一定的情况下，风能发电站的发电成本至少要达到 32000 澳元/千瓦。如果燃煤发电站花费 3700 澳元就可以产出 0.8 kW 的电力，那么风能发电站产出 1 kW 的电力所花费的成本将会是燃煤电站发电成本的 8 倍。

尽管这是一个粗略的估算，但比实际的成本还要高，因为还需要加上氢能发电站建造成本，氢能储存、压缩、抽取等相关设备成本，以及从氢能中产出 18 MV 的电量所需昂贵的燃料蓄电池成本等。毫无疑问，通过以上分析，可以得出"用氢能来填补风能电供应缺口"的做法变得极不可行。

尽管我们有能力并打算支付这些成本，但我们仍面临这问题，那就是在本章一开始我们谈到的风能最高的可发电量。对于澳大利亚，要通过氢能系统从 4 EJ 的风能中获得一半的能源，就必须要有 8 EJ 的风能电。因为在该氢能系统中，未来要用 1 单位的电，现在就必须储存 4 单位的电量。按照以上推定以及在 40% 的排斥因子的前提下，我们需要在 620000 平方千米的区域上建立风力发电站才能满足电力需求，那么这就相当于在风速不低于 8 m/s 的条件下，新南威尔士州和维多利亚州现有风能发电面积之和的 200 倍。

2.19　最终还得利用弱风来发电吗

平均风速为 6 m/s 的区域要比平均风速为 8 m/s 的区域面积大得多。在维多利亚州，风速 7 m/s 的区域大约是风速 6 m/s 区域面积的 5 倍。然而这一趋势会很快扭转，因为风速为 6.5 m/s 的区域仅为风速 6 m/s 区域面积的 1/5。因此，建造能够在低风速条件下发电的电站可以大幅提高对风能资源的利用率。不幸的是，现实是复杂的，假设现在关于风能发电站效率的监测仅来自于风能资源丰富的区域，则就很难给出一个确切的答案。然而，有理由认为，当我们开发并利用低风速时，降低风能的不确定性将是我们面临的最急迫问题。

由于风能随着风速的变动而变动，当平均风速下降时，可利用的风能也随之快速下降。正如以上的分析，7 m/s、6 m/s 和 5 m/s 的风速中蕴藏的风能分别相当于 8 m/s 风速所蕴藏风能的 67%、43% 和 24%，但可利用的风能量的下降幅度要大大高于风速的下降幅度。这似乎表明了，风能发电站产出的大部分电能都是来自于相对较少的高风速。[11] 这就意味着，当风速下降时，风能并不是以线性速率下降，而是以加速度下降。

注释 11 给出了一些供参考的原因，当一个风能发电站在 8 m/s 的风速可以正常运行，那么在 6 m/s 的风速下也可以以 11% 的电容率正常运行。[12] 那么夏季平均电容率是多少呢？尤其是在欧洲，夏季和冬季的风能比为 1:4.7？当然，夏季的电容率应该在 5% 左右或者低于在 8 m/s 风速条件下风能发电站正常运行时的电容率。最后一个问题是，风能分布和夏季时的平均电容率究竟意味着什么？在一段时间内，电容率小到可以忽略不计的频次有多少？

虽然在设计能适应低风速的发电站上没有太多进展，但这看起来并不是那么重要，因为我们主要把精力放在了可利用风能量的测算上了。进一步说，上述分析假定低风速下的发电站与现在运行的发电站的效率是一样的。然而，事实上低风速下的发电站效率必定会降低，因为风车的叶片将会变得更大，更容易受到暴雨等恶劣天气的损害，并且切出风速会变得更低。

以上的分析带有强烈的推断性质，要得出一个更加令人信服的结论需要更多的证据来支撑。然而目前还没有办法取得这些证据，但是这并不意味着对未来低风速蕴藏的巨大风能利用潜力持悲观态度。

2.20　供给与需求间的关系有助于解决问题吗

在一些情况下，新能源的供给峰值有时会巧合地与需求峰值相等。在炎热夏天的午后，空调的使用到了高峰期，此时可以将太阳能光伏板朝向西北方，以使电能产出达到最大。然而，夏季电力需求量时会在炎热无风达到最高值。虽然风力在冬季会变大，但是在严寒冬季也会出现一段相当长的无风期。E.On Netz 的报告（2004）指出了如何使这两个季节的风速在更大的区域上保持在稳定的高气压状态下。

Coppin、Ayotte 和 Steggle（2003）研究得出，在澳大利亚东南部地区电力的需求量与风力的强度几乎没有任何关系。在新南威尔士州，电力的需求量与风力的强度没有一点关系，其他各州的冬季也是这样。

2.21　需求高峰期的峰值问题

随着社会的日益富裕，人们对空调的需求量越来越大，这对于电力供应商而言是一个令人头痛的问题。空调使用量才刚刚打破平日最高值几天的时间内，电容率就已经高于了平时大多数时间的平均需求量的 20%。在澳大利亚，这样的电容率几乎用不到。夏季炎热且无风，此时不要指望通过风能发电来满足巨大的电力需求。此外，在非常炎热的情况下，电力供应中的一些阻力和困难凸显出来。目前，澳大利亚仅有43%的家庭使用空调，因此未来还有较大的增长空间（悉尼早间导报，2005-5-23）。

虽然新南威尔士州的电力需求量在以每年2.2%的速度增长，但是需求的峰值却以每年2.9%的速度增长。2002年，澳大利亚电力消费的平均值为22.4 GW，但实际上仅为需求峰值45.3 GW的一半（碳吸存领导力论坛，2005）。因此，该电力系统最大的电容率必须要高于电力需求峰值，用以应对不可预见更高的用电高峰纪录，同时这个数据（并不是真实的数据或者平均电力消耗数据）也表明了风力发电站必须以此作为其运行发电的目标值。

2.22　传输系统成本与损耗

国内和洲际风能发电系统在上千公里的电力传输过程中都会导致电能的损耗。输电线路功率一般最高是5 GW。Czisch和Ernst（2003）估计目前4000公里的传输损耗大约为16%，但随着高压线路的建设，损耗会下降到10%。Ogden和Nitsch（1993）也得出了类似的数据。Saharawind（2005）认为，未来4500公里的传输损耗会在15%左右（其他一些关于成本方面的证据已在注释13中列示）。

一些人经测算好后估计，功率为5 GW的高压线路的成本为1000美元/千瓦，并且认为这比燃煤发电的成本要高出40%。位于摩洛哥的4000~5000公里的风能发电场的建造成本，以及位于东撒哈拉的功率为1000 MV的太阳能热电站的建造成本，都与1000 MW的燃煤电站的建造成本大体相当。但如果考虑到15%的传输损失，那么其发电成本就会快速增长40%，每千瓦的发电成本将要提高

1.3 倍。

在"超导电率"（super conductivity）研发上的技术突破会使这一切变得不再一样。在超低温下，电流的阻力将会大幅下降。在高温条件下达到同样效果的研究也正在逐步取得进展，但是随着温度的不断升高，可传导的电量会逐步降低。

除了长距离的跨国传输导致的成本外，还有另外一个重要问题需要解决，那就是在当地或全国范围内建立更具有鲁棒性（robust）的传输电容以应对风能的不确定性。德国有时不得不将风能资源丰富的地区产出的电能传输到其他用户多的地区去。2005 年，E.On Netz 报告指出了这一问题，并认为德国未来需要加大电网覆盖面。一个关于对英国的研究指出，目前英国需要大规模的电网建设以支持风能电的增长，然而这一计划的发电成本大约为 250 英镑/千瓦（Dale，2005）。如果要涉及风能发电的峰值，假定目前英国平均电容率为 22% 的条件下，那么该电网系统每千瓦的电力传输成本将会是现有风能发电站的发电成本的 2 倍。

假设将分布在超过 6875 平方公里（在排斥因子为 40% 的条件下，则为 11760 平方公里）区域上的 10000 台风能发电站由功率为 5 GW 的电线连起来的话，那么单个风能发电站上的馈电线（feeder lines）相对于高压直流电线（High-Voltage Direct Current，HVDC）的成本而言是相当高的。如果将这些风能发电站用电线都连起来的话，可能需要约 8000 公里的埋线（buried wiring）以及用于散热的空调装置。此外，一个很重要且很少考虑的因素就是在这些连接过程中的能源损失问题。Hayden 认为，在一个风能发电场中仅 10 座发电站间的连接就会导致发电总量的 6% 白白损耗掉。

2.23　风能发电系统的资源成本

风能发电站的建设和安装所需资源成本也应该考虑进去，尽管单个发电站所分担的成本相对较小。Guipe（1992）的一项研究认为，对于风能发电站的电力产出而言，其能源回收期也仅仅是数月的时间。Millborrow（1998）也得出了类似的结论。

然而，相对于太阳能光伏电系统（见下文），风能发电站在其生命周期内要实现既定目标的发电量，就需要假定风能发电系统具有较高的电容率，如35%或者是更高。E.On Netz 报告表明，通常用作假定的数据要比系统实际能达到的数据高出两倍。如果风能电要满足大量能源需求，一些风能资源不是太丰富的地区也必须建立风能发电站，以实现对风能的充分利用。

如果我们假定在一个发电系统中功率为 750 kW 的发电站的电容率为16%，那么这台发电站每年可产出电量为 0.85 kWh。如果该发电站的建设需要用 200 吨材料，即能源成本为 10000 kWh/t，那么则需要四年的时间才能回收这些成本。

虽然海上的风能发电站的电容率比较高，但是如果在深水区进行大规模建设的话（比如将现在的 18 米深提高到 55 米深），那么就可能要投入更多的材料和更高的能源消耗。

如何正确甄别发电站建造成本和发电系统成本是至关重要的。在对风能能源回报的全成本核算中，很多重要的成本因素也要算进发电站的成本中去，包括运营和管理成本，发电站与电网的连接成本，电网应对风能不确定性的成本，以及备用发电系统的建设成本。2004 年，E.On Netz 的报告认为；德国风能资源的开发需要建设一个全新的 1500 公里的高压和超高压输电线路。据测算，要在 4000 公里外的地方能够利用到这些能源，首先需要消耗大量的能源来建造超高压直流电线路，然后每产出 10 亿瓦的电量就需要消耗 22800 吨铝材（Solarwind，2005）。

现有的电网系统一般都是将巨大的中心发电站产出的电量传输至分散在四周的终端用户，而这些传输线路的功率会越来越小。如果时不时地将风能比较大的地区产出的电量传输至需要电力的其他地区或者是储存起来，正如 E.On Netz 强调的那样，那么同一个风能电供应系统在不同时间段，其传输结构相差也是很大的。如果将原来储存的电量抽取出来加以利用的话，这个抽取过程也需要消耗大量能源，这些能源主要来源于风能发电量比较高的地区。因此，提高水利发电电容率的成本也需计入该发电系统的总成本。

此外，从整个系统的能源回报中扣除产出因素就得出了整合性问题所引致的能源损耗。因此，一个风能发电系统的能源消耗总成本要比仅仅考虑发电站的建造成本要高得多。

2.24　政府补贴

新能源之所以能够实现较高的渗透率一部分原因要归功于大量的政府补贴。这是有力推动新能源产业发展的重要手段，但如果单纯从经济的可行性角度考虑，这却是一个误导性的信号。燃煤发电的价格一般在 4 c/kWh 以下，然而在澳大利亚，太平洋电力公司（Pacific Power）需要支付每户 10 c/kWh 来获得住户屋顶上放置的太阳能光伏板产出的电力，并将其传输到电网中去。事实上，德国的政府补贴就更高了。关于其他情况的一些证据（参见注释 14）表明，在风能资源丰富的地方，风能发电项目在没有政府补贴的情况下，很难可以顺利落实，通常这些新能源补贴要比燃煤发电成本高出 2~3 倍。以上分析的目的并不是反对政府补贴，但却为新能源使用成本很高这一论断提供了有力证据。

2.25 与"燃煤发电"相等的财务成本

光伏电、太阳能热电、风能电以及其他新能源发电的财务成本通常用专用术语"峰瓦"（peak watts）来表示，也就是指当风电站在最大输出功率条件下实现的发电量。对于风能电，其成本现在一般不高于 1000 美元/千瓦。Oakshott（2005）认为，在最大输出功率条件下，澳大利亚南部地区的风能电成本在 1500~1600 澳元/千瓦左右。然而，最近公布的一批项目中出现了更高的成本，Peacock（2006）所列举的四个项目在最大输出功率条件下，平均发电成本为 1916 澳元/千瓦；他在报告第 15 页所提及的另外一个项目在最大输出功率条件下，发电成本达到了 2115 澳元/千瓦。位于阿德莱德北部功率为 95 MV 的 AGL Hallett 风能发电场，于 2006 年年初正式对外公布，在最大输出功率条件下，其发电总成本为 2.36 亿澳元，即 2485 澳元/千瓦。这与 Babcock 和 Brown 风险投资公司在注释 14 提到的内容类似。正确区分发电站建造成本、发电场成本，以及发电系统成本是非常重要的，因为后者的成本、包括了所有的电路连接成本、电网扩张成本、电能储存成本以及备用电力系统成本。因此，以上所涉及的所有数字都不是发电系统成本。当然，其他未预期到的额外因素导致的成本也应包含在系统成本中。

对于燃煤发电站而言，在最大输出功率条件下，其成本大约为

1000 美元/千瓦。通过粗略估算与比较，我们得到了以上关于风能发电和燃煤发电的大致成本数据，而这有很大误导，因为以上分析得出的结论竟是风能发电和燃煤发电的成本大致相等。然而，燃煤发电可以在任何时候都能保持最大的电力产出，因此在 0.8 的电容率下，可以每年可以产出 7008 GWh 的电量，那么其每千瓦的成本大约是 1250 美元。从另外一个角度看，即使风能发电站位于风能资源比较丰富的区域，其容量系数（capacity factor）也仅为 0.33 左右，也即意味着最大电容为 1000 MV 的风能发电场，其每年的发电量约为 330 MV。所以，即使位于优越的位置，风能发电场每千瓦的发电成本也是燃煤发电成本 2.4 倍。

最近一个研究报告指出，澳大利亚风能发电场在最大输出功率下，发电成本约为 2485 澳元/千瓦，如果容量系数为 16%，那么每千瓦的发电成本则是燃煤发电成本的 13 倍，或是燃煤和燃料混合发电成本的 4.2 倍。如果欧洲风能发电系统的平均容量系数为 25%，那么就可以得出乘数 2.7。

因此，只有考虑到每千瓦电容量以及整个发电系统独立于单个发电站等因素，以上关于风能发电成本的粗略估算数据才有意义。当然，通过采用煤炭利用的生态成本法进行全面会计核算，可以大幅改善风能发电现状。

2.26　这就是对风能的结论吗

在很多地方，如欧洲、加拿大、新西兰、美国中部地区、澳大利亚的部分地区，风能发电能够为满足电力供应作出相当大的贡献。然而，由于其自身的不确定性、整合性以及空间上的可获取性等方面的问题，限制了其对整个电力供给应作出的贡献，使其仅占很小的比例，有的是 20%，但也有可能是 10%。这仅仅是一个年度的平均数据，尤其在夏季和秋季的时候，风能较为匮乏，那么该值会更低。

无论风能发电所占整个发电总量的比重为多少，在无风的时候，只能通过其他发电设备进行发电来补给电力缺口，时刻牢记这点是至关重要的。不过本书的核心问题是无论我们是否能够完全依赖新能源，如在此情形下，我们必须有大规模的电能储存系统，或者找到其他能够供给剩余 80% 电力需求的新能源，仅仅单独依靠风能来供给大量的电力需求是不现实的，也是不可能的。尤其在一点风都没有的时候，其他能源要完全承担电力需求。同时，本书第 6 章和第 7 章认为，以上分析并非危言耸听。

虽然对风能利用前景过于乐观是一种普遍现象，但是部分人已经开始对此提出了严重的质疑，如 Hayden、Ferguson 和 Tyner，他们都认为 "……即使在最乐观的估计下，风能发电也仅仅能够供给美国经济一小部分的电力需求……"（Tyner，2003）。

交通工具的运转也可以依靠风能发电，这是一个常见的观点。该观点认为，风能发电在满足现有电力需求的前提下，还可以向交通工具提供 2 倍于现在的电力供给。正如以前解释的那样，要通过氢能传输 1 单位的电量就必须产出 4 单位的电量，这样的话要满足交通工具的电力需求就意味着要产出比其实际电力需求量要高出 7~8 倍的电量。

"既然如此的话，我们为什么还这样做呢？那为什么不直接建立大量的氢能发电站？这样既可以减少能源转换和传输过程中的损耗，还可以满足其他各个方面的电力需求"。这引发了两个问题。一是在满足同样的电力需求的前提下，风能发电的成本是燃煤发电成本的 10 倍；二是在氢能的能源损失难以用风能发电来弥补。正如以上分析，要满足澳大利亚全国能源需求量的一半，我们需要在现有新南威尔士州和维多利亚州拥有丰富风能资源区域面积的基础上，至少再增加 200 倍。

如果在没有大规模的储存技术设备的情况下，风能要能够满足更多的能源需求，我们将面临以下选择：

第一个选择是，当风能发电量很低时，建立更多的风能发电站增加发电产出，因此电容量可信度应与电力需求量相等（已考虑到安全边际）。接下来的问题就是，鉴于即使在丹麦电容可信度也有可能降到 5%，所以最大电容必须要为平均电力需求量的 20 倍。那么就需要更多的、超科预期的风能发电站。

第二个选择是，建立大量的风能发电站，并用燃煤发电填补风能发电无法填补的电量缺口。这个选择面临的问题是，如果我们接受了绿色气体排放目标，那么化石燃料的使用量是有限的，其发电量远不能填补巨大的电力缺口。在此，我们先不考虑将燃煤发电用于交通工具，并将其全部发电量来补充风能发电。下面再重温一下一组关键数据，第 1 章中给出的能源消耗预算目标是每人每年 0.11 吨，用这些能源发电，则可以占到澳大利亚每人每年电力消耗的 2.5%，并且该数据还在快速增长。

当得到这样的结论时，大多数风能的积极倡导者并没有感到沮丧和不安，反而他们很高兴看到风能能够满足约 20% 的电力需求，并且他们大多数人都不认为风能能够满足大部分的能源需求。但是本书的核心观点是新能源是否可以完全替代化石燃料，然而通过有力的证明，风能仅仅能够满足一小部分的电力需求，更不要说满足更多的能源需求了。

第❸章　太阳能热电

　　通过将太阳所蕴藏的能源转化为蒸汽，然后用来发电，是今后太阳能发电最有前景的方向之一。倡导者们认为，太阳热能（简称太阳能）发电可以贡献很大一部分可观的电力，所以下文并不驳斥这个观点。然而，本章关注的重点是，在冬季或者在太阳能资源较为匮乏的地区，太阳能发电系统究竟能够为全球的新能源供给发挥多大的作用。通过对这一核心问题的分析研究，会使我们对太阳能能源供应潜力有一个全新的认识。本书的结论是，在一个由新能源驱动的世界上，虽然太阳能资源扮演着核心角色，但却难以满足整个消费型社会的能源需求。

　　太阳能技术的最大优点在于能够将太阳能储存为热能，同时还可以在一定程度上克服影响光伏发电及风能发电的主要技术难题。然而，太阳能面临的一个重要问题是，太阳能聚光系统（concentrating system）仅仅能够利用直接直射到反射镜上的那部分能源。来自各个方向的漫射辐射（diffuse radiation）约占总辐射量的一半还多，这部分辐射在得克萨斯州也难以得到充分利用。太阳能的另外一个优点是，在天气最炎热的时候，也就是用能高峰期，太阳能发电系统处于最佳运行状态。这也使高额发电成本被电力需求高峰期的高昂价格所抵消。

3.1 三种技术

在太阳能热槽、热盘或者太阳能中央接收器中，究竟哪一种技术才是最优的，目前仍有很大争议[1]。鉴于在它们三者中间，槽式太阳能技术最为成熟，所以本章将会对其进行深入分析研究，并且假定所得出的一般性结论也大致适用于其他技术，但适当的时候也会指出不同技术间的差异。读者能够较好地认识到太阳能资源的应用前景和局限，那么本章的目的也就达到了。

3.2 效率和成本

由于现有的证据千差万别，因此难以对太阳能发电的效率和成本得出一个清晰明了且令人信服的结论。目前槽式太阳能发电站的效率大约在 7% 与 11% 之间（参见注释 2），预计发生的成本大致与 Sargent 和 Lundy（2003，表 5-10、表 4-39）测算的一致。他们关于该发电站（包括热能存储电容）"未来短期内"的、最大输出功率条件下的成本约为 4859 美元/千瓦，折合 6941 澳元/千瓦。对于燃煤电站而言，其成本大约为 1200 澳元/千瓦（Garlic，2000）。他们还测算出了未来长期成本，如到 2020 年，将会下降为 3220 美元/千瓦时。

正如所有关于新能源的预测判断一样，盲目相信这些数据，这是因为新能源领域中的普遍"乐观主义"的特质，以及考虑到能源成本及建设材料成本将会大幅增加的大概率事件。注释 2 将涉及其他一些案例的成本和效率的估计测算。

首先，这些发电产出数据仅仅为太阳能发电站处于最佳位置时的数据，在该位置上，太阳能年发电量大约为 7 kWh/m/d，但一般需要经过长距离的传输才能最终到达终端用户，在此过程中就会产生额外的成本以及能源的损耗。此外，这还仅仅是一个总量，还需要将发电站的建造成本及发电站运营成本从其总的产出中扣除，最终才能得出净产出。

考虑到槽式太阳能发电所涉及的技术相对简单，同时发射镜还需钢支架、高架吸收管及跟踪设备等，因此一些人认为槽式太阳能发电成本难以显著地得到降低。"槽式太阳能发电绩效的提升空间或成本降低空间都已非常有限"（欧盟专员，1994）。Sargent 和 Lundy 所提供的数据显示，2005~2030 年，成本降低空间已微乎其微。他们将这种槽式太阳能发电技术描述为"成熟技术"，虽然他们认为长期的成本是降低的，但这种判断主要是基于产出的规模经济的角度。然而，Mills 认为，通过对反射镜进行菲涅尔（Fresnel）线性组合，成本的大幅降低是可以实现的。

3.3 与燃煤发电"相等"的财务成本

当我们比较燃煤电站、燃气电站、核电站及不规律能源发电站的时候，分析各类发电站之间的每瓦发电成本是非常重要的，但这与最大输出功率条件下的发电成本有区别的。譬如，在最大输出功率条件下，如果一台燃煤电站的发电成本为 1200 澳元/千瓦，一台太阳能发电站的发电成本为 6941 澳元/千瓦，乍一看后者比前者仅仅高了 5 倍。但是，燃煤电站可以始终以其最高功率发电（通常以最高电容的 80% 运营发电），而太阳能发电站必须要在酷暑天气的正午才能做到这一点，并且其年平均发电量仅为最高电容的 25%。对于燃煤发电站而言，每千瓦的发电成本大约为 1200 澳元/0.8 = 1500 澳元，而对于太阳能发电站而言，这一成本约为 6941 澳元/0.25 = 27765 澳元。Sargent 和 Lundy 的长期成本估计显示，太阳能发电的长期成本约为 18400 澳元/千瓦（相关证据及案例参见注释 3）。

因此，这两类发电站的每千瓦的发电成本之比 18.5:1。但是要得到一个更有参考意义的结论，在对比时必须将耗费的燃料成本考虑进去。假设每吨煤的价格是 20 美元，那么一台燃煤发电站的生命周期中所耗费的燃料总成本约为 25 亿澳元，再加上发电站自身的成本，最终成本约为 37 亿澳元。太阳能发电站所需的发电燃料就是太阳光，没有任何成本。因此，在一个太阳能资源丰富的地方，太阳能发电成本将是等量燃煤发电成本（包括燃料成本）的 7.5 倍之高。

3.4　太阳热能和能源分析

通过使用 Fresnel 线性反射镜，太阳热能及电力集团负责开发了一个太阳能发电系统，向位于新南威尔士州的里德尔（Liddell）电站提供预热水。在 Fresnel 布局中，反射镜在地面上排成多个长排，并与地面形成不同的角度，但这种现状不是槽状，与太阳能吸收管相平行。这一布局的相关成本要比"U"形反射镜的成本低很多。Mills、Morrison 和 Le Lievre（2004）已经提交了一个关于在新南威尔士州建立分别为 240 MW 和 400 MW 的太阳能发电站的议案。虽然太阳能发电的成本和绩效皆相当低，但是目前尚没有已公开的具体细节。因此，要对以上分析进行评估，并获得实验数据及现实发电中的实际数据都是相当困难的。

在最大输出功率条件下，1784 澳元的每千瓦发电总成本大约为 Sargent 和 Lundy 测算得出的成本的 25%，他们得出的数据是，每千瓦的发电成本大约为 5614 澳元。太阳热能及电力集团网站显示的另外一组数据为，对于功率为 200 MV 的太阳能发电站，其模拟总成本为 8.84 亿澳元，即 4410 澳元/千瓦。在第三篇报告中，太阳能集热器的场地成本为每米 102 美元，这一水平相当地低，约为正常平均水平的 25%~33%。Sargent 和 Lundy 得出的长期成本控制目标为每米 286 美元。

不幸的是，以上这些乐观的预测数据并没有给出进一步的解释分析，因此要对这些数据在现实中实现的可能性进行评估非常困难。[4] 因此，要实施这样一个太阳能发电项目的成本究竟为多少，目前仍是未知数。最为不幸的是，太阳热能及电力集团一直热衷于利用中纬度地区的太阳能资源，如澳大利亚东南部地区，因此成功地测算出其乐观预期的数值将是极其重要的。

对于本章而言，使用 Sargent 和 Lundy 得出的未来短期内的成本估计是一个最佳选择，但要谨慎使用其得出的 2020 年的成本估计。

3.5 投资的能源净值和能源回报

对太阳能发电技术的全面评估就是要将太阳能发电站的建设及运营成本从能源总产出中扣除。"寄生"能源损耗，即维持发电站运营所需的能源，大约相当于能源总产出的 8%~10%，在阴天这一比值会上升至 17%。[5] 冬季的时候甚至会更高，因为冬季的晚上需要通过热能的不断循环来维持太阳能吸收器的温度。Sargent 和 Lundy 估计这一损耗在未来不会大幅降低。

依据 Lenzen（1999）的研究，建造发电站所需的能源相当于该发电站在其生命周期内能源总产出的 3%。[6] 然而，另外一部分人认为这部分能源占比大约为 8%~11%，不能对此忽略不计（参见注释 6）。考虑到寄生能源损耗及其他能源损耗后，太阳能发电站产出的能源中仅有不到 80% 可供利用。虽然这仍是一个可观的"能源回报"，但并不是下文讨论的重点。

此外，地理位置优越的太阳能发电地点一般远离人口集聚区，比如美国西南部地区或者是撒哈拉沙漠。能源在数千公里的长距离传输中也会产生大量的能源损耗，Saharawind 估计这一损失可以达到所输送电量的 15%（参见第 2 章）。正如在风能发电的那一章指出的，太阳能发电系统（即由许多太阳能发电站组成）的成本也应包括电网扩展成本、备用发电系统成本、电力在长距离传输中及电流转换进入电网的损耗等。

3.6　热能的储存

太阳能发电系统的一个巨大优势就是能源储存的电容优势。白天收集的热能可以储存在土壤中、融化的盐中或者碎石中，以备将来用于发电。[7] 未来太阳能的储存损耗将会非常低。Sandia（2005）认为，这些损耗已接近 1%。[8]

此时，盐中所储存的热量已经被开发并释放出来用于发电，其所产出的电量可以维持数小时的电力供给，在某些情况下可以达到 12 小时。未来，24 小时的供给时间可能会成为一个标准。然而，长时间的阴天将需要额外更大的电站用于储存热能。如要储存足够的能源来维持功率为 1000 MV 的发电站在连续超过 3 天的阴天的能源需求，这就需要一个能够储存足够多热能的电容，且该电容发电量可以达到 3 × 24000 MWh（e），即 72000 MWh（e），相当于一些太阳能发电系统夜间 12 小时能源需求量的 7 倍。如要产出 1 kW 的电量需要消耗 3 kW 的热能，因此该发电系统必须能够储存 21600 MWh（th），当发电效率比较低时则会需要更多的能源储备。

多年前，Mills 和 Keepin（1993）估计热能的储存成本为 39.29 $/kWh（th）。最近，Sargent 和 Lundy（2003）也得出了较为类似的数据，即 36 $/kWh（e），或者是 10.7 $/kWh（th）。以上数字得到了 Sandia 的确认。按这样一个比率，要为一座功率 1000 MV 的发电站储存夜间的能源需求量，即 660 MV × 16 hrs=10560 MWh（e）或者 31680 MWh（th），那么其储存成本则达到 3.39 亿美元或 4.84 亿澳元。要想通过储存 216000 MWh（th）能源来解决连续 3 天阴天的问题，其成本将达到 23 亿美元或 30 亿澳元，相当于建造一座燃煤电站成本的 2.5 倍。

如果阴云天气连续超过 3 天，以及冬季的大部分时间，这样一来就没有足够的阳光来满足日常发电所需，更不要说储存可供利用 3 天的能源。因此，对于一个发电系统而言，太阳能发电比重较大的情况下，就会需要更多的燃煤发电或者其他备用发电系统，并且有时该发电系统对此会形成高度依赖。

3.7 冬季遇到的问题：太阳热能面临的巨大难题

以上的讨论仅涉及了理想状态下年平均电容、最高电容等，虽然太阳热能发电技术在炎热地区应用前景非常广阔，但和所有其他太阳能发电技术一样，其所面临的关键问题是一年中，尤其是在冬季，太阳热能发电量能够达到多少？在什么情况下和在什么地方该发电系统将不能再发电？以上这些问题对于评估太阳热能发电在新能源利用领域的作用将是至关重要的。

通过对不同季节发电量模拟产出和实际产出的对比分析发现，太阳热能发电站的发电量在夏季和冬季之间有很大差异。[9] 这就意味着，讨论中所引用的年度数据一般大部分都是夏季的数据，冬季时期该数值要比预期的低很多。夏季和冬季接收到的太阳能之比约为 2：1，然而对于槽式太阳能发电而言，发电产出之比则为 5：1。注释 9 中的数据显示，对于即使位于最优地点的太阳热能发电站，冬季时期其产出也仅为夏季时期的 1/5，甚至会更低，槽式太阳能也仅为一半。随着日晒的逐步减弱，发电产出会快速降低。还有一个证据，即随着纬度的增加，发电产出降低的速度将超出预期。Mills 和 Morrison 从实验中得出的一系列结论显示，南纬 33 度冬季时期产出为夏季时期的 1/5 多，南纬 40 度则为 1/7，槽式太阳能的方向为东西向和南北向（极轴上的槽式见下文）。

如果我们将这一现象同以上讨论的成本及电容量问题结合起来看，冬季时期，即使是在太阳能资源最为丰富的地区，功率为 1000 MV 的太阳热能发电站的发电成本也将是其夏季发电成本的 5 倍之高，随着纬度的增高，成本将快速增长，这一点是显而易见的。

以下试图对夏季与冬季间的发电产出差异作出解释。其目的旨在找出阻碍太阳热能发电技术应用的线索。至于不在太阳能发电理想地理位置范围内的发电站，其产出较低是不是还有其他因素在起作用呢？或者是否能够在合理的成本区间内对发电系统进行设计从而提高产出？

3.8 对偶然因素的探究

当然，在冬季的时候，太阳热能电站只要通过特殊设计，即使在低日照强度条件下也能产出大量电能，要做到这一点，只需简单地增加面积及集中度即可，以上所指面积也就是指吸收管每米长度上镜面反射面积。显然，以上所提出的问题要涉及一个比率，即如采用该技术，发电成本、热能损失以及夏季时候所需储存热能等都会以该比率增加。因为仅在太阳高照射强度的地区，太阳热能发电技术才比较成熟，所以在低日照强度下，当我们试图利用该发电系统尝试发电的时候究竟能够遇见多大的困难，或者位于多高的纬度时，利用同一热能发电将会变得不再经济，截至目前仍鲜有信息和证据来支持一个较为肯定的答复，其实这一点都不足为奇。如果我们对导致冬季发电低效的因素进行再次审视，我们就可能会找到破解同一热能发电技术障碍上的一些线索，尤其在现实而非理想状态下，要做到这一点显得更尤为有用。目前，我们已经识别出的四种因素，将以重要性的次序分别加以分析讨论。

3.8.1 寒冷天气

冬季时期，在太阳照射强度相对较低的地区，太阳热能发电设备晚间的温度将会非常低，第二天早上需要消耗更多的能源为其加热升温。在现实中，为使发电设备整夜都保持一定的温度，一般要在其中储存150度的热水，并在发电设备中缓慢循环，这意味着冬季热量的寄生损耗要远高于其他季节。除此之外，冬季时期大气的温度也非常低，意味着太阳能吸收器中的热量损耗就越大。此外，偏低的外部温度可以提高发电机的效率（Sandia，2005），但寒冷天气在中纬度地区并不是太阳热能发电的一个关键障碍。

3.8.2　提高斜度增加反射

如果将吸收管加热到 800 W/m 状态下可能达到的温度，但是在离析率为 400 W/m 时，那么吸收管就需要将反射区域增大到 2 倍以上。主要原因是置于发电设备外部的反射镜与太阳光有一个逐渐倾斜的斜角。Buie、Dey 和 Mills（2002）的研究表明，当一个带有 12.5 m 高吸收管的线性菲涅尔反射器（Linear Fresnel Reflector）的宽度由 10 m 加宽到 20 m，置于外面的反射镜将会比置于发电系统中心的反射镜减少 3% 的太阳能发电量。虽然这并不那么重要，但当置于 10 m 高吸收管中心的反射器所接受的能量翻番时，那么反射器的反射区域宽度就必须扩大 2.3 倍，同时外部反射镜的斜度也需变得非常大。根据 Sandia（2005）的研究，在一些发电场，吸收管高度为 10 m，间距为 50 m，这就意味着外部放置的反射器就必须要有一个很大的斜角。因此，外部反射镜的斜度将会显著小于太阳的斜度，并且在试图克服强度问题及阈值问题时，可能会导致发电量的降低。

3.8.3　太阳斜度接近地平线：余弦效应

通常槽式太阳能发电设备都是安装在南北向的中轴上。当它们绕着太阳转动，并且夏季的太阳光线直射地面，发电设备上的吸收板全天都可以吸收最大的太阳能。但是在冬季的时候，天空中的太阳光线斜射地面，太阳光与发电槽呈一个很大的斜角，因此，发电槽吸收的太阳能就变得少些。根据以上分析可得，发电槽吸收的太阳能与太阳光线斜角的余弦呈比例，因为此时太阳光线已偏离发电槽的法线。

如果我们的目标是在冬季产出大量的太阳能电，那么在高纬度地区就应该将发电槽固定在东西向的中轴上。虽然仍会有余弦问题，但仅在早上和下午才会遇到该问题，而并不是一整天都会遇到，因为在早上和下午的太阳光线会与发电槽上的吸收孔呈一个很大的斜角。[10]

在冬季的时候，东西向放置的发电槽可以提高太阳能发电产出，因为在早上和下午的时候，太阳与太阳能发电板呈一个斜角，但中午时分则为直角，如果太阳能发电设备南北方向放置，则一整天的太阳光线与太阳能发电板就将呈一个很大的斜角。夏季南北方向放置的发电槽可以确保太阳能发电板上的吸收孔一整天都能正对强烈的太阳光线，因此，夏季南北向放置的发电绩效要远超冬季，并且比东西方向放置一年中任何时候的发电绩效都要高。但是，夏季东西方向放置的发电槽在早上和下午同样也会遇到余弦问题，所以其年发电量就会下降。如果我们的目标是在太阳能丰富地区获得最大太阳能发电产出，那么发电槽必须南北方向放置，但正如以上分析的那样，冬季的发电产出会下降 20%。

在高纬度地区，理想的太阳能发电位置比较少，那么我们则会面临这样一个两难的问题，即要么使年度发电产出最大化（南北方向放置），同时接受冬季时候的低发电效率；要么提高冬季时候的发电效率，同时要接受夏季及全年发电量的大幅下降。

通过增加所在纬度太阳光线的斜率，发电槽的长度可以使上述问题得到缓解。这种做法就叫作极轴（Polar Axis）布置。显然，这样做的花费将会很高。以位于南纬 34 度的悉尼为例，发电槽增长 10 米，那么其高度也就必须要增高到 5 米。如果这是一个线性菲涅尔系统（Linear Fresnel System），吸收管及其整体的高度也许增加得更高，同时建设成本、材料成本及维护成本就会大幅增加。Mills 认为，菲涅尔设计中的一个优点是反射器与地面近，这样就会大幅降低频繁冲洗的成本。Mills 还认为，加长后的发电槽还可能会遇到强风袭击，因此发电设备的整体结构的抗强风能力应得到增强。

另外一个问题就是关于极向（Polar Orientation）的"末尾损失效应"。当太阳光线经过发电槽的尾端斜照进槽内时，尾端的入射线（Incident Ray）就会反射出去，不能被吸收管所吸收。[11] Sargent 和 Lundy（2003）认为，到 2020 年，末端损失将会达到进入发电槽总能量的 8.2%，这一数字令人十分震惊。需要提醒的是，这种情况仅考虑到太阳能资源丰富的地区，如赤道附近，这意味着当发电槽的需要加长时，其高度不需要增加得那么高，那么发电槽的长度就会相对长些。但是正如以上的分析，假如位于南纬 34 度的悉尼，发电槽的极轴长度可能不会超过 10 米，即会出现很多长度很短的发电槽，并且有很多尾端。

Mills 在澳大利亚中北部地区的朗芮（Langreach）和东南部地区的沃加（Wagga）做了一个关于环形阵列（Polar Array）的模拟绩效实验。虽然沃加在南纬 35 度左右，考虑到其与赤道的距离，但它却位于一个罕见的较高隔离度（年均 5 kWh/m/y）的区域中。这一区域在澳大利亚大陆上一直向南延伸。实际上，这一地区的太阳能与布里斯班相当，位于沃加东北部 1000 公里处（参见 Mills）。换句话说，对沃加地区太阳能发电绩效的模拟预测可能并不具有代表性。

在朗芮，通过环形阵列对冬季太阳能发电绩效的模拟测算为 3.64 kWh/m/d，大约相当于夏季的 63%，而在沃加这一数据仅为 38%，然而这比卢兹系统（Luz System）的模拟估计数据有了很大提高，尽管这一系统并不是专门用于最大化冬季太阳能发电绩效。然而，在沃加仅能吸收 2 kWh/m/d 的太阳能，那么可以大致推算出其发电量也仅为 0.4 kWh（e）/m/d，远低于经济可行性的底线标准，每天每平方米的太阳能发电板的发电利润还不到 2 分钱。

需要再次提醒的是，这些模拟实验仅仅考虑了发电槽放置的不同方向可能会对热量到达吸收管产生的影响，但却没有考虑到尾端损失效应、寒冷以及启动强度等因素。显然，太阳能发电站离赤道越远，余弦效应就越大。

因此，冬季时的余弦效应及中纬度地区的余弦效应对于发电槽和菲涅尔系统来说十分棘手。这一问题同样也会对中央接收器产生影响，但对天线系统却没有影响，因为其能一直指向太阳（见下文）。

3.8.4 太阳辐射强度：发电启动的临界问题

决定夏季和冬季太阳能发电绩效最重要因素，应该是系统启动所需要的临界强度。一般情况下，太阳能光伏板吸收到一些微弱的光线便可以发电。但只有当太阳热能发电站的反射器所传输的能量达到一定的水平，涡轮机才开始驱动发电机。根据 Jones 等（2001）的研究，蒸汽压力必须要达到 16.2 巴（bar）才可以驱动发电机发电。

Grasse 和 Geyer（2000）的研究提供了 1997 年仲夏时节晴天时的太阳入射率、收集器效率及发电率等指标的分布图（图 22），这一天的入射率达到 1000 W/m。虽然太阳在早上 6 点 45 分就升起了，但直到早上 7 点 30 分，太阳入射率上升到约 700 W/m 才能有太阳能发电产出。早上 8 点左右，太阳的入射率是 800 W/m，其太阳能发电产出大约可以达到最高产出的 75%。最高发电产出量一般到上午 9 点左右才能达到，这时太阳的入射率是 1000 W/m。虽然到晚上 8 点，太阳的入射率已降至为 0，但发电量直到下午 6 点 30 分才从最高点逐步下降。因此，在大规模太阳能发电开始前，发电设备的设计强度必须要达到一个很高的水平，并且很多案例都可以佐证这一现象。[12]

　　在位于澳大利亚中部地区的朗芮地区，冬季时候的隔离度很高，冬季与夏季的 kWh/m/d 之比为 0.54，远高于欧洲。虽然在 5 月、6 月、7 月和 8 月，太阳在水平面上一天 6 个小时的辐射强度将会超过 400 W/m，但是在这 4 个月中，超过 700 W/m 的时间分别为 2 小时、0 小时、0 小时和 2 小时。对于爱丽丝泉（Alice Spring）地区，这 4 个月中超过 400 W/m 的时间分别为 6 小时、6 小时、6 小时和 7 小时，超过 700 W/m 的时间分别为 0 小时、0 小时、1 小时和 3 小时。对于美国西南部新墨西哥州的阿布奎基（Albuquerque）地区，冬季照射进南北放置的发电槽的太阳能比率大约为 0.62，这一比率较全球平均水平稍高（新能源数据中心）。需要再次强调的是，尽管这一比率相当高，但是冬季与夏季发电绩效的比值却很低。此外，这些数据并不能全面反映每日的总辐射量，比如 700 W/m。

　　如果太阳能发电的隔离强度需超过 450 W/m，那么在冬季时候的朗芮地区，发电量将达不到夏季时候的 20%（Morrison 和 Litwak，1998）。换句话说，虽然在冬季某天中，每平方米所吸收的太阳能可能会达到夏季时候的一半以上，但是其发电产出量仅为夏季时候的 1/5，原因在于只有这吸收的 1/5 的太阳能达到了或超过了隔离强度 450 W/m（这与以上的观察结论是一致的，即冬季发电产出仅为夏季的 1/5）。如果太阳能发电的隔离强度需超过 700 W/m，那么朗芮地区冬季的发电将可忽略不计。这看起来让人有点惊讶，因为朗芮所在的澳大利亚中部地区是太阳能最为丰富的地区。

　　如果能牢记以上的分析结论，那么研究世界上其他地区晴天时的太阳的辐射强度分布图时，结果令人深思。我们可能会经常遇到美国某一地区的辐射强度超过 1.1 kWh/m 的情况，然而这只是仲夏时节（在美国为 6 月、7 月）的辐射强度，当我们认真研究美国一年中其他时期的具有丰富太阳能地区的辐射强度时，可能就会得出另外一种结论。例如，1 月（冬季）一天中亚利桑那、科罗拉多、内华达、新墨西哥、得克萨斯及犹他等地的太阳辐射强度超过 700 W/m 的小时数分别为 3 小时、0 小时、2 小时、2 小时、3 小时和 0 小时。[13]

因此，要使太阳能发电系统正常运行，太阳的辐射强度必须要超过 7 kWh/m/d。即使在太阳能十分丰富的地区，也只有在夏季才能达到这一水平。在犹他、凤凰城、阿布奎基、加利福尼亚的达盖特和亚利桑那的日平均接收到的太阳能分别为 5.7、5.7、6.4、5.1、5.8 kWh/m。换句话说，由于冬季时候这些数据比较低，那么平均值相应也就拉低了。在犹他、得克萨斯和佛罗里达，冬季时候日平均接收到的太阳能分别仅为 3、3~4、3~4 kWh/m。太阳能接收量为 3 kWh/m 的地区，一天中 5~6 小时的时间内太阳辐射强度平均仅为 450 W/m。因此，即使在太阳能最为丰富的地区，出现冬季时候发电量也很低的这情况，也就不足为奇了。

澳大利亚气象局（2005）提供了澳大利亚东部中纬度地区冬季平均日照时间：奥伦奇（Orange）为 4.5 小时，格里菲斯（Griffith）为 5 小时，阿德莱德为 4 小时，墨尔本为 3 小时，而位于澳大利亚中部的柯巴（Cobar）日照时间长达 6.5 小时。那么在沃加建立太阳能发电站则需三思而后行，因为一年中其多云的天气长达 126 天，而在冬季的 4 个月里，一半的时间都是多云天气；在 5 月和 6 月，在该地区一个月平均仅有 6.2 天的晴朗天气。

对于太阳能发电系统而言，临界值问题看起来非常棘手。上文所列举的案例也证明了在夏季要达到理想的发电产出，太阳的辐射强度至少要达到 700 W/m。然而，最近关于直接蒸汽发电（在吸收器中不是靠燃油传输热量，进而产生蒸汽）研究的最新进展，似乎有效缓解了临界值问题。

3.9　在高纬度地区碟式太阳能发电系统更优吗

在太阳能资源不太丰富的地区或季节，碟式太阳能发电系统好像发电效率要高于槽式太阳能发电系统，主要原因是碟式太阳能发电系统一天中任何时候都可以正对太阳，因此可以有效避免余弦问题，并且可以更快速地达到发电系统启动所需的温度。过去对这一问题一直没有进行深刻的理解，部分原因在于槽式太阳能发电系统在商业应用中比较成熟，另外还因为过去很多机构对碟式太阳能发电的相关数据虽然掌握得非常充分，但却不愿公之于众（即使被要求时）。下面将试图从已搜集到的数据中得出一些结论。

在中纬度地区，评价碟式太阳能发电系统最有力的案例是澳大利亚国立大学的一个 400 平方米的超大型碟式太阳能发电站，该电站位于南纬 36 度。不幸的是，该发电站仅为科研用途，而不是持续用来发电，因此运营方说其一年中连续月度的发电绩效数据还难以获取（通过个人私下交流得知）。

研究报告指出，McDonell-Douglas 碟式太阳能发电系统再一次试运行中达到 28.4% 的发电绩效，而澳大利亚国立大学超大型碟式太阳能发电站的网站中称其发电效率为 16%~18%（尽管还没得到其年度数据）。美国 Mod 1 和 Mod 2 太阳能发电站的年度发电绩效分别为 17.8% 和 16.7%（Mancini 等，2003），Mancini 等人研究的其他三个发电系统的绩效均超过 20%。Heller（2006）认为，欧洲发电设备的年度绩效为 16%~17%，冬季发电效率低于夏季（私下得知），并称其未来发电效率有望达到 30%。综上，碟式太阳能发电系统的效率大幅高于槽式太阳能发电系统。

然而，目前对碟式太阳能发电系统的未来建造成本还不太确定，因为还没有进行大规模的生产建造。注释 1 中给出的估计成本也不尽相同，且美国相关机构也不愿公布进一步的信息。然而，欧洲对未来大规模生产建造的预测成本为 4500 欧元/千瓦（p），或者 6428 澳元/千瓦（p）（Heller，2006）。需要注意的是，这并没有包括热能的储存成本，而这一成本却在以前使用的槽式太阳能发电系统的生产成本中包括了。

这里关键的问题是，如何对比分析碟式太阳能发电系统的动机发电绩效与夏季绩效，难道碟式就一定比槽式太阳能发电系统更优吗？碟面可以一直正对太阳，但进入碟中的太阳能还没有进入南北方向放置的发电槽中的太阳能多，这种情况出乎人们意料（参见系能源数据中心，n.d.）。以美国阿布奎基（Albuquerque）为例，夏季发电绩效为 9% 多一些（6 月平均值），冬季多为 6%（1 月平均值）。

在美国太阳能资源最为丰富的地区，夏季大约 8.5 kWh/m/d 的太阳能进入碟中。按 18% 的发电绩效测算，其发电量约为 1.53 kWh/m/d。如果冬季的发电量是夏季发电量的 38%，那么冬季的发电量则为 0.58 kWh/m/d。这相当于一个功率为 100 MV，碟面面积为 4100 万平方米的太阳能发电站的发电量。从长期来看，最高荷载功率为 10 kW（e），碟面面积为 50 平方米的碟式发电站的造价约 6500 澳元/千瓦（e）（参见注释 1），一台冬季传输功率为 1000 MV 的燃煤发电站的造价为 540 亿澳元。以上推断可能并不十分精准，但我们可以大致推断出，碟式太阳能发电站建造成本约为燃煤电站的 15 倍之高。此外，在测算太阳能发电成本中，还要考虑到能值成本（建造发电站过程中所消耗的能源成本），寄生能量损耗、备用发电系统能源成本、能源储存及传输的成本和损耗（在本章第三节中得出的更低的发电成本，是基于一个假定的年度绩效水平上测算出来的，并不是基于冬季的实际发电绩效测算出来的）。

　　以上的粗略估算适用于太阳能丰富的地区。那么冬季高纬度地区的发电绩效又如何呢？不幸的是，随着维度的增加，太阳辐射强度快速下降。Kaneff（1992）所提供的辐射强度分布图显示，在南纬34 度，冬季与夏季辐射强度之比为 0.6，而在南纬 40 度，该比重却只有 0.3，且冬季隔离度低于 2 kWh/m/d。这一快速下降趋势在新能源数据中心提供的表中可以得到充分的验证。

　　所以，在高纬度地区或者是冬季的时候，碟式发电站的发电绩效好像并不比槽式发电站的发电绩效更高。一般情况下，槽式发电站应建造在热带地区，然而这些地区往往远离大多数的电力用户。

　　需要提醒的是，以上关于碟式发电站的成本测算中并没有包括能源储存成本，但这一成本却在 Sargent 和 Lundy 关于槽式发电站成本测算中包含了进去。这一差异非常重要，并不完全是成本的原因。碟式发电站的焦点随着太阳不断移动，那么通过柔性的联轴器连接起来的中央发电器从多个碟上获取更多的热量将变得比较困难。当要做到这一点也不是不可能，但其成本极高，且技术尚不成熟（Heller，2006）。目前正在使用的发电系统在每个碟的焦点上都装有斯特林发动机（Stirling Engine）用来发电。然而，这种发电系统却不具备槽式发电系统的一些优点，因为槽式发电系统可以将能源转化为热能加以储存。换句话说，目前正处于开发研制阶段的碟式发电系统像风能发电系统及光伏电发电系统一样，面临着相同的应用障碍，即当没有阳光和风的时候，就不能满足人们的电力需求。

　　碟式太阳能发电站的能值问题也需要高度关注。一个功率为50 kW 的碟式发电站需要消耗 70 吨建筑材料，即 1.4 t/kW，即每输送 1 千瓦的能源据需要消耗 5.8 吨的建筑材料，相当于一台大型风能发电站消耗的 17 倍。Hagen 和 Kaneff 对大型碟式发电站建筑材料消耗的估计显示，三年的发电量才能满足发电站建筑材料的能源成本（即还不包括建设过程中消耗的能源）。

此外，一个不太乐观的证据显示，在中纬度地区或者是冬季，碟式太阳能发电站的发电绩效可能会更高些，但这一结论并不显著。虽然碟式发电站的效率可能会更高，但其所消耗的成本也会更高。总之，目前正处研发阶段的碟式发电站并不能储存能源，且冬季这两类发电站对能源的供应看来也非常有限，但把它们建设在热带地区能源产出量会显著提高，但是由于远离大多数电力用户，其电能传输损耗将会很大。

3.10　太阳热能也面临不确定性问题

另外一个可能被忽视的因素就是太阳热能的不确定性。虽然太阳热能发电可以先将太阳能以热能的形式储存下来，稍后用于发电，这一发电技术要明显优于太阳能光伏发电或者是风能发电，但是不确定性却是太阳热能发电推广应用中面临的一个严峻障碍。可以想象，在未来，将用来发电的热能储存三天应该没问题。但是，多云天气往往会比这持续更长时间。美国 Mod 2 发电站的发电年度产出分布图显示，其中有一个时期除了有 2 天发电量达到电容量的12%外，剩余的 22 天没有一点发电产出。澳大利亚气象局（2005）关于中纬度地区的数据显示，在冬季 25%的时间都是多云天气。尽管朗芮是澳大利亚太阳能资源非常丰富的地区，冬季多云天气的时间也占到 20%（与夏季多月天气的时间是一致的）。朗芮拥有丰富的太阳能，但是却经常被长时间的多云天气所干扰，故该地区太阳能发电亦面临着很大的不确定性。

像风能发电一样，我们经常会被一个地区的平均风速所误导，从而忽视了平均风速背后风速的不确定性。为此，我们应该对太阳能低于月度平均水平的频率及与平均值差距的大小给予高度关注。NERL 隔离度数值显示，月度最小值通常是平均值的一半。因此，以内华达州为例，该地区月度平均辐射强度为 10.6 kWh/m/d，但平时会经常下降到 2.1 kWh/m/d（新能源数据中心）。

因此，太阳热能发电系统像风能发电一样，同样面临着不确定性以及整合性问题，并且需要建立与该发电系统相配套的发电备用系统，鉴于太阳能发电系统可以储存一定的热能，故其备用发电系统电容会比风能发电的备用发电系统的电容低一些。然而，当太阳能发电系统所储存的热能用完时，断断续续的多云天气会严重影响正常的发电及电力供应，因此建立大规模的燃煤发电备用系统将是必不可少的。正如在第 2 章的讨论分析，多云天气的影响可能会连续持续若干天，然而幸运的是，当冬季的太阳能发电下降时，风能发电正处于最佳的水平。但鉴于风能发电的整合性问题，即使在风能资源最丰富的地区，其实际风能发电量也只有理论发电量的一半。整合性问题同样也是太阳能发电面临的一个挑战，这一点应牢记于胸。

3.11　这就是关于冬季及低纬度地区太阳能发电的结论吗

通过上述粗略的估算和推理，对于太阳能发电是否比其他发电形式效率更高或者完全不可行，我们很难得出一个令人十分信服的结论，但至少可以认为，在冬季或者低纬度地区，太阳能发电前景不甚乐观。

鉴于对发电槽的线形几何特点及临界问题的理解，因此对于槽式发电系统及菲涅尔系统而言，上述结论看来是成立的。需要进一步说明的是，在太阳能资源丰富的地区，发电站应该有大量的电脑产出，但槽式发电站冬季发电绩效并不理想，其发电产出仅为夏季的 20%。如果采用极轴排列方式建设槽式发电站的目的是用来使冬季发电量最大化，那么除了会导致较高的成本外，如不采取相应措施，尾端损失效应也将是一个棘手的问题。这种损失效应从而使我们感到在中纬度地区建设槽式发电站极不科学，原因是太阳光线与发电槽呈一个很大的斜角。在冬季的一个昼夜，太阳能发电站要输送 1000 MV 电量的成本将是夏季的 5 倍之高。普通太阳热能发电每输送 1 kW 电量的成本大约是燃煤发电成本的 7 倍。因此，并联电路冬季的发电绩效应该是相当的高。以上关于太阳能资源丰富地区的相关成本估计数据将会随着维度的升高而上升，如果要核算全口径的成本，那么寄生成本和能值成本也应考虑进去，而这些成本大约占到发电量总价值的 20%。此外，传输损失、传输成本以及备用发电系统成本也应考虑进去。

虽然以上讨论的问题并不太适用于碟式太阳能发电系统，但是碟式发电绩效是否显著高于槽式发电还很难说。尽管碟式发电具有电能储存的功能优势，但这两种发电方式在中纬度地区冬季时候的发电效率却都不那么令人满意。即使位于风能资源十分丰富的地区，冬季时期是否能达到较高的发电绩效仍不甚明了。产生这种结果可能要归因于以下因素，如采用 5~6 kWh/m/d 的隔离度，相对较低的太阳能辐射强度以及由此造成的临界效应，长距离传输的成本及损失（尽管在澳大利亚传输距离并不是太长），等等。

建立在悉尼附近的太阳能发电系统主要用于对要进入燃煤发电站的水实施预加热，其实这种情况并没有与我们得出的上述结论产生冲突。考虑到以上用途，当太阳能发电产生的热量低于启动发电站所需达到的临界温度时，把这些热量收集起来也是非常有用的。

但这并不意味着此类发电系统是冬季新能源供给的一个组成部分。

3.12　在北非发电，向欧洲供给太阳热能，可行吗

一些欧洲的太阳能发电业内人士认为，欧洲太阳能的最佳供给地应该在北非，因为这一地区冬季与夏季太阳能发电效率差异明显比欧洲小很多，该地区该用来大力发展太阳能发电，不幸的是，这一地区远在地中海以南。[14] 在北非地区，尤其是撒哈拉地区的中部及东南部，太阳能资源非常丰富（Mamoudou）。[15] 然而，1 月份撒哈拉东部地区所接收到的太阳能也不是很高，大约为 5 kWh/m/d，因此上述的太阳能发电的估计就比较适用于此处。

如果要将该地区所发的电输送到欧洲的话，需要约 4500 公里才能到达北欧和西欧，同时还必须穿越地中海，这将会大大增加发电成本及能源输送中的损耗，同时还要考虑到高压电线的建设成本（参见第 2 章传输成本和损失）。此外，北非远离东欧，要保证及时的电力供应难度很大。北非地区的日落时间比西欧早 2 个多小时，那么还需要将这些已产出的电量储存起来待西欧日落后使用，尽管目前能源储存技术已不再是关键障碍，但存储成本也是一笔不小的开支。

如果我们假定北非地区年平均隔离度为 5 kWh/m/d，碟式发电效率为 15%（即要比冬季时候槽式发电效率显著高很多），寄生损耗及能值损耗共计约 15%，以及传输损耗 15%，那么每平方米太阳能发电接收板产出的电量为 0.54 Wh/d。那么一台功率为 1000 MV 的太阳能发电站要产出 2400 万 kWh/d 的电量，则需要 4400 万平方米的太阳能接收板。Heller 和 Mancini 等人的研究显示，每平方米太阳能接收板的价格为 1300 澳元，那么冬季时候要产出 1000 MV 的

电量的成本则为 580 亿澳元。

以上估计实际远低于实际成本水平，原因是上述成本中还没有包括热能的储存成本。如果没有热能储存功能的话，太阳能发电能力会进一步大幅降低。如果仅仅因为看重槽式发电站的储存功能而用它进行发电，那么冬季时候的发电将会很低，因为即使是在美国太阳能资源最为丰富的地区，其夏季发电量也仅为同一条件下北非地区发电量的 20%。

向欧洲供给电力比向美国或澳大利亚人口稠密地区供给电力将面临着更多的障碍，以及更加昂贵的代价，因为欧洲与北非的太阳能丰富地区之间距离更加遥远，并且还必须要穿越地中海。一些人担心过度依赖长距离输电，可能会引发电力供应的安全问题，因为从北非到欧洲可能要穿越一些政治动荡的地区。

总而言之，北非的太阳能资源究竟能否为欧洲可以接受的成本持续提供源源不断的电力供应，至今难以定论。

3.13 单个发电站与整个发电系统电容的对比

在对风能发电的讨论中，风能资源丰富地区的发电站的绩效与一个广阔区域上的大型风能发电系统的绩效存在着巨大差异。近几年来，丹麦和德国的风能发电系统的电容约为 16%，而在风能丰富地区单个发电站的电容可超过 40%。因此，单个发电站的发电绩效并不能代表整个发电系统的绩效。然而考虑到发电系统的整合性问题，具有能源储存功能的发电站可以在一定程度上减少能源损失。

3.14 结 论

毫无疑问，在热带地区的夏季时节，太阳能发电能够供应大量电力，尽管这可能会涉及长距离的电能传输，比如从非洲撒哈拉地区一直传送到美国西南部地区或欧洲。如果处在夏季时节的中纬度地区，这样可能会比较有效率。太阳能发电的关键优势在于电能可能有效地至少储存一天的时间。然而，在可以预见的未来，即使在太阳能丰富的地区，每千瓦的发电成本也要达到燃煤发电成本的 7 倍之高，而冬季时节这种太阳能发电技术好像并不那么有效。在中纬度地区，如南北纬 34 度的地区，太阳能发电技术在夏季还是能够产出大量电能的，但冬季的发电量却很低。在我们已得到的有限的资料中，除了夏季时节，太阳能难以在新能源中发挥主导作用。生活在发达国家的大多数人更依赖于价格昂贵的碟式太阳能发电，尤其在冬季，这将会导致大量能源的储存问题及电能的长距离传输问题，尽管大多数人生活在热带地区，但夏季时节的多云天气可能导致太阳能发电技术效率低下（Kaneff，1992）。需要在再次提醒读者的是，以上这些结论都没有将寄生成本、能值成本、传输成本及备用电力系统成本等因素考虑进去。

如果推理分析正确的话，那么以上所得出的结论可能也不会使大多数太阳能的积极倡导者感到困惑，因为他们认为这些太阳能技术将会为未来能源供给作出突出贡献，尤其是太阳能资源丰富地区及夏季时节。但我们所关注的重点在于太阳能能否成为新能源领域中的生力军来维系消费型社会，但事实也许达不到我们的期望。

第❹章 太阳能光伏电

本书从第 2 章到第 5 章介绍了四种主要的新能源类型，并理所当然地认为从这些新能源中可以获得大量能源，并且第 11 章还讨论分析了它们的电容量能否满足社会能源需求的问题。所有这些分析讨论的目的在于，对这些新能源在满足消费型社会能源需求过程中面临的局限及潜力作出一个清晰的判断。本章认为，仅当没有阳光的情况下，而其他新能源能够满足能源需求时，或者能够找到一种新型能源储存方式，那么这时太阳能光伏电作为新能源供给系统的一部分，才能发挥显著作用。其他章节认为无论在什么情况下，新能源都不能满足消费型社会能源需求。

因此，我们有必要对一些基本的成本数据及发电效率数据作一个简要的回顾。

4.1 光伏发电的基本公式

一座太阳能光伏电站的产出和成本的决定因素为：①某一地点

太阳光线的入射率，用每平方米千瓦时来衡量（kWh/m）；②光伏组件效率，即所入射的太阳能能够转换成电能的比重；③光伏组件每平方米的成本或每产出 1 W 电量的成本；④"系统平衡"成本，如支承结构、配线、控制设备、安装等；⑤发电系统的生命周期；⑥由发电系统平衡所引发的能值成本；⑦建造光伏发电站所消耗的能源。

4.2　效率

太阳能蓄电池的效率是指所吸收的太阳能转化为电能的比例。尽管在实验室能够得到 25%的发电效率，但实际上太阳能蓄电池的效率大约为 13%［Kelly（1993），参见注释 9，其中包括了比 13%还要低的发电绩效的证据］。影响并可能导致太阳能光伏板发电效率降低的因素很多，主要包括：不科学的排列、空气中的水蒸气、光伏板上的尘土、老化的蓄电池、配线和转换过程中的电能损失、防护玻璃覆盖的能源损失（Kelley，1993），以及太阳光线对蓄电池的热效应等。而我们在实验室离线条件下模拟测算的发电绩效是不包含上述因素的。在实验室的测试中，当温度达到 25 摄氏度后，每提高 1 摄氏度就会使发电产出降低 0.4%~0.5%（Corkish，2004）。澳大利亚太阳光伏能屋顶夏季发电面临着大量的能源损失，损失相当于实验室发电产出的 40%。Knapp 和 Jester（2001）认为，源自配线电阻及电能转换的"系统损失"可能会导致发电量下降 20%。

以上数据在注释 9 中也有涉及，这些数据反映了光伏发电系统的实际效率大约在 6%和 11%之间，一般情况下为能源发电成本要求的回报率的一半，即能够产出与光伏板建造中所消耗能源量所需要的时间（这与笔者家中的光伏发电产出水平基本是一致的。详情参见回报期)。

假定发电效率为 13%，那么在澳大利亚中部地区冬季时节每平方米的光伏板所产出的电量为 0.7 kWh，而该地区太阳能发电平均产出为 5.5 kWh。如按照澳大利亚现行电力批发价格测算，每年每平方米则可实现约为 2c，或者 7.3 澳元的销售额。

4.3　光伏组件成本

虽然在过去的 20 年中，光伏组件的成本已大幅下降，但是最近其成本曲线却一直处于水平状态。有报告甚至称最近光伏组件成本实际正在上升，即从 4.98 美元/瓦上升到 5.10 美元/瓦（Solarbuzz，2005）。一部分人认为这归因于二氧化硅的产量短缺。关于最近成本走势的一些证据可参见注释 1，下文假设光伏电的零售价为 10 澳元/瓦，批发价为 5 澳元/瓦，这也是电站建造者必须实现的价格。[1]

4.4　"系统平衡"成本

系统平衡成本包括置架板成本、配线连接成本、控制设备成本等，这些成本基本上构成了整个发电系统的成本，大约是光伏组件成本的 2 倍。这的确是一笔惊人的开支，并非夸大其词而且在注释 2 的案例中所提到的这些系统成本确是如此。

假定光伏板的电容量为 75 瓦，即每平方米光伏板最高电容为 150 瓦，如每瓦的发电成本为 5 澳元，则光伏板每平方米的发电成本为 750 澳元。如果系统平衡成本等于光伏板发电成本，则整个系统成本将为每平方米 1500 澳元。需要提醒的是，以上关于成本的推算仅适用于家用光伏发电或者是安装在建筑物屋顶上的光伏发电，但不适用大规模的光伏发电站，因为还要包括所占用的土地成本，以及场地工作成本（建设，道路，用水）。

4.5 燃煤发电与光伏发电成本对比

Garlic（2000）认为，燃煤发电成本每千瓦大约为 1000~1440 澳元。[3] 如果燃煤发电运行 25 年的话，总成本或将达到 250 亿澳元（Garlic，2000）。因此，电容量为 1000 MV 的燃煤发电站的总成本，再加上 25 年中消耗的燃料成本，那么最后全口径的成本可能要达到 370 亿澳元。

在该燃煤发电站运行的 25 年的生命周期中，如按其最高电容量的 0.8 运行，将会共计产出电量为：1000 MV × 0.8 × 8760 × 25=1752 亿 kWh，因此每产出 1 千瓦时的电量的资本成本为 2.1 c/KWh。

如果将上述光伏板的成本及效率数据与位于南纬 34 度悉尼年度太阳光线入射量 4.6 kWh/m/d 放在一起进行分析的话，那么功率为 1000 MV、电容率为 0.8 的燃煤电站的发电成本该是多少呢？如果要以 13% 的发电效率进行发电，那么每天就必须要吸收 615.4 万 kWh 的太阳能；如果太阳光线的入射量为 4.6 kWh/m/d，那么就需要 3210 万平方米的光伏板。假定每平方米的成本为 1500 澳元，那么发电站总成本将达到 482 亿澳元，是燃煤发电成本（包括煤耗成本）的 13 倍。

以上的对比分析还不完全具有充分的代表性。首先，在测算光伏发电成本时，还有其他许多额外的成本项目需要考虑进去；其次，燃煤发电的环境成本也要考虑进去。更为重要的是，当涉及大规模新能源发电时，建立大量的发电站恐怕也难以持续满足能源需求，因为即使在夏季晴朗的天气时，一天能够发电的时间也仅仅为6~8个小时，而我们所需要的是一天24小时能够源源不断供应能源。太阳能发电系统可以做到这一点，因为它可以将能源转化为热能，但光伏电需要通过氢气才能做到这一点。如要解决光伏电的这个问题，就需要利用氢气将白天产出的电能储存起来来满足夜间的能源需求，这个问题稍后会做进一步讨论。

4.6 欧洲与美国

上述问题的讨论在很大程度上是基于澳大利亚新能源利用情况的分析，并且假定发电站位于南北纬25度左右，以及冬季时节隔离度为4.25 kWh/m/d（水平面）。即使位于美国南部的地区，它们大多位于北纬35度左右，数据仍低于澳大利亚的水平。比如，亚利桑那、圣弗朗西斯科、拉斯维加斯、新墨西哥、奥斯丁、得克萨斯以及盐湖城等地区，冬季时期隔离度分别为2.9、2.4、2.9、2.8及2.0 kWh/m/d（Marison和Wilcox，1994）。

在中北部欧洲，情况更加糟糕。冬季时期，大多数地方很难接收到太阳能，隆冬时节的日隔离度仅为仲夏时节的1/10。

4.7　投资回收期

　　虽然投资回收期并不是本书讨论的中心话题，但昂贵的光伏发电系统要运营多长时间才能弥补其建设和安装成本也是值得关注的问题。一台由太平洋电力公司生产的家用光伏发电系统的价格是8500 澳元（个人所支付的 6000 澳元再加上联邦政府补贴的 2500 澳元），在悉尼一天可以产出 2 kWh 的电量（年度平均）。在澳大利亚，燃煤发电的电价是 4 c/kWh。如果由三台光伏组件进行发电，并按照电力批发价格出售，则年度收益为 29 澳元，那么该项光伏发电的投资回收期则为 294 年。此外，还需要从其发电总量中减去不是用于出售的电量，尽管这仅占家庭用电量 30 kWh/d 的 7%。

　　注释 5 中提到的维多利亚市场（Victoria Market）系统给出了可用于对比的数据，其中，价值 175 万澳元的发电系统预计每年产出电量为 290 MVh，如果按照燃煤发电的电价进行销售的话，年销售额为 11600 澳元。以此类推，该发电系统的投资回收期则为 150 年，成本还不包括发电系统日常运营及管理成本。这些发电系统不具有电能储存功能，因为储存成本很高，它们都是通过电网进行连接的。

　　冗长的投资回收期意味着，如果一个社会全部依赖新能源，那么我们就必须坦然接受电价的大幅上涨。[4]

　　如要想大力发展新能源，政府必须慷慨解囊，给予大量的补贴。比如，德国每千瓦光伏电补贴 0.55 欧元，是澳大利亚燃煤发电的30 倍，但这会掩盖新能源真正的经济价值。

4.8　光伏屋顶覆层系统

将太阳能光伏蓄电池整合进一个屋顶覆层系统中可以降低支撑结构的系统平衡成本；同时，仅当发电系统非常精巧并能完全独立于电网而运行时，它还可以避免传输损耗和传输成本，该成本占到美国电力零售价格的 1/3。该类发电系统还必须配备有额外的发电及储存电容，主要用于应对多云的天气。那么成本就会相应增加，尤其是要将电能储存在许多个小装置内，每一个小装置都配备有蓄电池及电力调节设备，如电力转换器、调节器及汽油驱动的备用发电机。

首先，第一个问题是房屋所处的位置上太阳光线入射量是否足够多。例如，在位于南纬 34 度的悉尼，冬季时节每天水平面上的太阳光线入射量为 2.78 kWh，这是澳大利亚中部地区每平方米每天 4.25 kWh/m/d 的 2/3，因此该地区非常适合建立大规模的太阳能光伏集成发电系统。

屋顶上的光伏板吸收面是固定在一个方向的。一般而言，屋顶上光伏板的朝向都与最佳朝向有很大的偏差，因此就容易受其他物体的阴影影响。假设一座房子是东西朝向的，那么在冬季时期，至多 40% 的屋顶面积可较好地利用太阳能接收器。在盛夏时节，悉尼正午垂直头顶的太阳温度达到 56 摄氏度，因此将一座屋顶太阳能光伏板朝向北面，并与水平面呈一个 12 度的斜角，此时光伏板可以从这个理想的斜度接收到大量太阳能，且其表面温度可达 44 摄氏度。然而，因为与太阳光线呈一个斜角，那么屋顶也可能会拦截 3.12 kWh/m/d 的太阳能，相当于安装在澳大利亚位于南回归线附近的中部地区的光伏板所接收到太阳能 4.25 kWh/m/d 的 0.73。

　　但是房屋并不总是东西向的。事实上，仅有约 1/3 的房屋拥有长长的屋顶，并与东西向的坐标轴相平行。Mills（2002）作了一个分析，将上述光伏发电的所有缺陷都考虑进去，每座房屋平均都有 35 平方米的屋顶可用于光伏发电。以下分析皆假设光伏板为 40 平方米。

　　假设光伏发电效率为 13%，40 平方米的光伏板可接收 3.12 kWh/m/d 的太阳能，从而产出 16 kWh/d 的电量，大约相当于一个家电电力需求的一半，这种情况并没有考虑电能储存的因素。如果 BP 组件的价格是 2004 澳元，即每平方米 1292 澳元，那么所有这些组件的总成本则为 51680 澳元。在超过 25 年的生命周期中，在悉尼这个地方可以产出的电量为 148000 kWh，因此每产出 1 千瓦时的电力，组件成本将达到 35c。以上这种情况，系统平衡成本暂不考虑，同时假定可以连入电网进行电能储存。[5]

　　如果要用装置在屋顶的太阳能光伏板发电为电动车辆提供动力，这将或多或少地给光伏发电带来一些挑战，因为目前澳大利亚交通工具所需要的能源几乎是现在能源供给量的两倍。这仅仅是一个粗略的估计，并没有将蓄电池的效率、损耗等因素考虑进去。

　　通过检测澳大利亚南部地区屋顶上装置的光伏发电系统，我们发现其每年的发电量为 1157 kWh，相当于一个家庭用电量的 38%，同时每天向电网中输送的电量为 1.4 kWh（Oliphant，2004）。如果按批发电价 4 c/kWh 出售，那么每年的电力销售收益为 20.44 澳元（住户支付法人价格可能是批发价格的 3.5 倍）。此外，该发电系统产出 646 kWh 用于向住户提供电力，因此该发电系统年实际收益应为 65 澳元。如果按年度总收益 85 澳元测算，那么该光伏发电系统的投资回收期为 114 年。

　　在悉尼，太阳能光伏板上每 11 平方米的面积每天就可以产出

7.15 kWh 的电量。如果这些产出的电量以现行政府补贴后的价格 10 c/kWh 进行定价的话，或者以燃煤发电的批发价格 4 c/kWh 出售，那么年度收益将分别为 259 澳元或 104 澳元。由此可知，在这两种价格下的投资回收期分别为 77 年、189 年。

在屋顶上装置光伏发电的主要问题是，只有能够整合进利用大量其他能源的电网系统的房屋才能适用。然而，在只考虑晴朗天气，不考虑多云天气的情况下，平均而言，只有不到一半的家庭用电需求能够满足，如果安装有屋顶光伏发电装置的家庭没有安装电能储存设备，那么一天中的 16 小时都要依赖电网输送的电力。此外，电网的存在还可以使住户将产出的多余电量出售，获得收益。

4.9 聚光光伏科技

通过开发新型蓄电池可大幅降低太阳能光伏发电成本，因为新型蓄电池的主要作用是接收照射在光伏板上的太阳光线，使光伏材料的面积小于提供装置上面接收太阳光线的面积。聚光系数（Concentration Factor）约为 1000~2000、储存效率超过 25% 的蓄电池正在研发过程中，其中澳大利亚国立大学研制出的蓄电池的储存效率为 22%（Smeltink，2003）。然而，以上数据可能会具有一定的误导性，因为聚光光伏发电系统的实际效率情况可能与实验室中的效率情况有很大的差异，尤其是在所有接收到的太阳能中，有多少是光束太阳能或直照太阳能，因为这也决定着有多少的太阳能可以被聚光。

因为发电系统减少了光伏材料的使用面积以及相应的太阳能接收面积，尽管光伏组件的成本相对较低，但必须要随时跟踪太阳照射方向的太阳能收集设备的成本却相对较高。总体来看，太阳能聚光光伏发电系统的成本与普通光伏发电成本相比，还是高一点的，因为接收太阳能所需要的面积变小了，意味着对聚光及跟踪的精确度要求更高了。

Swanson（2000）认为，尽管自 20 世纪 80 年代初期太阳能聚光光伏发电技术已开始研发，但到目前该技术也尚未成熟，人们对其未来应用并不感到乐观。其中一个原因是，聚光光伏发电技术并不适用于采用平板技术的小型独立的能源工作任务。考虑到聚光发电系统相当复杂，因此更适用于大型的光伏发电系统，但其较高的成本仍然是阻碍其进一步推广应用的关键障碍。

在澳大利亚西部的罗金厄姆（Rockingham），光伏发电在运营初期的实验最高发电量为 20 kWe，但目前的实际发电绩效却令人失望，所记录的最高日产出量为 75 kWh，发电效率为 5.5%，即产出的电量占太阳能接收板所吸收的太阳能总量的比例。目前，笔者还没有获得确切的成本数据（尤其是系统平衡成本方面的数据），尽管这对未来大规模发电成本的估计测算可能并没有实质性的帮助。

澳大利亚国立大学的一个光伏发电的试验系统（Corkish）的聚光系数为 40，即所需要的规范蓄电池占用的面积仅为太阳能接收面积的 1/40。

Sala 等（2000）的研究中提到了功率为 480 kW 的 Euclides 发电系统，其年度平均发电效率为 8%，发电系统总成本为 213 万欧元，即每 Wp 4.4 欧元。未来光伏组件成本有望降低到 81 美分/瓦。[6]但是其系统平衡成本仍然要占到发电系统总成本的 82%。

澳大利亚米尔迪拉（Mildura）在 2006 年末公布了一个光伏发电项目，该项目的成本预计为 3 美元/W（p），成本之低令人惊讶；蓄电池成本大约为 1 澳元/瓦，但跟踪系统成本与太阳能发电系统成本大致相当，为上述成本数据做出精确的估计并非易事。虽然我们需要对得出的最终总成本谨慎地看待，但这仍然是各类光伏发电形式中总成本最低的一种。

聚光光伏发电系统的总成本主要是由相对复杂的平衡系统的成本所决定。正如以上分析的那样，对于那些不能随时跟踪太阳照射方向的发电系统，其成本与普通的平板光伏组件每平方米的成本大致相当。然而，聚光光伏发电系统必须要随时精准跟踪太阳照射方向，因此这对发电站的支撑架构的精细程度要求就比较高，其中涉及对吸收太阳能的光伏板的牢固支撑、精准仪器、控制系统，以及可向至少一个方向移动并能够经受住大风等恶劣天气。跟踪发电系统不存在额外的成本，而聚光发电系统需要将蓄电池中积蓄的大量热量导出，并由此带来了额外成本（如果这些热量用于出售，那么将降低成本净额）。除非重大的技术突破，光伏发电系统的这些支撑架构成本可能不会出现大幅下降，因为它们在技术上已相对成熟。注释 7 中提供了一些相关证据。

目前，关于槽式发电系统及本书第 3 章所分析的太阳能热电系统的数据五花八门，且这些数据大多数令人相当不满意。从现有的这些数据中，我们可以大致推断算出该地区支持聚光蓄电池的构建成本为每平方米 500 澳元，但这个数据可能很不准确。然而，即使聚光蓄电池技术成本未来会越来越低，但对于这样大的一个区域，太阳能接收的系统平衡成本依然会保持一个相对较高的水平。本章所提到的关于平板发电系统能量场的平衡成本约为每平方米 750 澳元，这一点可能是十分有意义的。需要精确跟踪太阳照射方向的发电系统的成本明显要比固定式平板排列的发电系统成本要高很多，然而，这些关于系统平衡成本的指标不是一成不变的。

正如以上分析的那样，另外一个重要的因素是，任何太阳能聚光发电系统只吸收太阳辐射的折射部分，而不吸收漫射部分。某时或某地，照射在地面上的太阳光线大部分都是斜射而非直射，而只有当太阳光线直射时才能够很好地反射聚光。平板光伏组件可以吸收任何种类的照射在光伏板上的太阳光线，不论是否斜射或直射，而聚光器只能吸收直射的那部分光线。因此，聚光发电系统建设在太阳光线直射时间比较长的地区更佳。

需进一步说明的是，尽管这些分析可能不是特别具有说服力，但聚光光伏发电系统或多或少还是可以降低平板光伏发电成本的。

4.10　普通住宅的能源

下面让我们简单剖析一下运营一座家用单机光伏发电系统的成本。虽然看似并不是所有人都愿意这样做，但是诸多的数据进一步说明了光伏发电面临的障碍和困难。

假定位于悉尼的一个家庭一天的能源使用量为 25~30 kWh、光伏组件的发电效率为 13%，且该地区冬季时节每天每平方米所接收到的太阳能为 2.6 kWh，那么在 1 平方米区域中的两块光伏板每天可以接收 0.33 kWh 的太阳能。然而，由于蓄电池储能过程中的效率损耗，蓄电池中仅有 70% 的太阳能可以利用。其他的系统损耗，如转化能源损耗，也是一个不容忽视的主要成本因素。

冬季时候，要满足一个家庭全部的能源需求，需要配备 100 平方米的光伏组件。如按 600 澳元的零售价测算（2004 年价格），光伏组件的总成本约为 12 万澳元。在此基础上，系统平衡成本也需要加进去。这样一来，光伏组件的成本就翻了一番，因为使用的不是屋顶光伏覆层发电系统。此外，这种情况下的系统平衡成本就可以忽略不计了。

虽然在冬季该系统可以满足能源需求，但在夏季时节，由于太阳辐射程度非常强烈，产出的电量就会有一半的剩余。

如果每天需要储存 10 kWh 的电量用于夜间使用，那么就需要 12 伏的蓄电池以 12 伏的电压去输送 833 安培小时（amp-hour）。一个 220 安培小时的铅蓄电池（lead battery）的成本是 320 澳元。此时，容易忽略的一个事实是，每次蓄电池的能源使用量不能超过其电容的 20%，如果做不到，其寿命就会快速缩短。这也意味着，每个蓄电池可用的储存电能仅为 44 安培小时，而每储存 1 安培小时的电量花费的成本是 7.25 澳元。因此，我们需要的总储存电容相当于 19 个蓄电池的电容（一个晚上），其成本总计 6060 澳元。

下一个问题是每个蓄电池可以使用多长时间，虽然相关记录可能会告诉你 8 年，但在现实中能使用 3 年就已经是不错了，那么为什么会出现如此巨大的差异呢？因为某些环节出了问题，这就是原因！笔者目前已经报废掉好几套蓄电池了。有时在圣诞节前夕，蓄电池的"假死"可能会使线路短路，而又不能马上找到维修站去修理恢复。为了防止这类事件的发生，需要额外准备一台价格为 2000 澳元的应急发电机（该发电机在多云天气可能必须要运行 10 小时……那么在蓄电池的生命周期中需要花费多少能源成本呢？）。但是假设一个蓄电池的寿命是 8 年，则在 25 年中我们可能会用掉三套这样的蓄电池。

蓄电池的电容量提供了一天的储能。如果连续一周都是多云天气该怎么办？那么我们就必须拥有能够可用 3 天的储存能量，即储存电容要达到 75 kWh，或者以 12 伏的电压传输 6250 安培小时的电能。因此，我们就需要花费 45300 澳元去购买蓄电池，即使这样我们还不能确保总是能够拥有足够的储存电能去应对多云天气，因为一旦多云天气到来，蓄电池就不能再充电了，一直持续到多云天气结束。在冬季，这是对单机光伏发电一个持续的隐忧，同时这还会对太阳热能发电储存产生影响。

如果不考虑嵌入在光伏板、电力调节设备、可供使用 25 年的转换器、备用发电机以及燃料的成本，那么我们的光伏发电系统成本则为 16.5 万澳元。在悉尼，年均太阳光入射率为 4.6 kWh/m/d，则在 25 年中，100 平方米的区域一共可以收集 545675 kWh 的电量，并且每平方米光伏板和蓄电池的成本为 30c，如果电量出售价格为 4 c/kWh，即需要用 190 年的时间才能收回投资。当加上系统平衡成本后，大概可以使总成本增加到 50 c/kWh，用于发电的光伏板及蓄电池成本约为 72 c/kWh。如果产出的电量以燃煤发电价格出售，那么需要 452 年才能收回全部投资。

4.11　冬季时节功率为 1000 MV 的光伏电站能够持续满足一天 24 小时的能源需求吗

太阳能光伏电更适合为分散的用户提供能源，如将装置在屋顶上的光伏发电系统连接进电网系统，或者专门为单个用户提供能源。然而，如果要使光伏电成为在新能源领域中解决能源需求的重要贡献力量，那么对功率为 1000 MV 的光伏电站如何能够持续满足一天 24 小时的能源需求进行探讨是至关重要的，同时，这对于新能源来说也是一项关键的"基底负荷"（Base Load）任务。要解决这一点，其中一个方法就是将能源以氢能的形式储存起来供夜间发电使用。虽然这并不是说任何电力供应商都可以采用这些方法，但此处已经明确分析了，在没有阳光的时候，储存光伏电是一个浩大的工程，需要花费很高的代价。反之，如果做不到这一点，那么新能源价值就大打折扣。通过其他储能方式或者使用多种新能源，使其优势互补，可能会使这一问题得到缓解，下一章将会就这个问题展开进一步讨论。

　　假设一个位于南回归线上的地方，冬季时节照射在水平面上的日均太阳光入射量大约为 4.25 kWh/m（Lowell 大学光伏发电计划，1991）。这意味着整个冬天太阳光线就会与地面呈 35~40 度的斜角。因此冬季时候太阳光线照射在具有最佳倾斜度的光伏板上的入射量约为 5.18 kWh/d，在以下的讨论中我们也假设太阳能收集器的倾斜度与光伏板的倾斜度一致（虽然这样可以使冬季时候的发电量达到最大，但是要使全年发电量达到最优，该倾斜度需要降低一半）。

　　假定太阳能光伏电站一天可以供给 8 个小时的电量，那么剩下的 16 个小时的电力供应就需要事先将电量储存起来。夜间电力需求大约不到白天电力需求的 1/3（Mills 和 Keepin，1993），因此在下面的讨论中，白天 8 个小时光伏发电站的功率假定为 1000 MV，剩下 16 个小时的功率为 670 MV，即每天的发电量可达到 18720 MVh。

　　此外，假定将北部内陆地区发的电以直流电的形式传输到南部沿海地区分散的居民集聚区的传输损耗率为 15%（虽然长期来看这一数据可能会更低些，但目前还没有确凿的证据来证明；详情参阅本书第 2 章关于电力传输损耗的内容）。如果将发电站建在靠近居民集聚区的地方，那么传输损失就会大大降低，但是对于悉尼而言，冬季时候太阳光线入射量仅为澳大利亚中部地区的一半。同时，此处我们还将直流电转化为交流电的转换损耗假定为 6%。

　　从以上数据我们可以大致推算出，白天将电量直接传输给用户的总效率为 10.3%。换句话说，要传输 1 千瓦时的电量，光伏板就必须接收大约等价于 9.7 kWh 的太阳能。因此，要直接传输 8 小时×1000 MV 的电量，那么光伏板每天就必须接收大约 77600 MWh 的太阳能。

　　现在我们再次回到讨论的核心问题，即储存电能以供夜间使用的问题。假设电能是以氢气的形式储存起来的（其他的储能方案会在本书第 7 章中进一步论述）。至于连续性的多云天气所导致的不能进行发电的问题，会要求增大蓄电池的电容量来应对，但在此处的讨论中暂不考虑天气因素。

假定将电能转化为氢气的效率为 70%（在美国通过甲烷进行的商业性电力供应，其转化效率为 65%）。再次强调一下，在本部分讨论中，我们假定传输损耗率为 15%，转换效率 6%。通过燃烧氢气或者使用燃料蓄电池进行发电的效率为 40%（通过氢气驱动的涡轮机发电可能效率会更高些。关于未来的燃料蓄电池效率问题会在第 6 章中进行探讨）。这些效率的综合效应意味着，光伏板每吸收 1 千瓦时的太阳能，仅有 0.03 千瓦时可以转化为电量储存起来，即整个过程的效率只有 3%。因此，每多储存 1 单位的能源，就需要增加系数为 3.6 的光伏板吸收面积。

要满足一天中没有太阳的 16 个小时 670 MW 的能源需求，即 10720 MVh 电量，在 3% 的发电效率条件下，则每天光伏板需要吸收 357300 MVh 的太阳能。此外，夜间的数据还显示，每天光伏板需要吸收的太阳能总量应达到 451400 MVh。如果按每平方米 5.18 kWh 测算，那么就需要 8400 万平方米的光伏板。

如果每平方米发电成本为 1500 澳元，那么 8400 万平方米的光伏板的总价值将达到 1260 亿澳元。此处假定家用光伏发电系统的系统平衡成本与上相同。虽然有人可能认为这样的测算方法高估了成本，但是 Odum（1996）认为太阳能光伏发电的能置成本也是相当高昂的。在以上推算中，没有谈到的其他额外的成本因素将在下文讨论。

总之，太阳能光伏发电的成本可能约为燃煤发电成本的 34 倍之高。虽然不同的前提假设以及关于未来成本的估计不同，从而导致得出的最终结果也不尽相同，但是这样一个并联电网如此庞大，自然就排除了一天 24 小时全部通过氢能进行的太阳能光伏发电来供应全部能源需求的可能性。正如下面将要详细分析的那样，光伏发电系统看似比较复杂庞大，但与其他能源向电网中输送的电量以及能够满足新能源不能满足的电力需求相比，光伏发电仍然显得比较渺小，无足轻重。

4.12　未提及的其他成本

本章中的讨论仅稍微涉及了光伏发电太阳光线收集区域的建设成本问题，并且现实中有很多其他因素可能会大幅增加发电系统生命周期内的总成本，其中，发电系统的建设成本仅占目前燃煤发电成本的 20%。下面是一些可能显著提高光伏发电成本的其他成本因素（这些成本间可能会有重合）：

（1）运营与管理成本，尤其是大面积的太阳能接收区域的日常清理成本。对于风能发电而言，发电站生命周期内运营与管理成本大约是建设成本的 0.7 倍。

（2）应对持续多云天气所需要的额外电容量，则相应要增加额外成本。在以上成本分析中，并没有将这一成本考虑进去。[8]

（3）转换器的成本。将光伏板中 12 伏的电量转换为 240 伏的交流电所需要的转换器的寿命仅为 10 年，因此在光伏发电系统的 25 年生命周期中需要用掉 2.5 个转换器（Sadler、Diesendorf 和 Denniss，2003）。

（4）建设发电站所消耗的能源成本。在我们讨论发电站的实际发电量时，这一成本也必须从发电站能源产出中扣除。

光伏蓄电池制造商通常宣称光伏组件的投资回收期约为 3 年（Corkish、Knapp 和 Jester，2000；Alsema，2000）。在对最近 10 个案例的研究中，Gale（2006）认为，投资回收期应该为 4 年。

以上数据的关键问题在于，对电力产出的测算一半都是基于实验室理想条件下光伏组件的发电绩效，如果将现实中的其他因素考虑进去的话，光伏板的发电绩效会大大低于这一水平。这就意味着实际的投资回收期将会比蓄电池制造商声称的长很多。如果认真研究高度依赖蓄电池储能的单独住户的话，发电量可能会更低，因为储存在蓄电池中的电量只有 70% 才能得以利用。[9]

隔离度水平也是一个重要因素。Gale（2006）得出隔离度一般为 4.6 kWh/m/d，并且大多数位于南北纬 35 度附近的地区隔离度要比这一水平低一些。

正如 Gale 分析的那样，关于投资回收期的讨论通常不需要关注于精准的系统结构平衡，但当我们分析讨论大型光伏发电系统的时候，这种情况就变得完全不同了。这需要很多水泥、钢筋、能源和土方工程等去建造，然而家用的规范发电系统是不需要这些的。Odum 关于投资回收期的测算（1996，正如 Gale 的分析讨论）通常是不被采用的，因为这种方法可能会高估成本，但在对大型发电系统投资回收期的测算却是适用的，因为在测算中考虑了各类因素。

此外，正如对风能发电做出的明确结论一样，在太阳能资源丰富地区的单个发电站的发电绩效可能与整个发电系统的发电绩效存在巨大差异。因为在整个发电系统的发电绩效的测算中包括了源自于各类干扰因素的能源损耗，同时还包括了整合性问题所导致的能源损耗。

（1）氢气的生产、抽取和储存系统的建设和运营成本会很大。通过电力来进行氢气生产的设备成本在目前为 1000 澳元/千瓦，与燃煤发电成本相当（虽然一些人认为这些数据在未来可能会大幅下降）。在较低的氢气密度下，要将氢气储存起来以供夜间使用将涉及大量的能源储存。鉴于目前将电能转化为氢气的效率为 70%，而将氢气再次转化为电力的效率为 40%，即总体转化效率为 28%，那么要通过转化从氢气中获得 10560 MVh 的电量，需要每天事先储存 37700 MVh 的氢能。如按每立方米 3 kWh 测算，那么就需要储存 1200 万立方米的氢气，或者相当于 1300 公里长的矿轴。压缩这些氢气可能会减少空间占用，但可能会增加发电成本，即造成约 20% 的能源损耗（参见第 6 章）。

（2）将储存的氢气转化为电力所需的设备成本也必须考虑进去，这样才能与燃煤发电或燃气发电的成本具有可比性，其中在此处假设用氢气作为燃料用来产出蒸汽。虽然未来的燃料蓄电池会更加高效，但目前依然相当昂贵。在燃气轮机中使用氢气可以大幅提高发电效率，从而成本也更经济。

（3）用于蓄电池生产的硅主要来自于计算机生产过程中残留下来的废料，如果是专门为太阳能发电生产的硅可能会花费更高的经济成本。

（4）用于建造发电站进行筹集的资金，由此产生的资金成本，即所需支付的利息，如果将上述成本项目都算进去的话，整个建造成本可能会翻倍。

（5）公司的利税成本也没考虑进去。如果要进行一个大型投资，每年投资回报 10%，假定企业所得税率为 40%，这在上述成本基础上又增加了一大笔成本开支。

（6）最重要的是，未来能源成本的预测问题。除非用其他能源进行发电的成本高于太阳能发电成本，否则我们是不会做出建立一座大型太阳能发电站的决定的。因此，我们必须假定，在很久远的未来，建立大型发电站所消耗的能源成本，其中包括蓄电池的成本、系统平衡成本以及所有的工厂、运输、卡车、工具等各类成本，必须要基本等于所产出电量的销售价格，而这一销售价格通常要非常高才能达到这个条件。请记住，往往高耗能的材料占据了建设成本的一大部分。反过来，这些高成本的投入就会产生一个乘数效益，将会进一步拉升能源生产成本。因此，未来几十年中，太阳能光伏发电站的成本可能会比上述推理测算的成本还要高，因为以上的测算是基于目前建设和材料的现行成本价格。

综合以上成本因素，本章中太阳能光伏发电 1260 亿澳元的成本估计要远低于实际成本。

4.13　来自稀有元素的限制

大多数普通的蓄电池都是由硅制成的，因为硅储量很丰富。然而，薄膜技术（thin film technology）需要少量的稀有元素，比如镓（Gallium）、铟（Indium）、碲（Tellurium）等，其中一些潜在的可再生元素的储量是很有限的，难以确保建造大量蓄电池以满足大量电力需求（Hayden，2004；Ehrenreich，1979；Anderson，2000）。

虽然薄膜技术的成本相对较低，但是寿命和效率也较低，在一些情况下还可能带有有毒物质。

4.14　科技进步产生的影响

以上分析中所做出的假设是清晰的，并且确保遵循了以下的逻辑推理，即如果关于发电效率和成本的假设不同，那么结论也就不同。如果假设：①蓄电池实际蓄电效率为 20%（与通常的最高发电率不同），而以上分析讨论中却为 13%；②光伏蓄电池每瓦 2 澳元的成本，即成本下降 60%；③燃料电池以 60% 的效率从储存的氢能中产出电力,那么发电站要收集大量的太阳能并产出 1000 MV 的电量成本将会比早前预计的成本下降约 1/6,即下降到了燃煤和燃油发电的 5 倍,但这还不包括以上列出的其他 10 种成本项目可能会出现的不同程度的成本下降。

如果光伏科技平摊到光伏板上每平方米的成本下降到零,那么所需要的大片光伏接收区域成本仍是很高。如果将每平方米 60 澳元的成本在光伏材料上喷上 6mm 厚的钢化玻璃,假定不考虑人工费,那么上述 8400 万平方米的太阳能收集区域上仅玻璃成本就达到 50.4 亿澳元。Littlewood (2003) 估计,2003 年光伏玻璃的成本为每平方米 50 澳元,而用于聚光系统的弧形玻璃每平方米的价格在 70~80 澳元。

换句话说,当太阳能收集区域很大的时候,系统平衡成本将面临着很大的挑战,而且系统的架构简单,重大设计突破极为罕见,自然也无从受惠于技术变革。正如以上提到的那样,发电系统每平方米的实际系统成本与光伏板的成本大致一样,即为现在的每平方米 750 澳元。

大多数光伏组件的原材料都来源于铝、玻璃和硅。对于硅蓄电池而言,硅占 85%;对于薄膜技术而言,硅占 97% (Knapp和Jester,2000)。因此,鉴于太阳能技术不同于蓄电池所需原材料的技术进步,成本也似乎无降低的空间了,发电的规模化产生可能会使总成本有所降低。在此需要说明的是,系统平衡成本是在光伏发电系统分析中非常具有不确定性的一项因素,这会降低上述的成本测算。

4.15 关于光伏发电的结论

目前,我们还不能说光伏发电对整个电力供给作出了突出的贡献，并且不能认为其已经成为了可持续发展社会中的一个重要组成部分。然而，却可以说光伏发电已经成为了新能源发电系统中一个组成部分，因为它能够几乎满足所有能源需求，但除了夜间和多云天气时期需其他能源发电来替代，以及需要将产出的电力储存起来用于夜间和多云天气时期。光伏发电最适用于分散发电，而拥护光伏发电的人士并不倡导大型光伏发电站采用氢气储能方式，但这两点并不能对光伏发电的现状产生影响。

以上的讨论主要聚焦于太阳能最为丰富的地区，如澳大利亚中部地区，但是相关数据却显示，冬季时节这些地区的太阳能发电也遇到了很大困难，如果这些地区的电力供应高度或完全依赖太阳能光伏电的话，发电成本将会很高。在欧洲中北部地区，冬季时节太阳光线的入射量很少，甚至可以忽略不计。在比利时、蒙特利尔、巴黎、德累斯顿（德国）和芬兰冬季时节的三个月平均收集到的太阳能分别为 0.66、1.16、0.86、0.66 和 0.25 kWh/m/d，即约为澳大利亚中部地区的发电率的 13%。向欧洲供给的大量能源一般来自于非洲的纵深地带，能源一般要穿越地中海途经 3000~5000 公里，并且涉及大量能源的储存问题。然而，在那些非洲地区，太阳热能发电前景比较广阔，因为收集的太阳能可以储存为热能，然后用来发电，当需要电力时，用高压直流电进行传输。

当没有足够多的风能时，光伏太阳能可与其他新能源进行互补发电，即光伏太阳能匮乏时，风能和潮汐能等可以发挥作用。这在一定程度上是正确的，但太阳能光伏发电要建立大量不同大型的发电系统，造价昂贵，一些系统需要在不同时间满足能源需求，而有时却大部分时间都处于闲置状态，因此在没有风或阳光的时候，进行燃煤发电或者采用核能发电也是有必要的。

此外，正如本书第 11 章分析得那样，光伏发电可以成为新能源经济一部分，原因在于其能源需求远比消费型的资本主义社会低很多。第 7 章所讨论的能源储存技术可以在这个时候作出其看似微小、实则为重要的贡献。但是，如果我们的目的是完全依靠新能源来维系消费型社会大量的能源需求，只有在找到合适的其他能源来解决夜间、多云天气，以及冬季低隔离度等问题，光伏发电才可以作出显著的贡献。

第5章　生物质液体燃料和气体燃料

　　未来新能源利用过程中最显而易见的、最为挑战性的障碍就是液态及气态燃料的供给问题。虽然面临着诸多不确定性，但我们还是得出了以下结论：尽管做出了很多乐观的估计与假设，但生物质能源的供给却满足不了目前全球对液态燃料需求的很小一部分，更不要说满足未来大规模人口增长以及全球经济增长带来的大量能源需求。第6章解释了氢能为什么不能解决关键的液态燃料问题。

　　对生物质能源的开发潜力以及应用上的障碍作出评估，要涉及我们能够产出多少生物质能以及我们能够从这些生物质能中获得多少电力的问题。不幸的是，这两个问题使我们面临着更多的不确定性，有时会出现证据相悖的情况。液态燃料生产的障碍与生物质能产出燃料的能源回报率没有必然的联系，但与生产量有很大关系，即可利用土地面积及其相关产出。

5.1　生物质产出和数量

非种植园生物，如农作物、木材废弃物难以产出大量的能源，因为目前还没有这样大量的生物质作为新能源来替代化石燃料。[1]
正如下面强调的那样，来自农田中的生物质也同样面临着类似的问题，比如通过将玉米或小麦作为原材料投入产出乙醇，而要产出大量的乙醇，需要的土地面积远远超乎我们的想象。因此，最主要的原料还应该是纤维材料（木材），它们大多数来源于树木、灌木及野草。

5.2　种植园：生物质的潜在区域与产出

种植园的问题可以从这个角度来认识，即从长期来看，在大面积的区域上，以可持续的方式来实现每平方米区域面积每年可以产出多少的能源。虽然外面常常认为生物质种植园可以产出大量能源，但这只是在良好的土地条件下一种最佳的理想产出水平。在实验条件下，一般面临的各类条件都比较有利，并且大规模的生物质种植园必须充分利用优良土地。而现实中，我们却面临着大量退化的土地。

有些人就认为，即使在一个大面积的区域上，要获得很高的能源产出是极其不现实的。例如，Lynd（1996）、欧洲环境组织（2006）以及 Foran 和 Mardon（1999）均认为干重产量每年可以达到 20~21 t/ha，并且这一水平可以年复一年地保持下去。在讨论中我们经常会提到这样的例子，即在某一特定的地点或理想的状态下，实现了较高的能源产出。尽管蔗糖中 85% 都是水分，但其产量每年可以达到 15 t/ha。Hall 等人（1993）认为，在第三世界国家 89 亿公顷的土地上，每年每公顷平均可以产出能源 15 吨，但他们却几乎没有相关证据去支撑这一结论，并承认估计比较乐观，但是我们看来这一结论实现的可能性几乎为零。注释 2 会给出其他的假设。

5.2.1　美国

美国橡树岭国家实验室（Walsh et al.，2000）预计，如果将所有生物质来源都算上的话，假定每公顷的产出量可以达到 15 吨），美国预计可以获得 5.1 亿吨的生物质材料，共计 10.2 EJ。Fulton 认为，Walsh 所假设的 3500 万公顷的土地，50% 则为农田；而 Sheehan 却认为美国预计仅可获得 3.32 亿吨生物质材料，这显然比先前估计大幅下降了很多（Fulton，2005）。这两个估计的前提是，生物质价格达到最高水平，即每吨 50 美元。Fulton 还认为，这些生物质能可以替代美国 30% 的石油需求，但不包括对柴油的需求。巴特尔纪念研究所（Batelle Memorial Institute）的一项研究认为，短时期内来自于美国农田中的植物、森林废弃物以及农业废弃物的生物质能源利用潜力是相当的（Smith et al.，2004）。如果用来产出乙醇，这仅能满足现在美国交通能源需求的不到 10%。[3] 来自于橡树岭国家实验室的 Perlack 等人（2004）认为，美国可以产出 10 亿吨生物质用于满足能源需求。

Fulton 认为，3200 万公顷的土地，其中 24% 为农田，主要用于种植能够生产乙醇或者生物柴油的植物，如果将这 3200 万公顷的土地上都种植这些植物，那么可以收获 2.53 亿吨生物质，这可以转化为 2.3 EJ 的乙醇（假设每吨 397 升）。

在美国，近来一些人士对柳枝稷的使用产生浓厚兴趣，柳枝稷是一种高产的生物质来源，非常适宜生长在中部的大平原。Graham、Elison 和 Beck（1997）认为，美国的柳枝稷和短轮伐期木本作物的生物质产出潜力分别为 2.05 亿英亩 ×（4~5 t/a）和 2.66 亿英亩 ×（5 t/a）。这些重合部分意味着两者不可能同时出现，并且没有给出在用作其他用途时这类土地应该占多少比重，但却给出了这些植物可以产出 2 亿吨的生物质，这可以满足美国交通能源需求的14%。此外还得出了液态燃料潜在的产出量，该产出可以满足美国约 4% 的交通能源需求（参见下文）。按照每公顷 16 吨的产出率来测算，Lynd（1996）预计未来可以获得 2.81 亿吨的生物质。

5.2.2 欧洲

欧洲环境机构（2006）得出，到 2030 年欧洲生物质的产量相当于 2.95 亿桶石油，即 12 EJ，或者相当于每人 40 GJ 的原始能量（Primary Energy）。然而，乙醇净产出量并没有明示，并且对生物质产出的假设非常高，大约相当于农田每年每公顷 20 吨的产出量。此外，假设随着生物能源价格的攀升，对食物的需求可以通过进口来满足，那么 25% 的土地就都不再用于食物生产。但是，这却简单地影响了食物生产的总占地面积的位置，即虽然那些土地依然用于为欧洲生产食物，但其生产地点却移到了其他地方。换句话说，用于生物质生产的土地面积应该为 1400 公顷，而不是 1900 公顷。

5.2.3 全球生物质的潜在产出

人们对全球生物质潜在产量的估计是相当令人失望的，这些估计经常会发生大的变化，一些估计是不切合实际，或者一些假设含糊不清。尤其重要的是，大多数农田、草场和森林出现了过度开放利用的情况，并且每年生物质产出用于非能源目的的增量部分并未被扣除。Fulton（2005）列举了对 6 个案例研究的 11 个估计结论，这些估计数值基本都在 400 EJ 左右，只有一个估计为 1301 EJ。

Berndes、Hoogwijk 和 Van Den Broek（2003）研究了全球 17 个

案例的生物质潜在产出量。不幸的是，不同的案例研究之间，前提假设、结论皆存在巨大差异，并且一些研究做出了非常不切合实际的产出率及增长率假设。例如，每公顷产出 46~99 吨的生物质，这一假设显然没有证据支撑。然而，通过对这些估计的核心推理过程进行研究显示，全球生物质潜在总产出量约为 105 亿吨，相当于 210 EJ 的原始能量。如果将这些生物质都转化为乙醇的话，总产出可以达到 85 EJ（参见下文）。FAO 对目前全球生物质消费量作出的假设为 410 EJ。

显然，目前每年用于能源产出的生物质增长量远低于 210 EJ，最主要的原因是，大多数生物质都源自于农作物、草场、木材及燃料。另外，鉴于商业化的生物质在每单位的土地面积上的产出水平较低，且大约占据了 1/3 的土地面积。所以，通过商业化途径获得生物质的做法显然在经济上是不可行的。然而，大多数获得的生物质都源自于第三世界国家，对于它们而言即使土地的产出率低于发达国家生物质产出水平，这也是"经济"可行的。随着全球人口从 60 亿增长至 90 亿，对用于生产食物的土地面积需求也大幅增加，那么这就会相应降低生产生物质的土地面积。正如 Ravilious（2005）所说的那样"……地球正快速地消耗肥沃的土地"。

如果全球 35 亿公顷的森林的平均生物质产出率达到每公顷 3 吨的话，那么 210 EJ 这个数据则是合理的。此外，草地的生物质产出率可能增长 20%。如果要将生物质转化为液态、气态燃料或者电能，这就会大幅降低可利用的能源总量，这一点是显而易见的。

因此，如果我们简单地将全球生物质总产出与能源产出画等号的话，那么就不能产出足够的液态及气态燃料以满足目前全球对这些能源的需求。可用于能源产出的那部分生物质是很少的，并且燃料生产过程中的能源消耗成本也应该扣除。换句话说，从全球范围内的相关估计数据来看，生物质产出量连全球液态及气态燃料的很小一部分需求也难以满足，这一点通过以上的分析已经很清晰了。

关于大规模地开发并建设生物质种植园会影响到农业的可持续发展，这一问题非常重要，至今仍悬而未决。在木材生产中，除了很小一部分营养物质，剩下的大多仍储存在树干、树枝及树叶中。然而，我们通常会理所当然地认为，要产出大量能源，就应该将地面上的所有物质都移走，这就可能导致严重的土地侵蚀及土壤营养流失的问题。通过施肥可以大幅缓解这一问题，但从长期来看这也会引致其他问题，最终导致能源产出成本的攀升。Pimentel 和 Pimentel（1997）强调，土地侵蚀问题与大量生物质的移除有密切关系。

5.2.4 澳大利亚

全球森林的生物质储量每年每公顷平均为 2 吨（FAO），而澳大利亚平均储量较全球平均水平低一些。然而，Mason（1992）研究得出，在澳大利亚种植园中的松树的生物质平均产出为每年每公顷 4 吨左右。Bartle（2000）研究得出，桉树的生物质每年每公顷平均干重产出为 7.5。虽然一些澳大利亚的种植园还可以达到每年每公顷 10~12 吨的高水平（McLelan，2004），但是这也仅是在条件极其优越的个别地区才能实现的。Giampietro、Ulgiati 和 Pimentel（1997）认为，尽管树木处于生长环境条件相对优越的地区，但每年每公顷也仅可获得干重为 8.5 吨的木质生物质，还要考虑到施肥过程中的大量能源成本。[4]

在森林产出生物质的过程中，排斥因子也是非常大的。Nilson 等人（1999）认为，一般情况下，约 40% 的现有森林面积不能产出生物质，因为很多森林位于斜坡上、小溪边、私有土地或者保护区中。

此外，如果澳大利亚要想在木材方面实现自给自足，那么其产量就应该大幅增长。目前，澳大利亚每年木材进口量为 38 亿澳元，而每年出口量仅为 16 亿澳元。需要说明的是，大多数的进口木材都来自于第三世界国家，而这些国家的森林资源正遭到前所未有的破坏。

另外，澳大利亚每年约有 600 万吨的木材用于家用加热取暖。Abare 认为这一数据要占到木材总量的 1/3，但其观点仍有争议。假设既定的森林损失率，那么目前澳大利亚和全球的木材及燃料需求量远远高于可持续发展的最高需求量。

目前，澳大利亚仅有 140 万公顷的种植园，并且这些种植园中的土壤也相对较为贫瘠，这显然对持续提高作物产量构成了严峻挑战。Mercer 认为，澳大利亚可以将木材种植园的面积扩大到 1000 公顷（1991）。正如下文所述，这就可以充分满足生物质能源生产。

下面来看一下澳大利亚的农业产出情况：小麦每年每公顷产出为 1.9 吨（谷物，其生物质总量为每年每公顷 3 吨），草料每年每公顷产出为 3.5 吨，不包含蔗糖外的农业总产出每年每公顷为 2 吨。换句话说，澳大利亚最适宜耕种的农田的中生物质产出每年每公顷不足 4 吨。这一产出水平是在施肥 350 吨以及大量杀虫剂和灌溉成本投入后取得的（澳大利亚统计局，1997–8）。

Foran 和 Mardon（1999）认为，澳大利亚的生物质能源也可以通过在干旱的盐碱地中种植植被来获得，这还有助于解决土地的盐碱化问题。然而，干旱的退化土地产出的生物质只占澳大利亚农田中产出的生物质的很小一部分。但是 Bartle（2000）认为，桉树矮林作业每年每公顷可以产出干重为 5~7.5 吨的给料（Feedstock）。

Bugg 等人（2002）认为他们在澳大利亚新南威尔士州开展了对生物质潜在产出的首次最为全面的研究。[5] 但是要通过对生物质潜在能源产出的估计，得出关于生物质能源令人信服的结论显然是件困难的事情。首要，我们面临的问题就是经济产出的下降。每年生物质的总产出约为 1.9 亿吨，其中来自木材、小麦及草料的生物质为 1.34 亿吨，但 Bugg 等人认为通过种植园获得木材的做法很不经济。尽管木材每年每公顷生物质产出高达 8.6 吨，但这一产出水平被认为不是普通种植园能够实现的。此外，木材产出相对于生物质能源产出而言，有望每吨可获得更高的收益。

目前，已基本排除了通过使用小麦和草料来获取生物质的方法。假定将产出的生物质能源按照煤电的价格出售的话，如每年每公顷的生物质产出量为 4.7 吨，那么通过出售生物质每年每公顷的面积可获得总收益 94 澳元，而每公顷的干草出售收益可达到 500 澳元。以下是实现生物质能源产出最大潜力的三种可能性：

（1）如果生物质产出量为 6500 万吨，假定 50%的区域要受到排斥因子的约束，那么最终的生物质产出可能会显著低于 3250 万吨的水平。

（2）如果我们降低排斥因子，并假定每年每公顷生物质产出量为 8.6 吨，我们可以得出每年产出为 5500 万吨，或者新南威尔士州人均水平高于 7 吨。

（3）如果我们不考虑排斥因子的影响，事实上这是不现实的，那么生物质总产出可达 1.07 亿吨，或者人均水平达到 15.3 吨。

通过分析这些数据，可以推断出生物质的实际产出大约为 5000 万~7000 万吨，或者人均 7~10 吨。正如下文所分析的那样，澳大利亚大约需要超过 3 亿吨的生物质来产出乙醇，即人均 18 吨生物质，从而才能替代目前对石油及气态燃料的消耗量（按照目前那样消费的增长率来测算，那么到 2050 年的能源消费将会是现在的 3 倍）。

以上这些数据表明，新南威尔士州人均生物质产出比其需求量的一半还要低。然而，通过与澳大利亚的其他地区相比，新南威尔士州平均生物质潜在产出相对还是比较高的。如果将所有的土地都充分利用的话，而澳大利亚全国生物质产出平均水平才仅为需求量的 1/3 到 1/4。Bugg 等人估计全国生物质产出预计为 2 亿吨，但这一估计有很大的不准确性，并很可能大幅低于这一数据。

通过与 Bartle（2000）所得出的数据相比较，以上推理分析所得出的数据面临着巨大的不确定性。而他们通过对澳大利亚玉米种植带进行分析，认为这一地区非常适合生产生物质，并且声称在最有利的条件下，每年可以收获 3800 万吨的桉树生物质。

在能够产出生物质的土地面积方面，几乎没有其他发达国家与澳大利亚人均土地面积比较接近。因此，在任何情况下，仅仅考虑单个国家的情况是不合适的。在高度一体化的全球经济中，重要的是将全体发电国家作为一个整体，分析它们的生物质能源生产情况，以及人均可利用土地情况，或者跨越国境进行土地交易情况，只有这样才能得出客观全面的结论。

5.3　假定的产出水平

虽然未来来自于种植园的纤维生物质产出有望达到每年每公顷 20 吨，尤其是当新型基因链培育出来后，但是即使这样也难以成为大规模生物质能源产出的全球标准。目前在一些地区尤其是地理位置和环境条件非常优越的地区，如欧洲，这一产出水平也是可以实现的，正如下文所争论的那样，在新能源领域中，生物质是液态和气态燃料的唯一来源，这就意味着必须有广阔的土地用于生物质生产，但每年每公顷平均产出要达到 20 吨，目前仍然是不现实的。为便于讨论，本文假定的产出水平为每年每公顷 7 吨，然而即使在该假定产出水平的基础上再翻一番，也不会改变本章所得出的一般性结论。

5.4　生物柴油

　　获取生物质能源最为高效的方法当属从植物油脂中提取生物柴油，每公顷植物油脂产出量可超过 4 吨，并可进一步产出能源 3.3 吨（Sheehan 等，1998）。然而，Foran 和 Mardon 认为，目前澳大利亚油菜油的产出量大约为每年每公顷 0.75 吨。对于大多数作物而言，缺少土质肥沃的农田是其进一步提高油脂产出量的主要障碍，现在全球用于种植油料作物的肥沃土地面积大约为 2 亿公顷。

　　虽然油椰子每公顷的能源产出很高，但是其种植受地域限制，只有在热带地区才能生长，并且需要大量廉价的劳动力去收割。目前大量油料作物的种植已对第三世界国家的土地造成了恶劣影响，并导致大片原始森林的破坏（Pearce，2005）。据称，大量油料作物的种植已造成马来西亚近90%的森林受到破坏。虽然石栗的油脂产出量也非常大，但是其对生长环境有严格的要求，从而阻碍了其大规模种植。

　　Fulton 认为，美国有 3000 万公顷的农田种植着能够产出生物柴油的作物，这一面积仅为美国农田面积的 25%，其生物柴油产出量为每公顷 530 升，即全国产出总量为 0.46 EJ。

　　导致生物柴油不能大范围推广使用的另外一种限制性因素是，每产出 4~10 单位的植物油脂，就需要消耗 1 单位的酒精，这就使生物柴油的生产高度依赖乙醇以及乙醇的生产情况（这是一个很棘手的问题，详情参看下文分析）。

　　正是由于以上原因，尤其是油料作物的油脂产出与种植面积、生长环境有高度的相关关系，在以下讨论中，生物柴油一直没有得到足够的重视。正如以上分析的那样，大规模的液态燃料生产必须来自于次优土地上种植的纤维植物，这样才能提供更多的生物质能源。

5.5　将水藻作为生物质的来源

在理想的生长环境下，一些种类的水藻生长速度非常快，是普通植物生长速度的 30 倍。在大片的浅沙池中利用海水繁殖水藻可能是提供能源产出的一个不错途径。NREL 的 Sheehan 等人（1998）认为，其生长速度可达到 50 g/m/d，干重可达到 180 t/ha/y。尽管他们并没有提及在一年中这样的生长速度能否持续保持，但他们指出平均生长速度也可达到 10 g/m/d，与在实验室条件下得出的数据有很大差异，那么干重就相当于 36.5 t/ha/y。Sheehan 等人还提到一个如何获得 67 t/ha/y 生物质的建议书，其生物质产出量与蔗糖相当，并认为其油脂含量可达到干重的 40%（最近，NREL 终止了他们的水藻研究项目）。

水藻的水分含量非常高，根据 Pimmentel 的研究，其水分含量可达 90%~95%。他还得出水藻干重的油脂含量为 8%，而大豆的油脂含量可高达 18%。但目前还不清楚油脂含量高的水藻中的油脂是否容易加工提取，因为有些类型的海藻要提取油脂很难。虽然 Briggs（2004）假设以下所提到海藻的油脂含量可达 25%，但他认为仅当油脂含量达到 50%时，海藻的油脂才能以较低成本提取利用。[6]

对海藻的利用目前还面临着诸多困难，其中一个重要的问题就是，虽然高温有助于海藻加快生长提高产出，但是大规模的能源生产要涉及在大片的荒地上挖掘大量敞口的池塘，这样无疑就增加了能源产出成本，此外由于夜间气温的降低，从而也会使海藻的生长速度减慢。离发电站近的池塘还可以充分利用发电站的冷却水。此外，使用生物质发电站所排出的二氧化碳也可能会对大气产生影响，因为生物柴油燃烧后的残余物就会排放到大气中。仅考虑这一个因素，就可以认为不宜对海藻中所含油脂进行大规模的开发利用。

另外一个困难是，减缓海藻生长速度的外部条件还会造成海藻中油脂成分含量的降低。海藻营养不足可以增加其油脂含量。另外一个因素就是日光转换率，因为海藻中油脂在阳光比较弱的时候提取效率最高，比如阳光照射率为全日照的 10%。然而，Mardon（2004）指出，水深还不应超过 30 厘米，这样可以保证有足够的阳光照射到海藻上，因此池塘的面积需要足够大才可以，这就排除了采用密闭的池塘进行大规模海藻生产的可能，但这样却会导致大量的渗漏损失，加重了杂草污染问题。虽然 Mardon 认为热带地区最适宜海藻生长，但是突如其来的大暴雨可能会将浅浅的池塘冲走。此外，池塘中还需要充满空气，各类养料需均匀地撒开，但是池塘越大，要做这些事情就越困难。

要进行大规模的生物质产出，其中一个重要的考虑就是生物质从何而来的问题。虽然一些人士建议使用富含营养物质的农业废水，但是要替代化石燃料，需要极其大量的营养物质。一般而言，在投入材料中 40% 都为二氧化碳。此外，还需要大力的 NPK 投入。那么这就带来了这样一个问题，即要将大量的需要投入的材料运输至最佳的生物质产出地点，在这过程中也需要消耗相应的能源，导致能源成本的提高。每年全球石油产出约为 27 亿吨，因此要使海藻能够替代一大部分石油消耗，大量生物质的原材料投入必须有其他来源，仅靠农业废水中的营养物质是不可能的。

Mardon（2004）曾就职于澳大利亚 CSIRO 组织，负责研究各类能够产出生物质的来源材料投入，其中也包括海藻，他发现产出生物质的过程需要消耗大量能源成本，而能源净回报却为负数。

"……用来促进海藻生长所需要的能源投入（尤其在收获和生长过程中消耗的能源更多）实际上比海藻产出的生物质能源还要高"。并且他发现冬季时期海藻的生长速度是比较慢的。"……使用过滤器并不是提取海藻能源的一个有效方法，因此许多能源需要采用离心法才能够提取"。即使如此，很多细胞团块是很湿的，并且需要经过脱水的处理……""……我们的实地研究显示要想大量利用太阳能实际上也是很不现实的"。Mardon 也对此作出了说明，池塘容易被污染，并又需要时常充气。

Briggs（2004）根据 Sheehan 的估计对海藻的利用潜力作出了一个十分乐观的评估。他认为 ER 可以达到 10，甚至是 20。考虑到专利保护的原因，他仅对未来的技术以及能源预算提供了很少的信息。此外，其提供的数据还显示，当经碳水化合后的海藻中 20%能够产出油脂的话，那么每吨的海藻可以产出的总能源为 13 GJ，这是每吨纤维物质能源乙醇产出量的 1.5 倍（参见下文分析）。

Briggs 所提到的这个过程需要使用 2.5 米长的聚碳酸酯（Poly-carbonate）试管，在这个试管中海藻不断地在太阳光下循环，在这种情况下并没有采用挖掘大片的敞口池塘用于生物质生产。因此，在此情况下生物质产出的财务成本就自然会升高很多。鉴于不发生种植和收获成本，那么能源消耗成本就相对较低。此外，还不会发生加工提取过程中的能源消耗成本，Briggs 认为这类成本其实也是可控的，但是 Mardon 认为这类成本却很高；尽管他并没有提供进一步的量化信息，但整个过程旨在充分利用农业废水和燃煤发电排出的废气。

其他一些研究人员认为生物质的产出量并不像 Sheehan 估计得那么高。Pimentael（2005）发现最高的产出量为每年每公顷 9 吨。Mardon（2004）测算得出每年每公顷可产出干重为 11 吨的海藻。如果海藻油脂产含量为 30%（Mardon 认为油脂含量达到 50%基本是不可能的），那么每年每公顷的能源产出将达到 145 GJ，或者相当于每年每公顷土地上收获 7 吨的木材。

如果每年每公顷可以产出干重为 36.5 吨的海藻，按照 Briggs 所估计的油脂含量 15%~40%进行测算，那么每年每公顷可产出油脂总量为 248~660 GJ。虽然这一水平很高，但是与 Sheehan 等人估计的5000 GJ 还是有很大差距。

虽然每公顷海藻产出的能源量相当可观，这一点已经比较清晰了，但是目前我们还不能对从海藻中提取生物柴油过程中产生的能源成本作出清晰而又令人信服的估计，同时对其能源净产出量的估计也是如此。因此，目前我们没有足够的理由认为生物质能源可以替代大量的石油及天然气的消耗。

5.6　甘蔗

Maciel（2005）通过研究得出巴西的甘蔗每年每公顷的产出为80 吨，其中水分含量占总重量的很大一部分，而无糖生物质约占总重量的 28%。因此，每吨的乙醇产出大约是 3.5 GJ，这一水平是相当低的。Fulton（2005）认为每公顷可收获甘蔗 68.7 吨，每吨可产出乙醇 2 GJ，按每吨 90 升、每公顷 6210 升测算，那么乙醇的总产出量可高达每公顷 138 GJ。Walsh（2004）研究得出了一个较低的产出量，即每公顷 5170 升，但却得出了一个较高的能源回报率 6.9:1。Maciel 得出的关于巴西的甘蔗产量为每公顷 5370 升，那么每公顷乙醇总产量可达到 123 GJ。以上这些来源于甘蔗的乙醇产出量大约为木材乙醇产出量的 2.5 倍（参见下文分析）。

Fulton 认为，能源回报率达到 8:1 也是可能的，但是他也指出这一回报率包括了政府组织给予的甘蔗渣回收利用的能源奖励收入。虽然这部分收入不大，但它可能会混淆了液态燃料产出的能源回报，尤其是当从甘蔗渣中产出的电力输出到国外的情况下（参见下文对能源回报核算的论述）。

Pimentel 和 Patzak（2004）得出了从甘蔗中提取的乙醇，其能源回报率为负的结论。不幸的是，目前我们还无法识别并解决 Pimentel 和 Patzak 的分析与 Maciel 分析之间的差异问题。

环顾全球，从甘蔗中提取乙醇的制约性因素为是否具备大量肥沃的土地、降水及有利于甘蔗生长的其他环境条件。众所周知，甘蔗的生长需要大量的水。如果将澳大利亚 45 万公顷甘蔗园中的甘蔗都用来生产乙醇，若按以上产出率测算，那么乙醇产出总量可以替代全国约 2% 的石油及天然气需求。虽然 Maciel 认为巴西的甘蔗产出潜力是巨大的，但是要满足大量能源需求，就必须具有大量广袤肥沃的土地来种植甘蔗，此外，他还认为甘蔗并不能解决全球对液态燃料的需求问题。如果巴西 270 万公顷的土地用来种植甘蔗，那么每年乙醇产出量可达 145 亿升，其能源供给量还不到美国石油消费量的 5%。

据报道，象草（Elephant Grass）的产量每年每公顷可达 60 吨，欧洲平均产量为 30 吨。然而，像甘蔗一样，象草的生长也需要大量的水和优良的土壤条件，否则就难以获得如此高的产出水平。

以上的分析得出，要进行乙醇的大规模生产需要拥有大量土地及优良的土壤条件，而现实中符合条件的土地面积远远达不到大规模生产要求的面积。

5.7　能源投资回报

在评估生物质能源的潜力的时候，识别出符合要求的能源产出量与能源产出过程中消耗的能源量两者之间的差异是十分必要的。首先，是最终以液态燃料形式存在的、投入的生物质中能源的含量，这一能源含量可称为能源总产出。其次，是产出能源过程中所消耗的能源量。能源总产出量除以能源消耗量就是能源回报率（Energy Return on Investment，EROI）。

5.8　以液态燃料形式存在的生物质的能源含量

目前，在商业化的乙醇生产中，用于产出乙醇所投入的生物质能源含量一般为 1:3（Lynd，1996；澳大利亚生物燃料协会，2003；Wyman，2004；Lovins 等，2005）。Lynd 等人按每吨生物质给料可产出 380 升乙醇来测算，那么将给料中 56%的能源含量转化为乙醇是可能的。……假定给料每吨的能源含量为 20 GJ，尽管柳枝稷每吨能源含量大约为 16~18GJ。Fulton 对未来能源产出的估计也得出了类似的数据，即每吨可产出 400 升的乙醇，那么每吨乙醇可获得的能源总量为 9.2 GJ。

5.9　产出液态燃料需要消耗多少能源

　　要从生物质中生产液态燃料需要消耗大量的能源，一些人士甚至认为生产过程中消耗的能源可能比生物质自身所产出的能源还要高。首先，明确所采用的能源核算口径和标准是至关重要的。比如，要核算净能源成本，是不是需要在液态燃料生产过程中将那些有用的废弃能源从总能源消耗中扣除？如果那些废弃的能源能够在生产过程中得到有效回收，并加以利用，那么从总能源消耗中扣除这部分能源成本是合理的、适当的。如用纤维材料生产甲醇，那么生产过程中的木质素废料就可以重复利用，并能够用于发电产出电能。然而，一些能源成本项目还包括备用生产过程中副产品的能源含量（例如，在甲醇生产过程中，一些废弃物还可以用于生产动物饲料）。然而，上述核算口径在以下讨论分析中就不再适合了，因为我们唯一所关注的是可获得的液体燃料净产出。在液态燃料的生产过程中，我们也需要用到其他种类的材料，而生产这些材料也是需要消耗能源的，所以这一现实并不能有效解决液态燃料的需求问题。目前，我们最为关心的是在支付从生物质材料中获得的能源成本后，我们能够得到多少液态燃料。然而，我们是否能够支付电力成本以及是否有能源剩余，这些因素并不会对我们满足液态燃料需求的能力产生影响。

　　此外，难道我们仅关心以液态燃料形式投入的能源投入量，并从能源总产出中扣除，进而得到液态燃料的能源净汇报率；也就是说，难道我们就应该忽略非液态燃料的投入部分，比如电力的投入吗？如果投入的非液态能源可以很容易地从量大价廉的能源材料中产出，那么采用上述核算方法也是可以理解的。然而，在一个能源稀缺的可持续发展的社会中，大规模投入的非液态能源可能大部分还得来自于生物质材料，因此从这个意义上看，将所有消耗的能源成本都从能源总产出中扣除，进而得出液态燃料的能源回报率是合情合理的。理论上讲，虽然独立于乙醇发电站的非生物质材料也可以用来发电，但是第 2 章至第 4 章都已经做出过分析，新能源难以担当起整个社会电力供给的重任。因此，此处我们并不认为在利用其他能源来源来生产液态燃料过程中会产生额外的电力剩余，而问题关键在于将所有的能源成本从生物质投入中扣除后，能够产出多少液态燃料。

幸运的是，本节这个问题并不过度依赖于能源回报这个指标如何被定义，而核心在于支付完生物质的能源成本后，可以获得多少乙醇。

5.10　用玉米来生产乙醇

目前，大多数乙醇都是由玉米或者是小麦来生产的。一直以来，对能源产出量都有很大的争议。Pimentel 和他的工作伙伴（Pimente 和 Patzak，2004a、2004b）通过深入研究撰写了几篇研究报告，这些报告显示玉米产出的乙醇，其能源回报率是一个很大的负数。"……要产出 1 加仑的乙醇所消耗的能源比 1 加仑中所含有的能源还要高 29%"。其他的一些研究报告也表明了玉米产出的乙醇能源回报率为正数，但其能源回报率是相当得低。

Shapouri 等人（2002）对 10 多项关于以玉米为材料的乙醇生产过程进行了研究，这十余项案例的跨度很大，从每加仑的–33500BTU

到30600BTU，并在此基础上得出了关于能源回报的结论，这一结论至今被广泛引用。Walsh（2004）亦得出了类似结论：参见www.us-da.gov/oce/oepnu/net%20energy%20balance.doe（还可参见fulton，2005；其他的一些估计详情参见注释7）。

然而，Shapouri等人得出的关于玉米产出量的数据也是将生产过程中的能源消耗从能源总投入中减去而得到，其中这些投入的能源主要用于生产有用的副产品，比如玉米粉。如果Shapouri等人在测算过程中不考虑非液态燃料副产品的能源含量的话，那么能源回报率将会下降到1.08。[8]这一数据与我们预定的目标是基本一致的，即评估乙醇作为液态燃料产出的重要或唯一来来源的可行性问题。当我们的目标转为满足交通领域的液态燃料需求的话，这个数据就显得很乏力。这还意味着要从玉米中产出液态燃料必须要消耗大量以燃料形式存在的能源。与此同时，当我们得知最终还产出了一些高能源含量的动物饲料，其实对我们来说，这并不是一个安慰。

Farrell等人（2006）开展了一项研究，并查阅了6份近年来关于乙醇的能源预算案，并详细了解了预算的前提假设及存在的失误等。在这项研究中，Farrell等人也不同程度地赞同Shapouri等人的结论，即当考虑到副产品再利用的能源奖励的话，那么来自于玉米的乙醇能源回报率约为1.2。

虽然Fulton并没有对副产品问题拿出解决方案，但Fulton（2005）认为，要通过玉米产出的乙醇替代美国10%的石油消耗及10%的柴油消耗，将需要美国提供现有全部耕地面积的45%。这也反映出了用玉米生产乙醇的能源回报率相对较低。

尽管存在差异和争议，但是通过对这些案例的研究，我们认为来自玉米的乙醇难以成为资本主义消费型社会所需求的大量液态燃料的主要来源。

5.11 用纤维材料来生产乙醇

假如没有足够的土地来生产大量的玉米（或者小麦，抑者生物柴油），那么要从生物质中大规模生产液态燃料，就不得不需要纤维材料或者是木材的大量投入。目前，还没有商业化的资本投资于用纤维材料来生产乙醇这一领域中，因此在理论上的估计可能会与现实有很大脱节（Fulton，2005；自然资源保护和气候应对委员会，2006）。长期来看，尽管我们对其产出给出很高的估计，但是对能源的净产出量的估计仍然不同意，不同估计间存在很大差异。虽然注释9会对这样一些情况进行简要分析，但是通过以下的估计，我们可以大致得出哪些材料才是乙醇的主要来源。

国际能源组织（Fulton，2005）给出了未来短期内难有总产出的一个区间，即从 6.6 GJ/t 到 7.5 GJ/t。Mabee 等人（2006）像国家能源组织一样也给出了一个区间，即从 2 GJ/t 到 7.5 GJ/t，并且假定未来新的植物物种可以培育出来的话，认为长期而言，难有产出量可以达到 10.9 GJ/t。NRDC 和 CS（2006）通过分析 5 个案例，得出了产出量难以为 7.2 GJ/t 的结论（在得出该结论前，他们否定了 Pimente 和 Patzak 的结论，2004）。Lynd（1996）对未来能源产出也给出了一个大致类似的结论。Fulton（2005）认为，未来能源产出量可以达到每吨 400 升，即每吨 9.2 GJ。这个数据大致与美国 NREL 所得出的 9.7 GJ/t 相当（Walsh 等，2000；Wolley 等，1999）。

在 Lovins 等（2005）的研究中的表 18.1 显示，对于玉米而言，投入的材料中所含能源只有 14%才能转化为乙醇，而木材中所含能源的 37%可转化为乙醇，即能源总产出可以达到 7.4 GJ（Lovins 等人引用 Wyman，2004）。

首先，这些案例中采用的大部分是能源总产出量，而非净产出量。其次，正如 Mabee 指出的那样（私下交流得知），以上产出数据并不是指乙醇的产出减去纤维材料加工过程中产出的副产品再利用的奖励收入，能够说明这一点也是很重要的（请记住对于玉米而言，对其副产品再利用的奖励收入可以大幅提高能源回报率，根据 Shapouri 和 Fulton 的测算，回报率大概可以从 1.08 提高至 1.34。）

其实，关于木材副产品的一些证据目前也是可以得到的。伯克利 EBAMM 集团（2006）得出柳枝稷的能源产出为每升 4.1 MJ，对于一般的纤维材料基本也是这样一个相当高的产出水平。不幸的是，虽然这个估计目前还得不到其他一些研究的证实，但是如果通过商业化手段加工木材产出乙醇的话，那么我们会发现关于副产品能源含量方面的证据更是非常稀少，事实上这一点也不令人惊讶。目前所掌握的能源预算也没有提供关于副产品回收利用奖励方面的信息。

一些观点认为用纤维来生产乙醇，其净产出可以达到 7 GJ/t 可能具有一定的误导性。然而，这一数据仅仅是平均水平，为便于下文分析，我们将继续假定这样一个产出水平。

Mardon（2004）得到了一个更低的产出量。他最近的分析能使能源成本假设更加清晰地发挥着重要作用。他认为用木材产出乙醇可能会有很多问题，而认为甲醇是一个很好的能源替代品。假定每吨投入材料的甲醇净产出可达到 1.4 GJ，那么甲醇总产出为 3.45 GJ/t，能源回报率为 1.7。Mardon 指出，所有的结论都可能是理论上的估计预测，因为自从 1960 年德国 Heinau 水解厂建立以来，至今还没有木材水解厂建立。他还指出，产出大量潮湿的木质素可能也面临很多问题，因为目前还没有一个有效的方法对其烘干，并用其发电产出大量电力。Fulton 并没有明确说明理论上的估计是否妥善解决了这些问题，其中作出理论估计的前提假设是使用木质素来发电。

到目前为止，Lovins 等人（2005）作出了最为乐观的结论，他认为每投入 1 吨的纤维材料，就可以产出 680 升的乙醇，那么其能源产出量可达 15 GJ/t，这一结论显然是异常惹人注目的，并且这些能源均来自于每吨能源含量仅有 16~18 GJ 的柳枝稷。但是目前我们还不知道这一数据是净产出还是总产出，并且没有说明是否获得了政府的副产品再利用奖励。不幸的是，目前除了提到一家没有接触过的科罗拉多州皮尔森科技公司（Pearson Technologies）和 Schlesser 的一篇没有发表的论文外，在《赢得石油争夺游戏的最后一局》中还没找到能够支撑这个数据的相关证据。看起来目前并没有关于这一方面的学术文献（Mabee 同意这一观点）。

Lovins 等人认为，在美国采用这种技术可以产出 9.2 夸特（quads）的乙醇，大约是现在石油和柴油消耗量的一半，这与 Battelle 得出的 9.5 夸特乙醇产出是基本一致的，尽管这与 Lovins 等人的假设差异很大。换句话说，尽管 Lovins 等人所得出的乙醇产出水平奇高无比，但仅靠木材投入仍不足以解决美国对液态燃料的大量需求。

不幸的是，不同的估计值之间的差异也很大，目前仍得不出一个准确的或者令人信服的结论，其关键原因在于我们缺乏关于乙醇净产出和总产出的相关信息以及副产品再利用的奖励信息。在下文的分析中，每投入 1 吨的纤维材料可以净产出约 7 GJ 的乙醇的假设将继续被美国 NREL 和国际能源组织所采用，但是 Mardon 所得出的 1.4 GJ/t 及 Lovins 等人所得出的 15 GJ/t 也应考虑进去。

5.12　甲醇

　　根据纤维材料的甲醇产出的一些估计，我们发现甲醇其实比乙醇更具有开发利用潜力。不幸的是，这些估计数据的变化很大，难以得出一个肯定和令人信服的结论，主要原因是目前没有采用商业化方式对纤维材料进行加工产出甲醇。注释 10 对提供的一些分析进行了总结。

　　Foran 和 Mardon （1999）、Mardon （2005）认为，用木材来生产甲醇比用木材生产乙醇更优。Mardon 认为，如果用来生产甲醇的话，其产出将会是乙醇产出量的 2 倍，并且甲醇的价格较乙醇低很多，然而 Lovins 等人更热衷于用木材生产乙醇。[11] 根据 Foran 和 Mardon 的研究，一般情况下，2.6 吨木材可以净产出 13GJ 甲醇，因此用作给料的每吨木材和燃料的净产出为 5 GJ。

　　Berndes 等人 （2003） 给出了一个乐观的估计，这一估计是假定未来技术进一步创新发展基础上做出的。他们认为每投入 1 吨生物质就可以产出 9 GJ 的甲醇，这相当于 380 升或者 72 加仑的石油。然而这一数据是 Giampietro 所得出数据的 2.5 倍，是 Foran 和 Mardon 所得出数据的 1.8 倍。因此，仅从他们提供的信息来评价所得出数据的核算口径面临较大的困难。[12]

　　Stucley 和 Schuck （2004） 也提到了瑞典 BAL 建议 （Ecotraffic，1997） 中的另外一个乐观但却令人疑惑的估计，并认为给料中 57% 的能源都可以转化为甲醇，那么照此计算，甲醇的总产出可达 11.4 GJ/t。如果生物质用来提供用于加工过程中所需要的能源，那么给料中约有 49% 的能源可以转换为乙醇，这就意味着加工生产过程中所消耗的能源大约为生物质能源的 8%，即 1.6 GJ/t。[13]

　　虽然以上这些估计的差异很大，估计的精准性不那么令人满意，但是这也是可以理解的，因为目前在现实中难以找到关于纤维产出乙醇的证据。然而目前唯一确定的是，他们并不认为用木材产出甲醇一定就比产出乙醇更优。

5.13　技术进步

　　通过分析上述 Berndes 等人所提出的乐观预期，值得说明的是，瑞典生态交通研究认为，用木材产出甲醇的过程中很少甚至没有技术创新，因为整个过程基本上是固定的、一成不变的（Stucley 和 Schuck，2004）。然而这种情况对于乙醇来说是不存在的。

5.14　毒性

　　不幸的是，关于甲醇的毒性，目前面临着很多问题，尤其是在修理发动机的时候，整个发动机可能会暴露在大气之中。这一因素也是宝马公司放弃甲醇技术研究项目的重要原因。

5.15　对液态燃料与气态燃料的需求

美国石油消费量大约为 41.3 EJ，油气消费量为 57.8 EJ，平均每人消费量合 203 GJ（数据来自于 2002 年美国统计年鉴，但不同的统计资料却给出了不同的数据，参见注释 14）。

在 1998~1999 年，澳大利亚供给消耗 1681 PJ 石油和 881 PJ 的天然气，合计总量为 2561 PJ，平均消费约 128 GJ（澳大利亚统计局，2000）。如将石油和天然气消费量加在一起，就相当于 20.5 加仑或者是 775 亿升的石油。

在既定所需要的乙醇和甲醇需求量的前提下，我们现在可以考虑一下生产这些能源所需要的大量生物质是否能够生产出来。

5.16　需求可以满足吗

如果假定每吨生物质可以产出 7 GJ 的乙醇，那么要满足目前澳大利亚石油和天然气共计 2563 PJ 的需求量，则需要每年投入 3.66 亿吨的生物质，即每人平均 18 吨。如果我们假定年产出为每公顷 7 吨，则需要收获 5200 万公顷的生物质，这将是目前澳大利亚农田面积的 2.5 倍，森林面积的 1.5 倍或者目前种植面积的 35 倍。

此外，为满足能源需求，还需要增加 850 万公顷的木材种植面积。而且，如果澳大利亚要在木材供给方面实现自给自足，还需要更多的土地供应以及能源产出，那么相应的种植生物质的面积就会大大减小。

在以前的分析中，Bugg 等人（2002）也曾做过一个大致的估计，在新南威尔士州每年新增能源产出约为 5000 万吨，即平均每人 7 吨，而每人每年所得到能源相对较低。Bartle 等人对小麦的生物质生产潜力也进行了研究，并认为小麦是澳大利亚最具开发潜力的生物质能源来源，其人均产量不到 2 吨，这还是比较乐观的估计。

要满足美国油气资源的需求，每年需要收获约 82.74 亿吨生物质，如按照每公顷产出 7 吨来测算，则需要提供 11.62 亿公顷的土地，这相当于美国目前农田面积的 9 倍，森林面积的 8 倍。这些数据与其他研究人员得出的数据基本一致。[14]

在本章的一开始，就引用了欧洲环境组织关于生物质能源的一些结论，即到 2030 年，欧洲从生物质中可以获得 12 EJ 的原始能量。如果不考虑其他干扰因素，要满足全部原始能源需求的 17% 是可以的。如果获得的能源全部用来发电，且产出的电量不用于供给交通用电的话，那么每人每年平均可获得 0.4 千瓦的电量（假定发电效率为 0.33，由于生物质发电系统不同于单个的发电站，其发电效率可能为 0.22 比较合适，参见 Hohenstein 和 Wright，1994），是目前澳大利亚人均电力消耗的 1/3。

除了现在大面积的农田和森林，我们还需要找到更加广袤的土地用于生物质能源的生产。需要强调的是，世界上大多数地区都没有澳大利亚或者美国有条件用生物质生产液态燃料满足能源需求。澳大利亚农田、草地、繁茂的森林等的总面积要比世界上的大多数地区广袤得多，其人均可达到 4.9 公顷，而这一指标在欧洲仅为 1.6 公顷、英国为 0.35 公顷、非洲为 3.3 公顷、美国为 2.8 公顷、亚洲为 0.55 公顷以及世界平均为 1.43 公顷，基本与联合国粮农组织数据一致。Brown（2003）的不同解释也产生了更大的差异，澳大利亚人均农田面积是美国的 3.5 倍，是欧洲的 9 倍。如果全球人口达到

90 亿，人均农田、草地以及森林的面积应达到 0.8 公顷，这仅相当于澳大利亚目前的 1/6。

英国人均农田、草地以及森林面积为 0.35 公顷。如果这些面积的一半用于生产生物质，那么人均液态燃料及天然气的产出可达到 8 GJ，这相当于目前澳大利亚能源需求的 6%。

目前这些森林、草地以及农田已得到了充分利用，并且大部分土地已经超负荷，难以供给大量土地用于生物质生产，因此要满足大量能源需求是不现实的。

要以澳大利亚人均石油和天然气的水平来供给全球 90 亿人口，虽然这个问题在算术上很简单，但在现实中显然是不可能的。如果 90 亿人口人均能源需求为 128 GJ，每年每公顷的土地可产出生物质 7 吨，每吨乙醇净产出为 7 GJ，那么就需要 235 亿公顷的土地用来种植生物质，而目前整个地球的土地面积才 130 公顷，其中森林面积不足 40 公顷。

即使将产出的所有乙醇都输往发达国家，供这 15 亿人消费，也仅占目前他们消费总量的 15%。在测算这个数据时，没有考虑人口密度大、领土面积小的发达国家，如英国，英国主要是通过向第三世界国家进口液态燃料来维系部分能源需求。

假定目前在全球范围内，我们可以找到 5 亿公顷的土地，且其每年每公顷能源产量为 7 吨，那么全球 90 亿人人均液态燃料每年将不到 3 GJ（假设乙醇产出率为每吨 7 GJ），这仅为澳大利亚目前石油及天然气消耗总量的 2%。

从空间占用的角度看，每位澳大利亚人要通过乙醇从生物质中每年获得 128 GJ 的液态和气态燃料，那么平均每人就需要占用 2.61 公顷的肥沃土地。当然，在此基础上我们还需要占用这些肥沃的土地用于生产食物、水、居住以及除液态和气态能源外的其他能源的产出。然而，目前全球 90 亿人人均肥沃土地面积不到 0.8 公顷。

为使上述分析更加明了，我们以森林的能源产出为例进行说明。假定全球森林平均增长量为每公顷 3 吨，那么在地球上就有 40 亿公顷的森林面积，这就意味着每年的总增长量为 120 亿吨，其能源含量为 240 EJ，占目前全球能源消耗量的 60%。

同时，这些数据也再次证明了技术进步是难以解决能源问题的。即使 Lovins 等人所估计的未来能源产出量 15 GJ/t 可以达到，即使技术进步可以使在假定的每公顷 7 吨的基础上再翻一番，按照目前发达国家人均液态及气态能源的消耗标准测算的话，这仍然不可能满足全球 90 亿人的能源需求。如要做到这一点，还需要多增加 50 亿公顷的土地用于种植并产出能源。

以上这些数据有力地佐证了本章结论，即按目前的人均液态燃料消费量，生物质是难以满足的，更不要说应对日益快速增长的能源需求了，也不能使目前全球人均能源消耗量达到发达国家的能源消耗标准（注释 15 从其他角度也做出了一些相关的评论）。本结论的重要意义在于，促使人们反省当前全球遇到的能源困境，社会的变革也不应该去夸大。其他一些更进一步的探讨将会在第 10 章和第 11 章中做进一步展开论述。

5.17　用生物质生产液态燃料经济可行吗

澳大利亚生物燃料协会指出农民不可能将其种植的作物作为原材料投入来生产乙醇。目前，澳大利亚乙醇的生产主要靠小麦和蔗糖加工厂废料的"免费"投入。澳大利亚工业、旅游和资源部的一份报告（2005）发现，生物燃料的成本比其产出更大。税前生物燃料的成本是石油的两倍。

在 21 世纪的前几年，燃煤电站购买煤炭的价格是每吨 20 澳元，即 80 澳分/GJ。如果木材的出售价格是 80 澳分/GJ，那么每吨的成本则为 16 澳元。按照每公顷的产出为 7 吨测算，每年每公顷的总收入为 102 澳元，然而澳大利亚草料生产商的总收入为每年每公顷 550 澳元。[16]

对于生物燃料而言，要比石油更经济，就需要生物燃料产出量比大规模生物质的产出量还要高，要做到这一点就必须有大量的肥沃土地。在生物质生产达到草料生产盈利水平之前，按照每年每公顷产出生物质 7 吨来测算，购买生物质材料用于生产所支付的价格将达到每吨 79 澳元，即每 GJ 为 3.85 澳元，这是每 GJ 煤炭价格的 5 倍。

以上分析对生物质生产而言也具有重要的参考价值。因为要使生物质能源生产越来越经济，就必须要拥有大量的高产的土地。若土地的产出在每公顷 7 吨以下，目前生物质的生产效率将降低，从而也就变得不经济了。如果确实如此，那么我们必须要减少 Bugg 等人在其研究中所提到的土地面积和产出。如果他们所划分的第四类土地（即每公顷产出量为 8.6 吨的 420 万公顷的土地）的产出变得不经济，那么新南威尔士州的生物质产出也仅有 6500 万吨。如果排斥因子为 40%，在本章一开始所假设的产出就必须从 5000 万吨削减到 3900 万吨。

未来，虽然我们可能要接受更高的能源价格，但是高的能源价格会对未来新能源的应用情况造成何种影响，目前还不得而知。虽然能源价格的提高可以增加收入，并相应提高土地的边际收益，但是这也会造成能源产出成本的攀升。

5.18 负面反馈效应

未来，生物质生产应用的前景可能会变得更加困难，其中有以下几个方面的原因。

在发达国家，将大量肥沃高产的土地用于粮食生产的呼声越来越高，以此来增加粮食出口的收益。而目前农业用地的增加主要来自于对大量森林的砍伐。前文关于美国柳枝稷利用潜力的分析表明，柳枝稷种植用地还是不得不占用目前大量的农业耕地。

尤其重要的是增加稀缺石油资源的消耗所带来的负面反馈效益。例如，当可以利用的燃料越来越少，且价格变得越来越昂贵的时候，那么灌溉、运输、肥料以及杀虫剂就会变得十分稀缺和昂贵，从而就会导致生物质的生产成本骤然上升。因此，农业生产将会变成一种劳动和土地密集型的产业，各类农产品的价格将会大幅上涨。从高"质量"的能源（易于开采、运输、储存、使用、加工，如石油）到另一种不容易利用的能源形式的转换（如煤炭），就意味着生产、开采、运输等过程中将消耗大量的能源。

高能耗的建筑材料方面也面临着能源形式的转换，比如原来使用的建筑材料大多为用窑烧制的砖头、铝材、钢铁、塑料等，这些能耗量一般都很大，这就再次增加了推广使用生物质能源的压力。资源稀缺的压力促使着生物反应器（Bioreactor）的开发，并用于生产各类塑料、化工产品和材料。越来越严峻的水资源短缺以及温室效应的恶化都会大幅降低生物质能源的产出（尽管大气中碳含量的上升可能会使生物质产出增加）。还有，干旱等自然灾害在越来越多的地区发生。澳大利亚 Murray-Darling 河网中的水量下降了 25%。

未来世界人口还要增长 50%，对于第三世界国家而言就需要大量的土地供给用于粮食的生产。当越来越多的穷人需要活的食物维持生计时，大片大片的森林就会被砍伐用于耕种，这种情况在东南亚以及巴西的亚马孙地区都曾发生过。目前，最后可以利用的第三世界国家热带雨林中的木材可能会成批地出口到发达国家来换取收益，这还会导致越来越多的土地用于种植树木，而不是粮食。

传统的新自由经济发展理论的逻辑是剥夺人们所拥有的土地，并使其加速向城市移居，而城市中人均能源和自然资源的消费量比农村地区高很多。然而，西餐中的肉食量可能也会大幅减少，因为要腾出更多的土地用于生物质能源的生产。与此相反，随着人们越来越富裕，对肉食的需求会越来越多，因为传统的发展模式已经使第三世界国家中的中产阶级的购买快速增强。

这是一个全球性的压力，尤其是中国和印度这两大发展中国家的经济快速增长，从而一定程度上推高了能源价格和材料价格，这将使本章以及以前章节所作出的能源成本假设变得不再切合实际。

因此，以上就是全球大规模生物质的生产变得日渐惨淡的原因：可利用的土地正在萎缩，生物质生长的环境正在恶化，而对土地的需求却在大幅增加。

5.19 关于液态燃料的结论

通过前文分析所得出的关于液态燃料的结论比对新能源电力的结论更令人充满信心。虽然生物质可以产出大量的液态和气态燃料，但是生物质产出的液态燃料仅占目前全球液态燃料消耗的很小一部分。目前能源的过量消耗主要由以下情况所推动：

● 如果全球 90 亿人按照目前澳大利亚对来自于乙醇（每吨 7 GJ）的油气每年为 128 GJ 的消耗标准进行消费，假定土地的能源产出量为每年每公顷 7 吨，那么就需要土地 230 亿公顷。然而，目前世界农田总面积才 14 亿公顷，世界森林和草原面积分别为 40 亿公顷和 35 亿公顷，且地球陆地总面积仅为 130 亿公顷。

● 如果我们不考虑第三世界国家，并按照人均 128 GJ 的标准向有着 15 亿人口的发达国家输送能源，那么就需要 40 亿公顷的土地，这就意味着我们必须要利用第三世界国家的土地，没有它们的能源供给将严重不足。

● 如果我们对 Hall 等人的研究项目过于乐观，用占地 8.9 亿公顷的生物质种植园，其每年每公顷产出为 15 吨，每吨可转化为乙醇 7 GJ，那么对于全球 90 亿人口而言，人均能源则为 10.4 GJ，相当于目前澳大利亚人均油气消耗的 8%。

● 如果技术进步可以将能源的产出效率提高到 100%（即 20 GJ/t），同时将生物质的产出提高到每公顷 15 吨，那么按照目前澳大利亚对油气的消耗标准，要满足全球 70 亿人口的能源需求，就需要 50 亿公顷的土地。[17]

通过以上分析可以得出，生物质资源仅仅可以满足很小一部分液态和气态燃料的消耗。虽然在少部分地区生物质能可以供给相对较高的能源需求份额，但是如将整个发达国家看做能整体的话，生物质仍然是仅能满足很小一部分能源需求。目前还没有一个关于能源储存或者开发出更加节能的车辆的可行方案。本书第 2 章、第 3 章和第 4 章认为，新能源不能为交通提供足够的能源，同时第 6 章认为氢能也做不到，而第 8 章认为对能源的需求时时刻刻都在增长，例如，Fulton（2005）预计美国 2000~2020 年能源需求量将会增长 32%。照此下去，我们不妨思考一下，如果全球 90 亿人都像美国一样消耗能源，那么 2070 年需要产出多少能源才能满足需求呢？

如果以上得出的结论或多或少并不那么令人满意的话，那么未来消费型资本主义社会将会面临严峻的能源问题，这一点是不可能回避的。

第**6**章　氢能经济

人们普遍认为，发展氢能经济是根治能源问题的良方，此处所讲的氢能经济是指通过大规模利用新能源来产出大量的氢能，用其来满足日益增长的能源需求。然而，有充分的理由认为这一论述是不切合实际的。Wilson（2002）认为，在工业生产中氢能是非常有用的，但是"考虑到经济、技术及安全因素，如用氢能替代常规能源用作发电机燃料是不可行的"。通过分析 Bossel、Eliason 和 Taylor（2003）的研究，下面将作出进一步的探讨，"氢能经济事实上绝不会成为现实"。

氢能其实并不是一种能源形式，这一论述通常不被理解。氢能仅仅是一个载体，即它只是承载能源转换的一种形式。那么问题就演变为，我们如何产出所需要的大量氢能，在新能源领域中，太阳能、生物质能及风能是仅有的储量很大的能源。正如前述章节所讲的那样，这些新能源也不可能满足电力需求，更不要说是满足液态燃料需求了。

6.1 氢能物理属性所造成的困难

假设我们可以毫无疑问地产出所需要的大量氢能，氢能经济的发展也会被氢能自身的物理属性所阻碍。因为氢能由非常轻而小的原子组成，并可以储存大量的能源，但氢能自身非常容易从连接口处、活塞及缝隙中泄漏。此外，将能源转化为氢能，需要加以储存、运输，而在这个过程中会遇到极大的困难、能源的损失、基础设施需求以及大量成本的发生等。这些困难将会使风能发电的代价更高，通常风能发电系统的发电量要弥补其能源损失。例如，要将风能电转化为氢能，首先要将其压缩储存，在通过长距离的抽取之后，再次转化为电能，考虑到整个过程中的能源损失，与直接供应电能相比较，通过储存方式所需的电能是直接供给电能的 4 倍。Bossel（2003）指出，通过氢能将电能储存起来再转化为电能的整个过程中，有几个容易忽视的步骤，比如交流电与直流电的转换。他认为，当考虑了所有损失后，氢能汽车将电能转化为动能的效率仅为 20%，这比通过液态氢能驱动的效率还要低。

以上这四类因素可能是对氢能储存和传输的最为普遍的认识。Barber（2004）的研究就佐证了这一认识，但是 Wilson（2002）考虑到直流电转为交流电以及燃料蓄电池 0.35 的储能效率，认为用氢储能的能源损失会达到 90%。[1]

根据 Bossel、Eliason 和 Taylor 的研究，要向加油站供给氢能，则需提供原来所需石油量 15 倍的氢能（如用其他形式的能源，则需要 22 倍的氢能，Bossel）。他们认为，要通过氢能替代目前机动车辆对石油的需求，就意味着目前 1/7 的卡车都必须运载氢能，因此在

1/7 的卡车事故中都可能会危及所运载的氢能，甚至导致爆炸。

　　他们还估计在超过 200 公里的路途中，氢能的运输损失约为其运输总量的 13%，在超过 500 公里的路途中其损失就达到 32%。North（2005）是一名气罐设计者，通过一系列研究，他也得到了这样的结论。

　　将氢能转化为气态，在能源密度较低的情况下，通常会涉及压缩后进行储存。根据 Bossel、Eliason 和 Taylor 的研究，压缩 20 MPa 就会导致 8% 的能源损失，压缩到适合运输的 70 MPa 时就会导致 20% 的能源损失（Doty，2004，认为是 15% 的损失）。Doty（2004）认为，甚至压缩到 5000 psi，氢能的密度也仅为柴油密度的 10%。他还指出，在储存罐中的机械能如果发生爆炸将相当于 50 口径炮弹爆炸的威力，这还不包括其中储存的氢能。对于重量很轻的储罐而言，其撞击的安全性并不高；而安全性较高的，重量一般都比较重。Doty 认为储存罐的危险性是燃油汽车的 100 倍。如按每千瓦 5c 压缩氢能，其成本则为 3 美元/公斤。Lovins（2003）指出了通过阀门重新收回能源的可能性，并将这些收回的能源输进燃料蓄电池中，再次用于产出电力。在氢能经济中，在氢能使用的不同地点，大批量的大规模设备会产生巨额的成本（参见注释 2，关于 Lovins 观点的批判性评述）。

　　Bossel、Eliason 和 Taylor 同时还指出，将氢能从储存罐中传输到加油站，再从加油站到汽车，整个过程中将面临着诸多困难和能源的损失。因为一个 40 吨重的储存罐仅能够装载 288 kg 的氢能，其回程中重量也是如此，也就是说，在整个运输过程中将会消耗大量的燃料。而一个回程中石油储存罐的重量仅为去程中装载重量的 1/3。另外，由于压强的不同，氢气也会从储存罐流进加油站的储存罐，并直到双方压强相等为止（由于温度和密度的原因，这一般需要一些时间），这就是说储存罐中的氢能不可能完全清空，还会剩余一些在罐中，根据 Bossel 等人的测算这一剩余量一般为 20%。一般情况下，储存罐需要 2 个小时的时间才能清空，但仍会剩余 25% 的氢能。同样的问题在汽车加油时也会发生。这一问题可以通过抽取来解决，但这会增加能源和设备成本以及机器的隐含能源成本。

虽然可以将氢气液化降低其储存占用空间以便于运输，但是液化成本是非常高的。首先，将电能转化为液化氢需要消耗的能源约为储存罐储存能源的一半。液化氢密度也不是很高，比同等重量的石油所占用的空间大 4 倍。此外，液化氢温度还必须保持在零下253 摄氏度，这个过程中也需要消耗大量能源。氢能每天的挥发量为 0.3%，这一般是在设备，如汽车，长期闲置不用的情况下发生，但是可以通过一定的技术收集加以利用。要将氢能储存从夏天到冬天 6 个月的时间，将会用掉超过一半的储存能源。这自然也就排除了将冬季利用强风产出的风能电储存到夏季使用的可能性。此外，在加油站，通过阀门和接口还会有大量的氢能损失。

通过储存罐进行大陆间大规模液化氢的传输看起来也是问题重重。Wootton（2003）认为，现代 LNG 储存罐可以传输 30 亿 cf 的氢气，从阿尔及利亚到美国一般每年要来回 12.6 次。美国天然气的消费量为 23 tcf/y，因此每一个储存罐仅可满足 0.17% 的需求。如果将氢能在生产、压缩、传输整个过程的能源损失都考虑进去的话，每年以 LNG 形式长距离传输 38 bcf 的氢能也仅能满足很小一部分能源需求。因为氢能的密度远低于 LNG，那么问题相应就会很多。因此，要将太阳能或者风能资源丰富地区的电能以氢的形式像石油一样长距离传输是不可行的。

通过管道传输氢能也会使问题变得更加复杂。"氢能经济"的设想通常假定将撒哈拉的太阳能以氢能的形式抽进管道中，再输送到欧洲。由于氢能的长距离传输缺陷，同时考虑到氢能密度很低，这一设想事实上是非常不切合实际的。仅抽取这个过程就要消耗其所抽取能源的 3.85 倍之高。Bossel、Eliason 和 Taylor 认为，抽取氢气，然后再传输 3000 公里或者 5000 公里，这将要消耗所抽取氢能总量的 34%~65%（Bossel 还曾给出过更高的预计值）。Ogden 和 Nitch（1993）得出了一个较低的数值，即传输 5700 公里需要消耗 34% 的能源。这仍然是一个很大损失，显然这是大陆间能源传输的一个巨大障碍（虽然通过高压直流电线长距离电能的损失会少一些，但是这仍没有解决能源储存问题）。

通过现有的天然气管道传输氢能也是不现实的。首先，氢能会使金属变得很脆。其次，在阀门和接口处会有氢能的损失。这就使工程师试图将氢气的压强降到尽可能低的水平。氢能微小的原子结构使其很容易泄漏，原因是其密度很低，而在抽取时所用的压强却很大。Lovins 认为，如果现存的管道与塑料衬套能够配套的话，那么就可使用，并且能源损失也会保持在一个较低的水平，尽管他还指出在任何情况下现有的天然气管道都能够派上用场。不幸的是，在这个提议中的管道直径太窄了，不利于氢能的高效抽取和传输。Simbeck 和 Chang（2002）得出每英里全新的管道成本为 50~150 澳元的结论。Crea（2004）也得出了同样的结论，并指出美国拥有 20 万英里的天然气传输管道。那么如果再建设这样一个管道的话，必将会为风能电系统增加一笔天文数字式的成本。

Bossel、Eliason 和 Taylor 认为，在加油站通过消耗电力输送氢能的效率与集中产出后抽取到加油站的效率基本是一样的。Bossel 预计这个过程中的能源损失在 60% 左右。

以上 Bossel、Eliason 和 Taylor 所得出的这些数据表明，长距离传输大量的氢能不具有可行性。他们还认为，技术进步也不可能显著改善这一局面，因为问题的根源在于氢能的物理属性（然而，一些人认为，氢能生产中的能源损失可能最终会降低到 20%~35%）。

虽然对 Eliason 所提供的基本数据，Bossel 和 Taylor 持批判的态度（Weindorf、Bunger 和 Schindler，2003），但是他们过于乐观的态度并不会对氢能经济的前景产生多大影响。压缩到 80 巴的损失略低于 Bossel、Eliason 和 Taylor 的估计值。在加油站，从电能中产出氢能的过程中、能源损失也基本与他们估计的一致。用管道传输氢能 2500 公里的能源损失一般为 19%，而不是之前估计的 30%~40%，意味着从撒哈拉传输太阳能到欧洲将仍会产生 40%的能源损失。

Lovins 认为，最近一些关于氢能经济中能源泄漏量过大的话可能破坏臭氧层的论断是不正确的，Wilson（2002）对这些论断并不认同。

6.2　储存在金属氢化物中

虽然用金属氢化物储存能源是一种前景光明的储能形式，但是目前这种储存方式面临的困难和调整也是极大的，因此我们还难以对其应用前景和局限得出一个肯定的结论。对于其成本是否会比压缩氢能的方式更低，我们也不得而知。这种储能技术将会在第 7 章进一步讨论。

6.3　氢能的优势

氢能效率的提升与氢能的最终利用情况有密切的关系。Lovins 认为，如果将从油井到车辆消耗石油整个能源供应链与天然气通过氢能到车辆消费相比，后者的能源效率是前者的 2~3 倍。因此，他认为未来重量轻、效率高的超级汽车每消费 1 单位氢能的行驶里程将会是现在汽车每消费 1 单位石油的行驶里程的 5 倍。然而，Crea（2004）却认为，如果将所有的能源损失都考虑进去的话，那么两者的能源利用效率其实基本是一致的。

无论对于氢化物而言，还是对于压缩的氢能或者是液化氢而言，轻型汽车的优点可能会被其所需要的重型氢能储存设备所抵消。

6.4　通过氢能长距离传输电力可行吗

下面是关于一些建议中有时会提到的能源损失的分析论述，这些建议主要是如何通过氢能将风能资源或者太阳能资源丰富的地区产出的风能电或太阳能热电传输给数千里之外的用户。

——电能转化为氢气的损失率为 30%。

——将压缩的氢气抽取出来的能源损失率为 20%。

——将抽取出的氢能长距离传输的损失率为 30%（从撒哈拉到欧洲为 60%）。

——加油站的损失，假定为 5%。

——燃料蓄电池中的损失率 50%，也有可能是 40%（目前为 60%）。

——燃料蓄电池中的电能转化为交流电的损失率为 5%~10%。

如果将这些损失都加总在一起，那么仅剩 13%~18%（如从撒哈拉传输也许只剩下 7% 的能源可以利用了）的风能电可以供最终用户或者机动车辆使用。North（2005）估计的能源损失为 95%，并假定燃料蓄电池的效率为 50%。如果风能电不用储存就可以直接供给 20% 的电力需求，那么剩余 80% 的需求将是目前风能电产出总量的

6 倍。

虽然通过高压直流电网进行长距离大规模能源传输，其效率要比其他传输形式高很多，但是这并不能解决电能的储存问题，比如太阳能发电如何满足夜间能源需求问题。

6.5　从冬天到夏天都可以用氢来储存能源吗？

虽然关于冬季与夏季电能资源的差异在第 2 章已经做了一些分析讨论，但是下面通过储存液态氢能的方式来平缓季节间的能源产出差异，可能会为缓解夏季能源供给紧张状况带来一丝曙光。

功率为 1000 MV、电容率为 0.8 的燃煤发电站，每天可以产出 19200 MWh 的电量，即 6900 万 MJ，如按每升 8MJ 测算，这就相当于 8640 立方米的液态氢能。要在零下 273 摄氏度下储存 3 个月，那么需要的液态氢能的产出应达到 7950000 立方米。虽然看起来难以置信，但其最终的能源损失情况更是令人震惊。也许进入整个储存过程中的能源，只有 20% 才可以回收再利用，因为仅在液化过程中就会产生 50% 的能源损失，并且每天的挥发率在 0.3% 左右。理论上这些挥发的能源都可以收集后加以利用，但实际上并不能对解决储存问题产生实质性的影响。此外，从储存的氢能中重新转换为电能的过程中也会有较大损失。尽管我们假定未来可以通过使用燃料蓄电池或者天然气涡轮机来实现 60% 的效率，但最终我们还是仅能得到 9% 的原始能源。因此，要以仲夏时节燃煤发电效率将储存的能源转换为电能，我们则需要 11 座这样的燃煤发电站进行发电，并且储能体积必须要达到 880 万立方米，或者矿轴长度要达到 1870 公里，并将储存的能源稳定保持在零下 253 摄氏度以下。此外，我们还需要购置用来再次转化为电能的氢能产出设备以及燃料蓄电池。显然，这都已经远远超过了经济可行的范围。

6.6 用来自风能中的氢来替代石油和天然气可行吗

在氢能经济的设想中往往假定可以从太阳能和风能中获得大量的氢能用于替代石油和天然气，同时还可以将其用来满足电力需求。然而，现实可以非常容易地证明这一假设是不可行的。

澳大利亚的电力消耗大约为 700 PJ，交通工具对液态燃料的消耗大约是每年 1200 PJ。如果用氢能为交通工具提供能源，将会损失约 75% 的电量，因此我们必须要产出 4800 PJ（或者 2400 PJ）的氢能才能满足能源需求。要为交通工具提供能源，我们需要建造足够多的风能发电站，考虑电能损失因素，其发电量应是需求量的 7 倍（或者 3.5 倍）才能满足对电力的需求。第 2 章和第 4 章也认为，新能源是不能满足目前电力需求的，更不要说满足几倍于电力需求的能源需求了。

"好吧，让我们先忘掉氢能，让我们只使用电车"。那么再问一下这个老问题，怎么储存电能？"那么使用所有装置在太阳热能发电站中的热能储存电容怎么样？毕竟即使在冬季刮风时其利用率也不高。"但是如果我们将电能储存为热能，再将其转换为电能的话，最终转换回来的电能仅剩下原来所储存的电能的 1/3，并且并不是所有的风能发电站都建立在太阳能发电站及其热能储存罐所在地。

6.7 燃料蓄电池的缺陷

关于氢能经济的假设通常认为大量使用燃料蓄电池是理所应当的，因为将氢能储存进蓄电池后可以再次转化为电能。目前，虽然这个过程的转化效率也就是 40%~45%，但是通常假定 60% 的转化效率也是可以实现的。

然而，Bossel 指出，蓄电池的使用将会涉及这个转化过程并会导致能源的损失，相应地也就会降低发电系统的效率，但这一点很容易在实验室模拟测试时被忽视，比如能源的压缩以及从交流电到直流电的转化。正如以上分析的那样，Bossel 认为在现实中，这个转化效率也很难提高到 40% 的水平。他还罗列出了一系列的损失过程，如为机动车辆供给能源，最终机动车辆可以利用的能源仅为储存能源的 22%（而电动车辆可用的能源可达到 66%）。Wald（2004）认为，37% 是蓄电池电能转化的最高效率水平。Patzak（2005）将 38% 作为燃料蓄电池可达到的最高转化效率。

大规模燃料蓄电池的使用会面临一个严峻的问题，就是难以得到足够的稀缺的材料作为催化剂，如铂，尽管技术的进步可以提高其使用效率，但是难以根本性地解决。此外，储存进蓄电池中的氢气必须非常纯，否则蓄电池的性能就会很差。另外一个容易被忽视却非常严峻的问题是，目前蓄电池的寿命一般都非常短，仅为 200 个小时左右（Moore，2004）。

这是氢能经济设想中的一个很重要因素，因为只有通过蓄电池才能将储存的氢能转化为电能。那么在风能电—氢能系统的生命周期中需要更换多少次蓄电池呢？

目前，燃料蓄电池还是比较昂贵的，如果它们的寿命也如此之短，那么频繁地更换蓄电池将会造成很大的成本压力，这与燃煤发电比起来显然成本会奇高无比，因为一座燃煤发电站的使用寿命是30年（国家工程科学院，2004）。目前，燃料蓄电池每千瓦的发电成本是常规发电成本的4~6倍。美国能源部认为对于汽车发电机能源供给而言，其成本则是常规发电成本的10倍。

此外，还需说明的是，虽然我们进入氢能经济社会的目的是降低温室效应，但是氢能经济本身就会消耗大量能源，排放出大量温室气体。

6.8　从煤炭中提取氢能可行吗

通过在大型中心发电厂加工煤炭也可以产出氢能，并可以确保产生的碳被隔离在地底下或者大海中而不外泄。隔离过程涉及到收集碳，然后再将其运输到存放地点并加以掩埋（第7章将会说明不采用此方法的原因）。

如果将煤炭变为主要能源的话，那么全球煤炭资源储量将会在不久的将来枯竭。我们假设：①目前能源需求都用煤炭来供给，这就意味着每年的煤炭生产力必须为现在煤炭生产量30亿吨/年的3倍；②如果目前全球60亿人口都按发达国家的能耗水平消耗能源，那么煤炭每年的供给量应是现在的5倍；③当人口增长到90亿人时，需要在这个基础上再多供给煤炭1.5倍；④目前澳大利亚能源消耗量不断增长，意味着到2050年能源消耗量将是现在能源消耗量的3倍；⑤约有40%的来自煤炭的能源会在能源转换为液态或气态燃料用于供给交通工具和碳隔离的过程中损失掉。如果将以上这些煤炭需求增量加总在一起的话，那么每年全球煤炭产出量必须是现在产出量的 170 倍，如果这样的话目前 20000 亿~40000 亿吨的可收回能源储量也会将在未来 4~8 年消耗殆尽。如果预计能源储量为 10000 亿吨的话，那么将会在未来 2 年内消耗殆尽。

6.9　利用来自核反应堆中的氢能可行吗

在 950 摄氏度的高温下，通过热化学（thermo-chemical）过程可以产出氢能，此外还可以使用核反应堆来实现这一过程。与电力产出量相比，通过热化学过程的氢能产出量是核反应堆产出量的 2 倍（Schutz 等，2004）。因为热化学过程具有很强的腐蚀性，因此成本就相应比较高。

如果每产出 4 单位的氢能，只有 1 单位才能利用，而目前澳大利亚交通用能是电力消耗的 2 倍，如要通过蓄电池中的氢能来为车辆提供动力的话，能源需求量将是核反应堆电力产出量的 8 倍。第 7 章认为目前我们没有足够多的铀进行发电来满足电力需求，更不要说是为交通工具提供能源供给了。虽然使用电车可以使成本减半，但是这还面临着难以获得足够的蓄电池制造材料的问题。

6.10　对氢能的结论

因此，我们认为大规模的"氢能经济"的设想是难以实现的。从一定程度上讲，氢能经济还会产生大量能源损失、高成本以及无效率等问题。正如 Bossel（2004）所说，"在一个可持续的能源经济中，氢能难以扮演一个重要角色"，"同时，将电能转化为氢能的方法也不是明智之举，过去不是、现在不是、未来也不是"。

第❼章　电能储存

新能源面对的最为棘手的问题就是能源的不恒定性，如果这些能源是能源需求的主要供给者的话，那么就需要将大量暂时不用的能源加以储存，但电力是难以进行大量储存的。换句话说，如果可以找到能源储存问题的解决方案，那么新能源应用的潜力则会极大地得到提高。这样我们就不需要为风能的不确定性而担忧了，比如当风力强的时候将产出的电力加以储存，当风力弱的时候再使用。

以下是关于主要能源储存方法的简要评述。虽然一些方法的应用前景甚好，但是难以找出一个令人满意的、适用于大规模能源储存的方法，比如每天将太阳能发电站产出的 10000 MWh 的电能大量储存起来供晚上使用。

7.1　抽水储能

克服新能源不恒定性的简单而又完备的方案是：当能源产出大于能源需求时，就采用抽水储能的方法储存起来，待需要时再以水电的形式产出电能。水力发电作为一种灵活的发电形式，在短短数分钟内就可以启动并完全进入发电状态。

抽水储能系统的"能源储存与再发电"的总效率约为 60%，而也有一些人认为为 80%。[1] Ferguson 指出，用于储存的风能的不确定性可能会降低抽水储存的总体效率（或者提供储存成本），因为抽水储能只有以某个速率运行时，效率才能达到最大。E.On Netz 的研究报告显示，在 6 个小时的期间内，风速可能会提高 6 倍也可能会减弱 6 倍，这意味着能够储存风能的抽水储能系统很可能时而忙时而闲。需要再次说明的是，断断续续的能源也会导致能源成本的大幅提升，因为新能源设备都是相当昂贵的，而由于能源的不确定性却大多数时间都处于闲置状态。

现在主要的问题就是关于同时建立一高一低的两个水坝，并具备足够大的能源储存量。在储能过程中，需要抽取大量的水，而且这些水必须位于相对较低的位置，且处于合理的距离之内。然而，在澳大利亚或者美国中部太阳能资源比较丰富的平原地区，在其附近很难找到一个合适的水坝，所以现在最大的问题就是缺少处于相对高度比较低的水坝。但大多数水坝的高度都不能低于湖的水平面，这样才可以将水抽到水坝里。在一些情况下，沿着河流会建有一系列的水坝，这样可以使水由下到上从一个水坝抽到另一个水坝。

一个理想的低位水坝高度就是在大海旁边与海滩的高度相当，但是这会产生长距离传输的问题，可能导致海水的盐分渗漏到附近的土壤中的问题，以及大容量特殊水坝的建设问题等。Sadler、Diesendorf 和 Denniss（2003）认为，在澳大利亚，仅出于环境方面的考虑，就直接否决了很多大坝建设提案。

也许这一重要问题还关系到水力发电的净产出，这就意味着当没有太阳或者风力时，大坝就连 7% 的电力需求都满足不了。要提高能源的供给能力，就需要建立更多的备用发电站以补给风能发电的不足。同时，对于每 1 单位的风能而言，考虑到抽水储能的效率，我们就需要建立能够产出 1.4 单位能源的水力发电电容。

一般情况下，水坝通过储存多余的风能而产出的电量不到需求量的 7%，因为当风能有多余时，这个过程高度依赖于水坝的储存电容量的大小。在夏末至秋季的这段时间，水坝中的水一般处于最低水平，且此时风能也处于最低水平，难以提供多余的能源用于储存。那么，主要疑惑就是当冬季时节风能达到最大时，多大的储存电容量才算合适呢？此外，当夏季降水比较多的时候，是不是水坝的储水空间就要减少呢？

当没有风的时候，我们需要建立多大电容率的水电站才能满足能源需求呢？如果水力发电仅仅能够供给目前电力需求的 7%，并假定抽水储能的总效率为 70%，那么以上问题的答案就是目前电容率的 20 倍。因此，除了建立能够满足电力需求的风能发电站之外，看起来我们还需要建设能够供给目前水电量 20 倍的水电系统。

抽水储能效率为 70%，储水量为 5 米深，功率为 1000 MV 的发电站夜间产出的电力要储存起来的话，所需要的大坝的规模大约是 20 公里长。[2] 虽然这对于高位水坝来说并不是一个大的挑战，但对于低位水坝而言却是一个大的挑战，尤其是当澳大利亚东南部处于无风时期，那么其水力发电量就必须相当于 20~30 座燃煤发站的发电量。

抽水、管道以及其他发电成本都必须要计入发电的总成本，进而计算得出整个发电系统的发电总成本。此外，从水坝到用户之间的电力传输距离以及相关的能源损失也是一个需要考虑的重要因素。

其他一些观点也指出，抽水储能可能会对温室效应产生一定影响。在很多地区，降水量逐年下降的情况时有发生。仅在 2005 年 1 月份，西班牙的水力发电量已不足荷载电容量的一半，主要原因就是干旱（Ferguson，2005）。根据一些模拟测试得出的数据，温室效应对 Murray–Darling 河网系统的影响就是使其水流量下降了 50%。

　　抽水储能对水坝造成的长期影响就是水坝的淤塞。在这种情况下，水坝的寿命最长也不会超过 200 年。

7.2　压缩空气储能

　　以压缩空气的方式储存能源被认为是比用氢气储存能源更有效率的储能方式。[3] 据测算，压缩空气储能效率为 40%~70%。因此，在没有阳光的情况下，要获得 670 MW×16 小时的电量，就需要事先储存 1760 万 kWh 的电量。那么，此时在核算发电系统成本时，就需要将用于从压缩空气中产出电量的压缩机及涡轮机的成本包含进去，同时储藏窖的成本也应包含进去。这就意味着对于功率为 1000 MV 的发电站而言，我们需要建立另外一座能够在夜间从压缩空气中产出 660 MV 电量的发电站，并与之相配套。

　　CAES 发电系统的一个致命缺陷是没有一个能够储存大量能源的储存空间。Sorensen（2000）认为，每立方米的空间可以储存 15 MJ 的能源，即 4.16 kWh。因此，在系统效率为 0.5 的前提下，功率为 1000 MV 的发电站要输送，10560 MVh 的电量来满足夜间能源需求，那么就需要 47.08 亿立方米的空间用于储能，即这就相当于一个长约 470 公里矿轴的空间。然而，目前我们几乎找不到空间足够大的储藏窖用于储存来自于断断续续的风能或太阳能产出的大量电能。虽然采用人工开凿储存窖的方式对于热储能是经济可行的，但是对于大规模的空气压缩储能是远远不够的。

　　那么，空气压缩储能面临的最大问题就是：要实现高的发电效率就需要从压缩空气中产出电能时对空气进行加热。在新能源领域

中，要做到这一点是不现实的。如果不对空气加热，那么发电效率
为 0.4~0.5。虽然可以利用太阳热能，但是这就要求发电站必须具有
收集热能的功能，其收集的能源相当于风能的一大部分。冬季时候
用于储存的风能最为丰富，然而热量却处于最低水平。

对于能耗较少的车辆而言，Doty（2004）估计一个 120 加仑的
储存罐可以储存 0.576 kW 的电量，其储存成本是 730 美元，但这与
储存同样多能源量的柴油储存罐相比，其储存成本是柴油储存成本
的 85 倍，重量比柴油储存罐重 40 倍，体积比其大 200 倍。

7.3　钒电池

钒电池以高储存效率著称，其初始储存效率可达到 87%，但是
随着时间的推移，其效率会递减。它的优点在于可以将电解质装入
汽车的储存罐中，即在充电时将不会发生效率损失（Skylass-Kaza-
cos）。

一个储存容量为 800 kWh 的储存设备已经建立在澳大利亚巴斯
海峡的金岛（King Island，Bass Straight）上，主要用于储存风能发
电产出的能源。尽管这个设备占据了很大空间，其成本造价约为
100 万澳元，但是从目前已公布的信息来看，它可以储存的能源量
仅相当于 83 升的石油。据测算，大约每 5 kg 的五氧化二钒可以储
存 1 kWh 的电量，因此一辆汽车上 50 升的石油储存罐还可以储存
2.3 吨的液态能源，这相当于石油重量的 56 倍。

同样地，储存体积也是我们关注的重点。Sadler、Diesendorf 和
Denniss（2003）认为，每立方米的储存体积可储存能源量为 90~144
MJ，而此时的密度仅为石油密度的 0.004 倍。一个车载石油储存罐

可以为车辆持续提供能源约 2 公里。对于一辆正常行驶的车辆而言，在再次加油之前，储存罐需要储存 14 立方米的能源。

对于功率为 1000 MV 的发电站，要为夜间需求储存 10560 MVh 的能源，就需要 44.7 万吨的钒，得出的这一数据已经考虑了储存效率的影响。因此，如果美国所有的发电站都达到这样的储存容量，那么钒的需求量就会达到 2.68 亿吨。

7.4　调速轮

由于磁场的引力，悬浮在真空中的调速轮可以实现快速的转动，这类调速轮通常只在小规模的发电系统中使用，比如当主要的能源供给下降时，由替补能源进行补给的备用发电系统（再生粉和运动，2006）。其储存和传输时间一般比较短，一般都是几秒钟就可以完成（Sadler、Diesendorf 和 Denniss，2003）。艾泰沃（Active Power）公司每储存 1 千瓦时的电量成本为 1750~2000 澳元，表明目前短时期内难以应用于大规模的电能储存。如按这一成本测算，一座 1000 MV 的发电站夜间储存成本将会高达 200 亿澳元，这可能对一个特别设计的大型储能系统的成本测算并没有多大的参考意义。

Diesendorf 和 Denniss（2003）认为，调速轮可以储存 200 KJ/kg 的能源，每立方米可以储存 100 MJ 的能源。因此，整个储存任务涉及 38 万立方米的储存空间以及在磁场力作用下在真空中旋转的 119 万吨的调速轮。

通过以下例子可以很好地理解这个浩大的任务。想象有一辆 220 马力的汽车，可以全油门加速，但是没有摩擦损失。现在让我们假定 4620 辆这样的汽车排成一排，全油门加速 16 个小时，那么他们将会开多快？他们的综合动力就相当于 660 MW×16 小时，这也是发电站所需要储存的供夜间使用的能源量。显而易见，现实中的调速轮系统是不可能储存这么大量能源的。

7.5　氢化物

虽然氢能还可以以金属氢化物的形式储存起来，并且过程中能源损失极小，但是采用这种方式所需的储存罐的重量很重、造价昂贵，用于储能的物质也很昂贵，并且很容易受到污染，因此在加热、冷却及压强转换过程中都必须进行密切关注、动态控制。此外，要将储存的氢能全部从储存罐中抽取出来也是极其困难的。如果氢能纯度不够的话，氢化物的寿命就会大幅降低。根据 Bossel、Eliason 和 Taylor 的研究，储存容器的重量是所储存的氢能重量的 115 倍。要储存相当于 50 升的汽车所用的汽油，所需的储存罐的重量会超过 1.2 吨。Sadler、Diesendorf 和 Denniss（2003）认为，每千克的氢化物可以储存 2~9 MJ 的能源，这就意味着汽油的密度是氢化物中氢能密度的 4.5~21 倍。重型的储存罐会使超轻型车辆未来的使用前景变得暗淡，同时其能源利用效率也会随之下降。

Doty（2004）认为，每千克氢化物的储能成本为 16000 美元，在与汽油所含能源量同样多的前提下，其体积却是汽油体积的 20 倍。Sorenson（2003）认为，储存体积仅仅是指液态氢。此外，这个储存过程中的能源效率问题一直悬而未决，也许液态氢是一个解决方案，但目前还不确定。

尽管金属氢化物可以实现更高的储能量，但是从总体体积、重量、成本及效率等方面综合来看，这种储能方式是否显著优于氢气储能，目前还不清楚。假定大多数车辆的负重来自于储存氢能的金属，那么这对交通工具而言是不可行的。因此，为一个固定的发电站储能可能要比为移动着的交通工具储能更可行，但是这个过程中所需要的大量储存物质的成本却是极其昂贵的。不论能源是如何方便地或经济地储存，还是以气态、液态或氢化物的形式储存，正如氢气储能一样，金属氢化物的产出和使用过程中的能源总损失低于30%。

7.6　太阳能池

在热带地区，可以通过使用大片的浅水池塘来吸收含盐底层所储藏的热量，并用这些吸收的燃料进行发电。这一方式的局限性在于池塘中的水容易以水蒸气的形式蒸发掉。"然而，太阳能池是难以产出大量电能的，原因是时刻面临着池塘中的水被蒸发掉的危险"（de Laquil 等，1993）。此外，在池塘装置衬垫也是必要的，这样可以防止水中的盐分深入地下。目前，水中的盐分有上升的趋势，这就需要补充大量的淡水以恢复池塘中的水位。

7.7　其他储能方式

通过热化学过程进行储能看起来与氢气储能的效率相当，也可能会稍微低于氢气储能的效率。Kaneff（1992）认为，虽然热化学储能的效率可以达到60%，但是从最早的能源原材料的投入再到电力产出的整个过程来看，热化学储能的效率为26%~33%。热化学储能的一个显著优势是储存的能源可以放置很久并且不会发生损失，尽管对于大规模电力供应而言，储能量一直都是一个重要的问题。无论通过甲烷重整或者氨重组进行储能，二者的储能效率均高于氢气储能，然而这个储能过程需要在正常压强下，为每 1.54 千瓦时的电量准备 1 立方米的储能空间。因此，要将太阳能产出的电量储存起来，供剩余的 16 小时不能发电的时候使用，就需要一个相当于 1500 公里长的煤轴的体积，此时假定能源的储存效率为 60%。虽然氢气可以压缩进而减少其体积，但是这会相应增加能源压缩成本。

热石储能、变相材料、热化学过程以及熔盐都或多或少地需要储存热能，以使它们可以适应太阳热能发电系统，但是却不能适应储存光伏太阳能或者风能发电系统。对于大规模储能系统，除了选择使用氢气储能以外几乎别无选择，然而氢气储能的能源损失和成本都很高。

在冬季时节，如何用太阳热能发电站的热能储存罐储存多余的风能呢？正如前文分析的那样，这比采用氢气储能的情况还要差，因为除了在转为电能的过程中会损失 2/3 的热能外，如果这些能源用于供给电车或者氢能汽车的话，那么大部分再次产出的电能也可能被损失掉（参见第 6 章）。

其他一些的储能方式目前还在研究之中，比如采用电容器储能、先进的蓄电池，但目前这些技术都不成熟，对于大规模储能而言，这些技术远不能与抽水储能或者压缩空气储能等技术相媲美。

7.8　骗人的可调负荷

降低储能任务量的一个有用方法是，当能源供给量高的时候，电力用户可以开启储能功能，当供给量小的时候就将储能功能关闭。比如，这对于氨或冰的生产是可行的，或者也可以通过调节冰箱的温度来实现。但这个过程中也存在着一个问题，即高昂的发电站建造成本，如果按照可以持续发电的假定建造的话，那么大多数的时间发电设备都是闲置的，因此成本就会随之增加。然而，对于大多数的能源刚性需求，如家庭用电以及空调用电等，几乎没有可调节的余地。

7.9   结论

在第 11 章中所提到的很多储能技术基本上是可行的，因为消耗的电能和储存的电能都很少。尽管近年来对储能问题进行了大量研究，但是我们还是没有找到能够以合理的成本来为消费型社会储存大量能源的技术。

第❽章 关于新能源利用潜力和局限的结论

8.1 关于其他新能源技术的分析

在得出最终结论之前，有必要对以前章节没有提及的其他新能源技术以及常规能源技术做一个简要的分析评述，然而这却不是关于新能源应用潜力的最后研究。除了四大新能源（光伏太阳能、太阳热能、风能、生物质能源）以外，也有很多其他新能源类型应用前景很广阔，但这些新能源却没有一个能够成为能源需求的主要供给者。这在未来随着技术进步可能会逐步实现，但就目前而言我们找不到足够的理由来证明其应用潜力。以下是关于其他一些新能源局限性的简要分析。

8.1.1 潮汐

像其他大多数新能源一样，潮汐也蕴含着巨大的能源储量，但是这并不意味着可以以合理的成本对它们进行大规模的开发利用。要进行开发，就必须使大量的海水从一个狭窄的道口中流进流出，然而这却会对河流入海口地区的生态造成危害。Heinberg（2003）认为，在全世界潮汐发电仅有 24 个备选地点，而大多备选地点却很偏远。因此，"这很难对世界能源供应做出显著的贡献"。

8.1.2　洋流

洋流是另外一种应用前景亦非常广阔的新能源，对洋流中蕴含能源的开发是通过在洋流比较大的海底下装置涡轮机，从而使洋流推动涡轮机进行发电。然而，我们却对可以获得大量洋流能源的观点表示质疑。例如，近来一个研究报告认为英国的洋流能源开发潜力为每年 2.5 TWh，这相当于燃煤发电来量的 1/3（http：eeru.open.ac.uk/natta/techupdates.html）。该网站所给出的另外一个报告认为，英国的洋流利用潜力为欧洲平均水平的 80%。

8.1.3　波浪

虽然波浪中蕴含的能源也非常可观，但是在利用过程中也面临着诸多挑战，尤其是发电设备可能会遭到暴风雨的破坏。不幸的是，如从每米的波浪中蕴含的能源的角度来看，获得大量能源所需要的发电设备也必须要足够长。经过多年的人工模拟实验，这一点已很明确了，但是直到 2004 年才有商业化的开发波浪中能源的发电站投入运营。贸易与工业部的研究报告认为，英国波浪能源的利用潜力相当于功率为 1000 MV 的燃煤发电站能源产出的 1/3。英国碳基金预测，如果能将波浪产出的电量并入电网中，那么理论上讲波浪发电可以供给英国 14%的能源需求（Black，2006）。

一个装置在澳大利亚卧龙岗地区的长 40 米的发电设施，其 2005 年的成本为 600 万澳元，预计平均电力产出为 57 kW（或者乐观估计为 100 kW）。该地区的波浪蕴藏能量为 7 kW/m，这意味着该发电设施的效率为 15%。鉴于这仅是一个实验性的测算，未来波浪发电的成本可能会很低，但其发电成本在高峰时段也得达到 105253 澳元/kW。

据产业内知情人士透露，全球大约 16000 千米的沿海线蕴藏着丰富的波动能，大约每米沿海线可以产出 30 千瓦时的能源，如果产出下降到 20 千瓦时/米的话，那么发电的能源消耗将为前者的 3 倍。建在沿海线上的发电设备要能够抵挡住海上暴风雨的袭击，就需要占用更大面积的沿海线，因为像这样大规模的发电设备需要一直延伸到海里。那么，接下来的问题就是要使这些设备更加坚不可摧，但要做到这一点，并能够成功抵御海上暴风雨的侵袭，其成本将会非常高昂，这也是目前波浪发电一直难以有实质性进展的主要障碍。

行业资料显示，波浪发电效率可以达到 40%，也就意味着在最佳的发电地点其电量产出可以达到 12 千瓦时/米。因此，在发电自身能源效率为 10%，发电效率为 40% 的条件下，波浪发电站的电能产出相当于 18 座燃煤发电站的发电产出，即功率为 1000 MW 的燃煤发电站的发电产出相当于 80 公里长的波浪发电的电能产出。Hayden（2010）从另外一项实验中推算到了这样一组数据，当发电效率为 25% 的情况下，1000 MW 的燃煤发电站的发电产出相关于 130 公里长的波浪电的电能产出，在此基础上可以进一步得出，当每米的波浪发电产出为 20 千瓦时，其发电产出就相当于 76 座燃煤发电站的电能产出。虽然这看起来是对电能需求的一个重要补充，但行业资料显示波浪发电产出的电能大约仅能满足 5%~10% 的电能总需求。相对于当前全球人口的电能消耗而言，目前波浪发电的电能供给大约仅相当于 9000 座燃煤发电站的电能产出。

8.1.4　海洋温差

这个利用海洋温度梯度的建议是指通过一个直径为 30 米长的管道，充分开发利用热带地区海水表面与海底温度的差异形成的能源。但其能源利用效率非常低，并且仅在热带地区远离人口集聚的偏远海域才能利用。如果氢能可以进行长距离传输，那么这看起来并不那么糟糕。但是，这还是会造成生态问题，将大量的冰冷海水和海底的营养物质翻转到海面上。

8.1.5　地热

在干热岩下面蕴藏着大量的热能，采用通过镗孔向地下注水然后再抽上来的方式，可以实现对地下热能的利用。澳大利亚政府所属的能源研究与开发公司 1994 年完成了一项关于地热利用的研究，该研究认为澳大利亚可能是唯一一个拥有大面积干热岩的国家（http：//www.greenhouse.gov.au/renewable/recp/hotdryrock/two/html）。

在我们知道开发利用地热是否可行、成本高低或者能源回报率之前，我们还需要等待一段时间。地热的开发需要在地上钻 4000~5000 米深的孔，将石头打碎，并使 500~1000 米深的地下水能够从一个洞流向另一个洞，而这个过程也需要消耗大量能源。当地下水抽上来的时候其温度仅为 270 摄氏度（在欧洲一些地区温度是 170 摄氏度），这意味着地热发电效率将会很低。一家公司目前正在澳大利亚南部地热丰富的地区进行地热发电的电脑模拟实验，虽然该地区地热温度相对比较高，但是电脑模拟的水温差仅为 167 摄氏度，由此可得该地区地热发电效率为 15%~20%。

地热也可以理解为一种非再生资源，因为地热的开发会使在长期的地质时期中慢慢累积的热量被开采出来，但地热本身却不能够以开采的速度再生。澳大利亚南部地区的相关地热信息表明，地热孔的寿命很长，可以达到燃煤发电站寿命的 2 倍。电能模拟信息还表明，在未来 20 年地热的温度可能会下降 20 摄氏度，这意味着地下水的注入温度与抽取温度之差将下降到 156 摄氏度。

通过以上分析，地热开发面临的主要问题就演变成为以什么样的速度从地热孔之间流动着的水中开采能源的问题，以及要钻多少个孔的地热能产出量才能与功率为 1000 MV 的燃煤发电站的发电量相当。本书提供了一个粗略的估计，详情参见注释 1。

钻孔的能源耗费可按照 4.3 万米消耗 280 MV 的能源标准测算（参照上文 15.4 万米消耗 1000 MV 的能源），此外还有建造发电站的成本以及输送地热能的管道成本等都会使地热发电的总产出下降。

还有另外一个问题，即地热孔之间的能源有多少可以被开采出来。对于地下水而言，一般会从一个地热孔直接流向其附近的另外一个孔，而不是经过整个岩场均匀地向四周流开。根据 Swenson 等人（2000）的研究，仅有 25%的岩体可以被开发利用。

相关的实验表明，在一些地方大量的水可能会流进周围的热石中而损失掉。实验还表明，压强越大，地热能恢复的速度就越快，但是相应的地热水的损失风险就越大。热干石一般都是相互连接交错且易碎，这就进一步印证了实验的结论（Tenzer，2001）。然而，这一问题在澳大利亚南部地区并没有那么严重。

本章注释 1 中的估计并不是给现有问题提出解决方案，而是要表明地热能的抽取不仅面临着很大困难，同时还会消耗大量能源；他们还建议在没有得到实践中第一手的证据和信息之前，相关人员绝不能对这一问题掉以轻心。当然，在一些地区，如澳大利亚南部，这种地热开发技术也是相当有价值的。尽管热干石中蕴藏着大量的热能，但是地热发电能否成为全球能源需求的主要供应者，尤其是成为那些没有像澳大利亚这样拥有丰富地热资源的国家的主要供应者，目前尚无定论。

8.1.6　太阳能烟囱

目前已公布的关于太阳能烟囱的相关数据看起来有些过于乐观，有时候还有点匪夷所思，如建设一座 3200 万平方公里的温室并在其中心竖起一座 1000 米高的塔，全部造价为 8 亿澳元（Enviromission，2005）。当考虑到每米 60 澳元的 6 毫米厚的可以抗击冰雹的钢化玻璃的成本后，其整体平均造价每米约为 22.5 澳元（2005 年）（Enviromission 2006 年的网站还公布了一份修订后的建议）。

在西班牙模拟建造的一座太阳能烟囱的运行发电效率约为 4%。一些人可能会好奇，位于南纬 40 度附近的澳大利亚，冬季时节太阳能烟囱的发电效率是多少呢？Pretorius 和 Kroger 在其研究中所提供的图 2 显示，冬季时节在西班牙太阳能丰富的地区，太阳能烟囱的发电效率是夏季发电效率的 38%。

太阳能烟囱发电技术的优势在于温室区域可以充分利用，比如可以用来种植海藻产出乙醇。另外一个优势在于白天收集的热能可以继续为夜间的能源需求提供补给。因为一天中只有正午的时候，太阳光才与太阳能接收板成直角，此时太阳能烟囱的发电产出在一天中达到最高值，且比太阳热能发电系统发电的最高值还要高，然而在一天中太阳能接收板的朝向一直随着太阳光照射的方向转动是不可能的（Berndes、Dos Santos、Voed 和 Weinrebe，2003，图 10）。因此，在正午时分可以产出 375 MV 的太阳能，而一天中的平均产出却为 100 MV。太阳能烟囱发电的电容率与其他新能源平均电容量一样都相当低，并且很多发电站一天中只有很短的时间才能有较高的能源产出。假定太阳能接收板不随太阳照射方向转动，那么冬季时节太阳能烟囱的发电绩效比太阳热能发电系统的发电绩效还要低，且发电绩效仅相当于夏季时节的很小一部分。

8.1.7 碳地埋封存

美国和澳大利亚所采取的温室战略的核心是继续大规模地消耗煤炭，而不考虑未来逐步降低其消耗，同时将释放出的碳收集起来并掩埋在地底下或者深海中。这些国家的政府采取这样的立场，其实一点都不用感到奇怪，因为这是与当前的煤炭和石油工业相适应的能源策略，并可避免破坏性的变革，不会危及消费者对电能的需求，这样政府可以让人们感到好像做了很多的事情。他们可以说新能源的研究正在进行中，但这会阻碍人们直面未来可能出现的问题。以下是关于这个问题的简要分析，并认为碳封存并不能根本性地解决温室效应问题。

碳封存方法仅适用于固定的发电设施，如燃煤发电站，并且可以俘获不超过 1/3 的碳排放量，但却不能将所有排放出的碳全部俘获。[2] 对于目前大多数的发电站而言，要实现碳俘获是不可能的，因此碳封存方法要想真正得到推广应用估计也得十几年之后才有可能。尽管在一些油田上可以将排出的碳直接加以利用，但是对于大规模的燃煤发电而言，这种技术目前还没有现实的证据来佐证，证明其是可行的。

地埋封存其实成本是非常高的，需要前期建造大量设施来运输和存储排放出的二氧化碳（澳大利亚一天的排放量为 3000 吨）。据估计，仅隔离程序就会多消耗燃料 20%，如果将整个封存过程都考虑进去的话，所消耗的总能源成本将会增加 40%。另外一个估计得出封存成本是发电成本的 2 倍。[2]

然而，用于封埋大量二氧化碳的地方非常难找，选择非常有限。

澳大利亚东部陆地上没有合适的地点（Peacock，2006）。另外一些估计得出，按目前电力产出速度测试，我们只能够储存不超过 1/3 的二氧化碳。即使大气中的二氧化碳密度处于较低水平，还是会对人的身体健康产生负面影响，因此所有封埋地点都必须是永久密封。

即使封埋技术已非常完美，但是地球上煤炭的储量是有限的，不可能持续很长时间。正如第 2 章所分析的那样，如果全球 90 亿人口都按照目前澳大利亚每年每人消耗 6 吨煤炭的标准测算，那么全球每年将消耗煤炭 540 亿吨，而目前地球上的煤炭储量约为 1 万亿吨（也可能是 2 万亿吨），这样的话仅可使用 18.5 年（或者是 39 年）。需要说明的是，如果将大量的煤炭转化为液态能源加以利用的话，煤炭的消耗速度将比以前预期的更快。

8.2 主要新能源的利用潜力和局限

下文将试图总结分析以下在第 2 章至第 7 章所得出的一些主要结论。

8.2.1 电力

8.2.1.1 风能电

在欧洲、美国和澳大利亚，当然还有其他一些国家和地区，相对于电力需求来说，潜在可以利用的风能量是巨大的，但是在实际中供给交通工具用能时，风能好像又没有那么丰富。

比单纯的数量更为重要的是由于风能的不确定性所形成的先天局限性。在大多数地区，冬季时节风能最为丰富，而在一年中不论什么时候风力都在发生着巨大的变化，并且有可能在很长的一段时间内出现无风现象，这无疑就阻碍了风能对能源需求的持续供给。目前，风能可以满足 15% 左右的能源需求，有时可能会更低一些，但是在某些风能资源丰富的地区要达到 20% 或者更高些的水平也是有可能的。在风能资源丰富的地区，风能发电站在高峰期可以供给 33% 或者更高的能源需求，但是在德国和丹麦由于风能极其的不确定，从而导致风能发电贡献率要低于这一水平，大约是这一水平的一半。将分布在广袤区域上的风能发电站连接起来可能有助于在一定程度上缓解风能的不确定性问题，但是难以从根本上克服。很多地区的无风期可能会持续很长时间。

在德国，风力最大的半年中风能发电平价电容率仅为 11% 左右，而欧洲年均接近 25%。目前，风能仅能满足很少一部分能源需求，尽管在一些国家，如德国和丹麦（风能电产出量大，但出口少），其电容率约为 5%，但是要达到这样的电容率，风能发电站也必须建立在风能资源十分丰富的地方。要使风能发电能够占到电力需求的 50%，那么大多数风能发电站都必须建立在电容率在 35% 左右的地区，且整个发电系统的电容率在 25% 左右。然而，遗憾的是，世界上大多数的人口都不是居住在风能资源非常丰富的西欧地区。

通过简单地将广袤区域上的风能发电站连接起来形成一个巨大的风能发电系统，也并不能解决风能的不确定性问题。Davy 和 Coppin 通过研究发现，即使在澳大利亚一个 1500 公里长的区域中的大型一体化风能发电系统，其不确定性问题依然很明显，那么在大多数时间就需要通过化石燃料或者是核能备用发电系统进行发电。

风能不确定性的另外一个影响是，如果建立起一个很高电容率的风能发电站，那么相应地还需要额外建立燃煤发电站或核能发电站，作为风能不能发电时的备用发电系统。此外，电网系统应进一步扩容，从而可以使在一个地方产出的大量风能电快速输送到电力需求地区。换句话说，我们需要建造 2 个（如果考虑到太阳能发电的话，或者就是 3 个）独立的且造价昂贵的发电系统，而其中有 1 个或者 2 个发电系统基本上是长期闲置的。

通常所认为的风能发电成本其实具有一定的误导性。这些成本数据大多数是指发电高峰期时的成本，而不是平均成本，并且成本中还没包括电能的储存成本，或者是将独立的发电站连接在一起并入电网系统的连接成本。最为重要的是，这些成本还没有包括当风能不能发电时所需要的燃煤或者核能备用发电系统的建造成本。

要将风能产出的大量风能电通过压缩空气、抽水储能或者氢能储存等方式储存起来待以后使用，尤其是在夏季无风期时使用，显然是行不通的。在不超过温室气体排放标准的情况下，通过燃煤发电来补给风能发电不足而产生的电力缺口，也是不现实的。因此，在找不到有效的风能电储存方法前，我们很难说仅仅依靠新能源，风能电就能成为能源需求的主要供给者，除非当风力很低时，其他新能源的供给量一直可以保持充足。

8.2.1.2　太阳热能电

在很多热带地区，太阳能发电系统对电力供给发挥了主要作用，但是却难以常年供给大量的太阳热能。即使是在太阳热能资源丰富的地区，冬季时节其发电绩效也是相当的低。太阳热能发电一个最为突出的弱点就是临界问题，即要启动发电系统所需达到的最低温度。考虑到临界问题，碟式太阳热能发电系统就要优于槽式发电系统，但是碟式发电系统的造价昂贵，并且没有装载配套的热能储存设备。在中纬度地区，太阳热能发电系统的发电量一般都不多，尤其冬季时节发电量更少。欧洲的太阳热能电大多是由非洲撒哈拉地区所供给，这就会导致高昂的传输成本及传输过程中的电能损失。然而，欧洲地区冬季时节的太阳热能电的供给就成问题了。太阳热能电的供给通常是由低纬度地区向高纬度地区经过长距离传输来实现。

太阳热能发电技术的主要优势在于能够将太阳能以热能的形式储存起来，整个储存过程成本相对较低、损失较少，并且至少可以满足一天的能源需求。然而，冬季时节太阳能的照射具有很强的不规律性，这就阻碍了太阳热能的正常发电和电能的储存，这样一来要想维持一连几天的能源需求将基本不可能。

在太阳热能资源不太丰富的地区和季节，太阳热能发电效率将会高度依赖太阳热能发电系统的设计。虽然第 3 章对这一观点表示质疑，但对于这一地区，本书的质疑至少还是有些道理的。

8.2.1.3　光伏电

光伏发电系统是燃煤发电及核能发电系统的有益补充，如果太阳能的不确定性以及储存问题能够得到解决的话，光伏发电无疑将在新能源领域中扮演重要角色。但是需要再次说明的是，除非当太阳能或者风能发电量很小时，其他常规能源发电随时都可以满足剩余所有的能源需求，否则像这样理想化的光伏发电系统现实中是不存在的，这样一来，大规模的燃煤发电或者是核能发电是不可避免的。即使是在太阳能资源非常丰富的地区，太阳能光伏电也是相当昂贵的，因为在不考虑蓄电池成本的话，其"系统平衡"成本非常高。

8.2.1.4　电力储存

如果新能源储存的电能能够被方便快捷地储存起来，那么新能源与生俱来的不确定性问题将会大幅缓解甚至可以彻底克服。当风力很大时，可以选择两种储能方式，一种是在大的压缩洞室中压缩空气，另外一种是抽水储能，但这两种储能方式在实践中也都有很大的局限性。

下面再谈一下储能的任务量。有时在一个广阔区域上一连好几天都没有太阳或者风时，就需要将一个大陆上的数百台发电站储存的电能储存起来以供给数天的能源需求。

一些储能方式在以前章节也曾做过研究，虽然这些储能方式可能会发挥一些作用，但是在目前的情况下却不奢望这些储能方案能为大规模的电力储能做出太多的贡献。

如果燃煤或核能发电能够像蓄电池一样用来补给新能源发电的不足，那么所有的新能源都加在一起可能会满足一大部分能源需求，这一比例可能会达到 50%。当然这种方式在操作中也面临着敏感的温室气体排放指标上限的约束。正如第 1 章所分析的那样，这一温室气体排放指标上限公平地适用于地球上的任何一个国家和地区，尤其是发达国家要彻底放弃对化石燃料的消耗。

8.2.1.5　各类电力来源的整合

幸运的是，冬季时节太阳虽然较弱，但是风能此时达到最高，可以形成良好的互补效应。然而，在大多数欧洲人和美国人居住的北部高纬度地区，冬季时节几乎没有太阳能，并且在夏季和秋季时风能也很低。结果在这些地区太阳能和风能必须进行互补使用，而不是整合在一起使用，这就意味着需要建立大量的备用发电系统。在美国的一些地区，冬季时节不但风能大而且太阳能也很丰富，这样的话能源供给就更加充足，不必考虑能源间的互补效应。

一些人经常认为，一部分新能源不能发电产生的电力缺口可以通过另外一些新能源发电进行弥补。虽然目前有很多新能源种类，但是太阳能和风能量最大且最为典型，并且这两者的能源发电量有时可能会出现长时期的同时下降现象。如果一系列的新能源被充分地开发出来，并能够通过储存来实现最大的利用效率，那么问题是不是就演变成了新能源之间将以何种形式进行互补以及互补程度大小的问题呢？正如以上强调的那样，问题的核心不是在于发电量的平均情况，而是新能源发电量的分布情况，即新能源发电量以怎样的频率下降以及下降的程度如何。现在我们所需要的就是 Davy 和 Coppin 所提供的关于澳大利亚东南部地区风能发电的分布图，通过该分布图可以大致估计出电能供给在什么时间可以达到整个发电系统的最高电容量，这个发电系统包括风能、光伏电、太阳热能以及抽水储能发电系统等。从以上的讨论可以得出，新能源电力供给总量常常会出现大幅下降的情况，因为在这段时间风能和太阳能发电均降到了最低点，只能通过燃煤或者核能发电来补给电力需求缺口，然而这样做的话还可能会突破温室气体排放上线的约束。

以上组合策略所面临的另外一个问题是，要实现这一策略就需要建立 2~3 台（造价很昂贵）互补的发电系统，而 1~2 台处于发电状态，剩下的 1~2 台可能会长期闲置，甚至有时这些发电站都可能处于闲置状态，所有的电力需求全部由燃煤或者核能发电来补给。每一座新能源发电系统的造价都相当高昂，而发电系统中的所有组件成本以及配套的电网成本都是难以负担的。

正如在第二、三、四章所分析的那样，新能源发电系统每供给 1 千瓦电量的成本将是燃煤发电成本的 10 倍。这虽然不是一个精准的估计，但确实是一个事实。需要强调的是，鉴于未来能源价格将会上涨，未来新能源发电成本可能会进一步大幅攀升。新能源的成本是昂贵的，并且在核算新能源发电站的建造成本时也需要将这一成本考虑进去，这相应地将会成倍地提高能源产出成本。这样一个成本倍增现象还意味着在前述章节中大大低估了能源产出成本。毫无疑问，未来新能源发电站的建造成本以及能源产出成本将会比以上估计的成本更高。

8.2.2 液态和气态燃料

基于对土地面积以及产出量的考虑，生物质能源不可能满足全球 90 亿人按照目前发达国家石油和天然气消耗标准的能源需求，且相对于需求量而言，生物质能源供给量基本可以忽略不计。那么剩下的一种方法就是通过液化氢来进行供给能源，但它也面临很多的局限性，下文将进行深入分析。

虽然局限性不是由于能源产出率或者能源成本所造成，而是由于产出生物质所需要的大量土地所造成的。

"那么，让我们乘坐电车出行吧"。第二、三、四章都认为，新能源不能满足目前的电力需求，因此也就不可能剩下大量的能源来供给交通工具的能源需求。用电能来驱动交通工具需要消耗的电能是我们目前生活中电力消耗量的 4 倍，因为交通工具用能比生活用能要高很多，同时还会发生能源的传输损失。

8.2.3　氢能

太阳能和风能发电量几乎占到了新能源发电量的巨大部分，而生物质能也不能满足对液态燃料的需求，更不要说用于生产氢能了。因此，目前我们不能产出维系消费型社会所需要的氢能。

大规模氢能生产也面临着诸多苦难以及大量的能源损失，因此，经过本书的讨论分析，即使我们可以得到一些氢能，但还是基本上已经排除了"氢能经济"实现的可能性。

8.2.4　记住虚拟光驱

正如第 10 章强调的那样，新能源能否维系消费型社会这一命题并不是其目前能否满足能源需求的核心。而真正的核心问题是：新能源能否满足由于经济增长所带来的能源需求的增长？2050 年新能源的产出能否达到目前新能源产出和消费量的 4 倍，以及 2075 年能否达到 8 倍？（参见第 10 章，能源需求增长率及其预测）假定按照目前能源需求的增长速度，到 2075 年，全球 90 亿人口如果都按当时澳大利亚的能源消费标准消耗能源，新能源能否满足这样大的需求？如果能够满足的话，2075 年的供给量就必须达到现在供给量的30 倍。假设技术进步可以提高能源利用率，将能耗与 GDP 的比率降低到目前的 1/4。[3]

8.2.5 能源储存技术的发展和效率的提高能否解决能源问题

"新能源能够维系消费型社会"，与这一有力但却尚未验证的假设相类似，技术进步以及大力倡导节能能够大幅降低能源消耗，这一假设长期以来使人们感到是件理所当然的事情。这一假设是"技术措施观"的核心思想，并认为消费型资本主义社会的能源消耗模式不需要改变。然而，我们却很难有力地证明以上假设的错误是如何的严重。其实问题的核心是消费型社会的能源过度消耗，超乎人们想象。

毫无疑问，不论是从能源浪费现象来看，还是从开发更加节能高效的设备来看，节能的潜力都是巨大的。一个普遍的观点认为，通过消灭能源浪费以及开发更加节能高效的设备可以使能源消耗下降 50%，这也是可能的。Amory Lovins 认为，在 GDP 快速增长前提下，降低资源利用和环境负担也是可以实现的。[4] Lovins 的大多数（有价值的）观点和案例都表明，能耗下降潜力可达 50%~75%。如混合动力车可以减少一半的汽油消耗，Lovins 还讨论了未来哪种能源消耗还可以再下降一半。因此，如果我们一直致力于节能减排，那么能源问题没有理由不能得到有效解决。

需要说明的是，并不是每个人都赞同 Lovins 关于提高节能使能耗大幅下降的观点。澳大利亚农业经济局（2006）提供了一个关于2050 年可能会实现的节能量，这一估计远低于笃信"技术措施观"的乐观主义者采用理论分析方法所得出的节能量。据该局估计，我们目前正走在碳排放量逐年提高的不归路上，到 2050 年碳排放量将会是目前的 2.5 倍，而我们一直奉行的节能努力也仅可以使未来 15 GT 的能耗下降 23%（参见第 1 章，安全的碳排放量的上限是每年 1 GT）。

乐观主义者指出，欧洲和日本的能源利用率大幅低于澳大利亚和美国的能源利用率，但是欧洲和日本这些国家相对较小且人口密度大，这意味着运输和传输距离都相对很短，那么采用公共运输的方式更加经济可行。

平时我们容易忽视的一个现实就是我们生活在这样一个仅能获得最小节能效益的年代。在 1985~2005 年，美国石油密度下降了一半，且这一下降趋势从 15 年前就已经开始了（Lovins 等，2005）。在飞机上每升燃料所行驶航程的节能效益也在下滑，因为只能获得最容易得到的节能效益（Lovins 等，2005）。

乐观主义者关于节能以及技术进步最容易忽略的另外一种情况是 "Jeavons 效应"，或者称为 "反弹效应"。通常技术进步可以节约能源，从而促使能源价格降低，这反过来还会促进能源消耗。要理解这一点，必须清楚消费型资本主义社会运行的内在逻辑，即最大化产出、财富、消费以及 GDP。对于任何公司来说，当他们发现通过技术的革新实现了能源节约，会马上扩大产能，生产更多价廉商品或者将节约的能源转嫁给消费者，使其花更多的钱来购买；正如如果我们发现可以用平时的一半能源走完一段路程，那么我们就会马上用节约的能源再多走一半的行程，直到将节约的能源用完为止。

节约能源本身也是需要耗费能源的，其耗费的能源成本也应被考虑进去。通常对于一个单独的住户来说，所获得的能源净节约量是比较高的。然而，对于一辆节能型的超轻质汽车而言，可以减少能耗，但是制造这辆汽车所采用的材料是高耗能的。事实上，Mateja（2000）认为，鉴于复杂的电力系统，混合动力车比普通的汽车还要多耗能 30%，在一些情况下，甚至是普通车耗能量的 5

倍。目前，最为流行的丰田普锐斯（Prius）汽车耗油量为普通车的142%。Newman（2006）认为，"在一辆车的生命周期中，混合动力车实际上比一辆大型的 SUV 的耗油量要多很多"。他还认为，丰田普锐斯的生命周期中每公里的耗油成本甚至是美国货车平均耗油成本的 1.4 倍。

此外，在核算能源节约时应将所有因素都考虑进去。如在1959~1970 年，美国种植玉米耗能下降了 15%，但是这些消耗的能源仅仅是发生在农田里的。当我们将所有成本因素都考虑进去的话，其实际能耗总量提高了 3%（Heinberg，2003）。

在一些情况下，公司的节能减排看似是取得了突出成绩，这是因为他们在核算成本时没有考虑高能耗的生产线，或者是将这些生产线转移到作为分包商的第三世界国家，从而导致第三世界国家能耗量快速上升，然而这些国家却没有降低能源成本的压力。

如果我们并没有过度消耗能源的话，也许这一系列的节能行动和努力可以解决能源问题，但是就目前的情况而言，我们必须使能耗下降 90% 才能达到预定目标，这看来是不可能的。假定能耗、其他资源利用以及对环境的影响仅下降一半（尽管要解决温室效应问题需要更大幅地降低能耗），还假定每年能耗增长率为 3%，正如以前所分析的那样，如果到 2070 年全球人口达到 90 亿，全球的总产出将相当于现在的 60 倍，且全球都按照澳大利亚的标准消耗能源，那么到时我们要使能耗降低 50% 的可能性有多大？同时，这意味着每单位 GDP 对能耗因子下降 120 个点，而不是上文所提到的 4 个点，要做到这一点可能吗？

要实现上述目标，显然目前的能耗模式必须要改变。仅仅通过消费型资本主义社会中的部分人和部分公司的节能行动是不可能实现上述目标及根本性地解决能源问题的。因为这一问题是由于过度地消耗能源所产生的，同时也是由于消费型资本主义社会基本的运行逻辑所导致的。结果，我们一直大谈特谈的"可持续"发展形同一纸空文，所采取的一系列节能行动变成了毫无意义的无用功。最令人气愤的是，我们所倡导的节能努力在面对要使全社会能耗下降90%的目标时，显得如此的渺小，甚至可以忽略不计。这些节能行动包括：从自己做起、购买可降解的餐具洗洁剂、使用低流量的淋浴头、回收废旧瓶子、购买节能的小型汽车等。对于一个致力于获得更加富有的生活方式和无限制的经济增长的消费型资本主义社会，所有这些行动几乎都毫无意义。要想大幅降低能耗，唯一的出路就是大幅降低生产和消费，并从根本上改变社会运行模式，从一个无止境追求财富的社会转变为一个节俭富足的社会，在这种社会中只进行少许生产和消费就可以使经济稳定健康运行。

8.2.6 忘掉新能源

以上观点没有一个是排斥新能源利用的，并且认为社会中能源的需求要尽快完全由新能源进行供给。第 11 章也将会分析新能源如何维系一个可持续发展及公平的社会。但是上文的讨论所得出的一般性结论却是新能源难以维系消费型社会。

第❾章　为什么核能并不是所要的答案

新能源不能替代化石燃料，这是一个被普遍接受的观点，这也是进行核能发电的有力支撑。下文将深入分析为什么核能不能解决能源问题，即便核能有能力解决能源问题，也不会采用。

9.1　核燃料

Leeuwin 和 Smith（2003，2005）对全球铀资源及其利用成本进行了分析，通过分析发现目前全球高等级的铀储量十分稀少，在一个靠核能进行能源供给的社会中，大约用不了几年就可以将这类的铀储量消耗殆尽。尽管如此，我们可以使用储量更为丰富的其他类型的铀功能，但通常这类铀的能源回报仅为 5，这就意味着在其 35 年的生命周期内，核反应堆可以实现净能源产出的时间为 28 年（Mortimer，1991）。如果目前全球电力需求要通过核能来满足，那么含有 0.2% 的二氧化铀的高等级的铀矿将会在未来 12 年中用完。

而大量的铀属于低等级的铀矿，集中度很低，只有 0.01%~

0.02%，但是 Leeuwin 和 Smith 认为，开采这些铀矿所耗用的能源比这些铀矿自身所含的能源还要多。虽然在海底也存在着大量的铀矿，但其集中度只有陆地上集中度的 1/1000，因此要进行开采所耗费的成本将极其高昂。因此，他们认为海底的铀"难以成为解决能源问题的答案"。

Leeuwin 和 Smith 对铀储量的分析在核能领域一直存在争议，他们还认为除非铀储量达到可开发量的 100 倍，否则在一个靠核能进行能源供给的社会中，这些铀储量用不了几年（详情参见下文）。

那么用钍代替铀怎么样？这除了会增加一种燃料储量外，其他并无差别。在用铀发电的过程中会涉及铀的再处理以及钚元素的使用，在整个发电过程中为什么不用钍元素，下文将做进一步分析。

9.2　所需要的反应堆个数

在核能时代必须要建立大量的核反应堆。要为 90 亿人按照发达国家的人均能耗标准提供能源，就需要 10 万座功率为 1000 MV 的核反应堆（如考虑到要转化为液态燃料的话，需要的数量会更多）。因此，未来发生核事故、核污染、核泄漏等的概率要比现在高 100 倍。如果按照目前能源需求的增长速度测算，到 2070 年要为 90 亿人按照发达国家的人均能耗标准供给的能源量可能将为目前的 5 倍。

如果这 10 万个核反应堆均为增殖核反应堆，并在每座反应堆中心放置 4 吨钚元素，这与法国 Superphenix 增殖核反应堆的钚元素量一致。这 10 万个核反应堆中的铀约为 100 万吨，其中 50 万吨可以在反应堆和后处理工厂（Reprocessing Plant）中反复循环。此外，核反应堆也有生命周期，平均每年都需要报废并封埋约 4000 座废弃的反应堆。

9.3　安全：事故率

即使一个核安全事故也可能使地球遭受长期的破坏，可能会在未来上千年中严重影响几十亿人的生存，直到放射性元素随着自然循环规律不再放射，因此我们需要高度重视核安全问题。

放射事故的结果是放射性元素在相当长的时间内不断地累积并进行辐射，如钚元素的半衰期（half-life）为 24000 年。但有时也会被误认为，燃煤发电的危害比核能发电还要大。燃煤发电的负面影响一般在 100 年之内都可以消失，但核能的影响一般是在核反应堆终止运行的几千年后才会消失。

关于核安全的一个有力论据是美国政府的 Price-Anderson 法案对核安全事故造成的危害设置了保险赔偿上限。如果没有这项条款，就不可能有核能的开发利用，因为保险公司根本不会允许对这类事故进行投保。如果核反应堆被认为是相对安全的话，保险公司将会做这笔生意。

9.4　恐怖主义与核战争

核工业的发展增加了受到恐怖主义袭击的危险，如通过盗窃、转移钚元素或者将核反应堆作为恐怖袭击的目标。通过增加循环中的核原料，核能时代会大幅增加政府或者恐怖集团将核能用于生产核武器的可能性。如果核燃料需要再处理，那么大量的核燃料就会暂时由某些公司所控制，他们有可能会将这些核燃料盗走一部分。总之，一次核事故就足以使地球遭受长时间灾难性的破坏。

9.5　解决温室问题

核能发电也会产出大量的二氧化碳，这些二氧化碳不是由核反应堆的运行所产生，而是在开采核燃料时所产生的。Fleming（2006）认为，核能发电的产出量约为燃煤发电产出量的1/3（尽管其他一些人认为对于燃煤发电而言应该是这样，但是对于燃气发电，这一比率有点过高）。在任何情况下，核反应堆都仅产出电能，因此核能发电不会对碳排放量产生影响。如果所有电能的需求都由核电来供给，那么二氧化碳排放量可能会下降30%。

9.6　核废料问题

关于核废料的处理各方有着不同的意见。要找到一个合适的潜在核废料封埋地点是非常难的，这要求这一地区在过去很长时间内没有地质活动，而过去没有地质活动并不意味着将来没有。尤其不确定的是，温室效应问题对降雨的影响，并进而会影响到一个地方的地质与水文。在一些长期受到干旱影响的地区，未来可能会遭遇到不期而遇的特大洪水。在合成岩石的过程中，会在不溶性玻璃中产生大量的废弃物，那么这就需要对这些废弃物进行加工处理，但这个过程中也会遇到很多棘手的问题，如污染外部环境的问题、恐怖分子将高放射性材料转移出去的问题。

实际上，没有人愿意将这些核废料封埋在他们的住所附近。这就意味着，最佳的封埋地点应该是在美国或者澳大利亚的沙漠地区，因为这里人迹罕至。那些极度贫困的第三世界国家可能也愿意将这些废料封埋在他们的国家，因为他们可以借此获得一笔可观的收入。产生这些核废料的发达国家会继续对封埋在第三世界国家的核废料进行安全监控，因为这些国家出于减少开支的目的，一般会对封埋核废料的地方的安全性疏于管理和监控。但一些发达国家却认为，封埋在第三世界国家的核废料的安全性应由这些国家来负责，这正如第三世界国家由于种植园的种植条件变差，而不能为发达国家的超市供给农产品，那么责任则在于第三世界国家，而不在于发达国家。随着最优的核废料封埋地点逐步用完，就要逐步转向次优的封埋地点。

在逐步放松管制、自由化并依靠市场的力量调节社会运行的年代，最小化国家对经济社会的干预及国家权力，强化政务公开以及新闻自由等已成为社会发展的主流。在这种情况下，政府会想尽办法去服务企业。处理核废料的任务也是由企业来承担，而企业的目标是最小化成本，相应地监控的力度也会减弱，同时还会最大限度地避免核安全问题的发生。其实，他们的最高利益还是利润最大化，迥异于公共的福利机构等。目前，占据主导地位的新自由意识形态会使政府进一步放松管制，让企业做它们想做的事，坚决避免直接干预市场机制的发挥。

过去几十年来产生的核废料目前都处于封埋状态，并且需要永久地对其安全性进行监控。这样一来就会消耗大量的能源，从而降低核能的能源回报率。此外，对于已经报废的核反应堆的处理同样也需要消耗大量能源。

9.7　仅用来发电的核能

能源仅仅可以产出电力，而对于其附带产出的废弃热能也可以收集加以利用。目前，仅 20%的发达国家采用核能来发电。因此，在假定氢能产出效率低下的情况下，除非用氢能储存，否则核能发电并不能满足大多数的能源需求，这在第 6 章已经分析过。此外，要采用核能发电还需要在现在核反应堆数目的基础上成倍地增长。

9.8　道德问题

核能的利用也产生了棘手的道德问题，未来几百年内的人们将会享受到核能发电的大量好处，但却将风险与成本遗留给了子孙后代，对于那时候地球上生存的所有物种而言，他们将得不到任何核好处（核能的倡导者认为，未来若干代的人们将会从核能时代的发展中获益）。

9.9　环境

获取大量能源实际上是给地球生态系统敲响了丧钟。虽然我们可以不断增强处理和应对环境问题的能力，但是我们这种能力的增强远没有资源开发的速度、生产和废弃物的产出快，因为通过这一系列的开发和生产可以把人们的生活水平提高到更加富裕的水平，并实现无止境的经济增长。

9.10　长期积累的健康、遗传和死亡威胁

只有当我们有足够的证据支持而得出究竟核能对生态环境有多大的影响时，我们才能判断开发核能是否值得。尽管没有发生核泄漏事故，核物质也会向环境中释放放射性。在日常运行中，核反应堆所释放出来的放射性是非常小的。最令人担忧的是，对于铀矿残渣放射性的处理，因为要妥善地处理，所以这个过程成本非常高昂（Fleming，2006）。

对于核放射产生的长久的破坏性影响，目前我们还没有万全之策。一些核放射性物质可能会进入生态系统以及人体内并进行不断循环，其放射性持续时间之长，甚至达到上万年、十几万年。长期性的较弱的辐射经过长年累月的聚集也会产生破坏性的影响。目前，我们无法对核辐射的影响设置底线，这一点已人所共知，因为我们不知道低于何种辐射标准才不会产生破坏。Monson（2004）再次强调了这样一个结论，"科学研究表明，对于在多么低的辐射水平下，才是破坏性的或者是有益的影响，目前还没有一个标准"。

这就意味着我们应该认为这些辐射对于健康而言都是有影响的，因此我们必须要考虑全球 70 亿人口在未来几百年中累计受到的核辐射总量。例如，如果一个很小的辐射在 100 万人中仅导致了 1 人死亡，那么在未来 1000 年中，全球 70 亿人口因核辐射导致的死亡人数总量将达到 900 万人。

　　燃煤发电也会对人体健康产生严重的影响，因此一些核能倡导者就认为，在分析核能破坏性影响的同时，燃煤发电的严重影响不能被忽视。然而，正如上文分析的那样，燃煤发电站即使产出1千瓦时的电量也会产生影响，但其影响一般在该发电站报废后也就随之消失，而来自核反应堆的辐射可能会持续几万年甚至是十几万年（燃煤发电站也会从煤炭中产生一些辐射，不过其辐射强度十分弱）。

　　我们所关注的核辐射的严重影响，包括疾病、遗传基因破坏以及畸形婴儿、死亡（包括人、动物及植物）。因此，现在我们应该知道的是：每产出1千瓦时的电量，在未来很长一段时间内对人类的死亡以及遗传基因产生的影响。目前，我们并不清楚这些影响最终能导致怎样的后果，除非我们不负责任地大量开发核能对他人造成严重的辐射，并认为"值得这么做"，可以享受到核能带来的好处。

9.11　增殖反应堆

　　铀矿的稀缺意味着在核能时代必须要依靠增殖反应堆（下文或者称核聚变反应堆）。增殖反应堆远比现在我们采用的常规反应堆复杂危险得多，因为这涉及燃料铀的后处理以及钚元素的萃取。过去的实验也证明这其中隐藏着大量潜在风险，并一直以来没有进行大规模投入。从过去的经验看，增殖反应堆运行过程中面临着诸多问题，达不到预期效果，难以满足核能时代的要求。此外，这还涉及大量十分危险的铀的海上运输。考虑到海盗在航道附近大量的渗透布局，这些危险的物质可能会被恐怖主义集团掠去，用于制造威力极强的炸弹。据测算，10 kg这样的物质就能制造一枚钚炸弹。目前，在用的核反应堆一年可以产出约200 kg这样的物质。

反应堆中燃料的再处理过程中，除了核废料的储存以及反应堆的安全问题外，还涉及几个其他问题。目前的再处理工厂 Sellafield 也面临着诸多问题，如担心对当地土壤及海水的污染以及对人身体健康的破坏。在增殖反应堆时代，将会涉及来自成千上万座核反应堆的极其大量的废燃料的再处理。

未来在铀物质中的钚元素的增值速度提高到何种水平才能驱动增殖反应堆运转，但目前还不得而知（Leeuwen 和 Smith，2003）。

9.12 聚变反应如何

尽管过去几十年来开展了大量昂贵的实验，Leeuwen 和 Smith 仍认为，近年来关于受控聚变功率能否达到这个问题引来了越来越多的质疑。如果核反应能够正常进行，那么核反应堆将是构造极其复杂、造价极其昂贵的，产出的能源售价相应也非常高。Leeuwen 和 Smith（2003）认为，在这个过程中海水可以作为氚燃料的来源，但目前我们了解到这个过程很难实现净能源产出。

9.13 人类按动核按钮

最后，没有核反应堆或者系统设计，或者故障安全条款能够确保核能与生俱来的缺陷不被暴露出来，因为一旦核电站由人类控制，就难免会犯下错误，包括推翻故障机制或者是违反固定程序。这也是切尔诺贝利核电站发生惨剧的原因。此外，目前关于保障第四代核反应堆的安全性的对策仍然没有显著进展。因此，对于燃煤发电而言，即使犯了错误也无关紧要，但是对于核能发电来说，一个微小的错误就可能会对世界造成灾难性的破坏。

第❿章 更宽广的视角：可持续性与公平困境

现在，有必要进一步拓宽我们讨论问题的视角。能源问题仅仅是消费型资本主义社会所面临的诸多问题中的一个，目前正变得越来越严峻。40多年来，关于"增长瓶颈"的研究文献越来越多，并认为目前的社会发展模式不可持续并存在着先天性的不公平现象。

"增长瓶颈"观点的核心要旨是我们目前所处的社会难以解决目前所面临的诸多全球性问题，因为这种社会发展是通过一味追求高产出和高消费、更富裕的生活水平、市场力量、利润最大化以及经济增长等因素所驱动的。社会发展所产生的资源需求是生态破坏、第三世界国家贫困、资源枯竭、社会冲突与堕落的直接动因。除非我们选择一种更为简单的生活方式，采取一种自给自足和合作性的途径来形成一种与目前经济形态完全不同的新型经济模式，否则这些问题难以得到有效解决。第11章将会做进一步分析。

需要再次说明的是，能源枯竭仅仅是我们所面临着的所有警示性问题中的其中一个问题；即便新能源可以提供我们所需要的所有能源，我们所面临的"增长瓶颈"这一困境将依然存在。的确，我们占有的资源越多，就越有消耗的冲动，比如开采矿山、伐木、海上采油、修水坝、城市开发、清理土地、旅游、购物等。

当前社会中存在两个主要的错误，正是这两个错误导致了我们现在所面临的这些问题。第一个错误是通过前所未有的大规模生产和消费，一味追求高水平的生活标准及经济增长。第二个错误是使竞争成为市场中最主要的决定性因素。

10.1　错误一：我们远没有达到可持续发展所要求的生产和消费

以下是一些关于"增长瓶颈"的最有力的论据。

● 占全球人口 1/5 的发达国家消耗了全球 3/4 的自然资源。发达国家人均石油消费量大约是世界上最贫困国家的 15~20 倍。大约在 2060 年前后，世界人口将会基本稳定在 90 亿，如果那时候全球所有人都按目前澳大利亚人均能耗标准消费能源，那么能源的产出量必须为现在的 8~10 倍，才能满足能源需求。如果我们将现在的全球生产水平提高到 2060 年预计达到的水平，那么到时大约 1/3 的矿产资源都有可能被我们消耗殆尽。所有的煤炭、石油、天然气、焦油砂油、页岩油以及铀矿（通过燃烧堆）等到 2050 年将会消耗殆尽（Trainer，1985，第 4 章及第 5 章）。

● 石油资源将变得异常匮乏。正如第 1 章开始所分析的那样，很多地质学家都认为，全球石油的供给量在 2010 年达到顶峰，在 2025~2030 年将下降到 2010 年的一半左右，而 2010 年后的石油价格将出现大幅上涨趋势。因此，对于消费型社会而言，短期来看关于"增长瓶颈"的问题也是存在的。

● 如果全球 90 亿人口都按照发达国家人均木材消耗标准消耗木材，那么到时需要的木材供给量需达到目前的 3.5 倍。如果 90 亿人口都按照发达国家的人均餐饮标准消耗粮食，那么就需要人均 0.5 公顷的土地种植庄稼，即全球需要供给 45 亿公顷的农田。但是目前农田面积仅为 14 亿公顷，并且也不可能再增长了。

● 最近通过生态足迹分析（Wachernagel 和 Rees，1996）得出，在澳大利亚要为一个人提供生活所需的水、能源安置区以及食物所要占用约 7 公顷的土地，而美国的数据接近 12 公顷。以此类推，如果全球 90 亿人口都按发达国家的标准生活，那么我们将需要 700 亿公顷可供利用的土地，但是这是目前可用土地的 10 倍。

● 正如第 1 章所分析的那样，气候变化政府间协调机构估计，如果要使大气中的二氧化碳维持在临界水平，并且假定每个人都公平地消耗碳，那么发达国家的二氧化碳排放量就必须减少到目前排放量的 5% 以下。

以上就是关于"增长瓶颈"的主要论据，由此我们可以得出，要让全球所有人的生活标准都能提升到发达国家的生活标准是不可能的。按照消费型社会的发展模式，目前我们唯一能做的就是沿着这种模式一直走下去，原因是我们正在快速地全部消耗掉大多数的稀缺资源，在这个过程中既得利益者会试图阻止每个人在利用资源上拥有公平的机会。因此，从道德上讲，我们应对当前富足的生活方式予以否定，故我们必须采用更加节能的方式进行发展。但不幸的是，目前几乎很少有人真正理解为什么要降低能耗并需要身体力行之。

10.1.1　人口

从以上分析中，可以得出这些问题产生的根源应归因于人口膨胀。然而，目前，我们面临着的最为严峻的问题不是人口膨胀，而是过度消费。

10.1.2　环境问题

环境问题产生的最简单的原因就是，过度的生产和消费（参见 Trainer（1998）更为详尽的分析）。

目前，我们生活需要消耗大量的资源。据统计，每年每个美国人都要消耗超过 20 吨的资源，而要产出 1 吨的资源就需要 15 吨的水、土壤及空气（产出黄金的资源消耗比是这个比率的 35 万倍）。而所有的这些资源都必须来源于大自然，并且很多马上就会当作垃圾丢掉，并会污染环境。

当前最为严重的环境问题就是动植物物种的灭绝，主要原因是这些动植物的栖息地遭到严重破坏。按照生态足迹分析法进行分析，如果全球 90 亿人口都按照发达国家的生活标准生活，那么人类所需要的农田面积将是现在面积的 10 倍。显而易见，我们现在的高耗能生活方式需要大量的土地和资源作保障，同时这也是大量动植物物种栖息地遭到破坏的直接原因。

大多数关于绿色环保以及可持续发展的言论最终也没有达到理想效果，因为这些言论认为仅仅使我们目前的生产、生活方式以及经济能够实现可持续，目的就达到了，但是他们却忽略了关键矛盾，即要做到可持续必须要降低生产和消费、生活水平以及 GDP。此外，他们还忽略了一个重要的现实，即要实现可持续发展必须将资源消耗量降低 90%，就要逐步停止进行工业生产、贸易、旅游以及商业交易等，换句话说，如果不能从根本上做到对社会发展模式进行前所未有的根本性变革，可持续发展是不可能实现的。

10.1.3 第三世界国家的发展

如果以上对"增长瓶颈"的分析是正确的，那么第三世界国家沿袭传统发展模式实现经济社会发展就是不可能的。如果全球90亿人口都按照发达国家的生活标准，却没有足够的资源作保障，就不要说资源消耗的速度与经济增长的速度保持一致了。然而，目前大多数关于发展经济学方面的文献都认为发展中国家赶上发达国家是理所应当的。[1]

10.1.4 武装冲突

如果所有的国家都通过消耗稀缺的资源肆无忌惮地追求财富、生产、消费的增长以及生活水平的提高，那么这样长期下去，国与国之间的武装冲突将在所难免。发达国家富裕的生活方式需要有大量的武器装备来保护它们的"帝国"在资源消耗上具有特权。这样的话，很多从事和平运动的人们都认为，极少数国家通过特权大肆消耗资源而剩余国家也想通过大量消耗资源达到发达国家的生活水平，然而这两者之间的矛盾是不可调和的，那么要维持一个和平的世界也是痴心妄想。如果我们想维持富裕的生活，就需要强大的武力装备做保障，这样一来就可以阻止任何企图挑战"特权"的其他国家（参见 Trainer（2002）更为详尽的分析）。

10.1.5 经济增长的荒唐后果

以上讨论主要是针对当前的生产和消费是不可持续的，因为生产量和消费量相对于资源来说是非常的高，以至于不可能长久地持续下去或者将发达国家的生活水平扩展到全球所有的人口。然而，目前我们却在大量消耗资源，致力于提高生活水平以及生产和消费水平，并且这一过程没有止境。目前，发达国家压倒一切的任务就是保持经济增长。从人们的满意度来看，并不是人们想得到越来越高的收入、财富等，导致这一切的根源在于我们目前的市场制度体系，因为市场经济机制的核心就是如果没有持续的生产和消费的增长，这种制度安排就会失灵。

例如，随着科技的进步，所需要的劳动力将会越来越少，因此如果消费不能保持持续的增长，那么失业率就会攀升。更为重要的是，在银行放债的同时，这些贷出的货币就会重新进入金融市场用于贷款，同时贷款人还必须按时偿付利息。除非通过不断增长的生产来获取收益，然后再用收益偿还不断增长的贷款本息，否则的话，这个荒唐的资金循环是难以持续下去的。总之，资本要通过实业公司和银行不断地累积，同时累积的大量资本还必须要有足够的投资机会将其释放出去。

但是很少人意识到这样一个荒唐的过程却是无限经济增长的产物。如果明年产出增长 3%，那么到 2070 年的年产出量将为目前的 8 倍（如果增加 4% 的增长速度，那么就会高达 16 倍）。如果到时候全球人口为 90 亿，并且假定所有人都按照发达国家的生活标准生活，彼时生产的年增长速度仍假定为 3%，那么到 2070 年的年度经济产出量将会达到目前年产出量的 60 倍之高！总而言之，目前的生产和消费水平是不可持续的。

10.1.6　能源需求的增长

新能源能否满足消费型资本主义社会的能源需求并不是指能否满足现在的能源需求，认识到这一点是至关重要的。因此，这个问题的关键是新能源能否确保所消耗的大量产品和服务能够保持持续的增长，在这个过程中能源需求也会随之增长。

尽管对于未来的能源需求情况的估计差异很大，但是目前能源需求正在大幅快速地增长，这是千真万确的现实。ABARE《2010 年能源展望》显示，澳大利亚 20 世纪 90 年代的年度能源消耗平均增长率为 2.5%。澳大利亚年鉴显示，在 1982~1998 年，澳大利亚能源消耗增长了 50%，年度算术平均增长速度为 3.13%，并且该增长速度近些年来呈逐年递增趋势。然而，ABARE 却预测说，澳大利亚的能源需求将会下降，到 2040 年能源需求增长速度将下降到 1.9%，这就意味着到时的能源需求将会在目前能源需求量的基础上翻番。

2003 年 7 月，澳大利亚电力协会预计未来五年能源需求年增长速度将达到 3%，鉴于能源需求的快速增长，该协会发出警告称未来几年可能会实施用能管制（澳大利亚广播公司新闻，7 月 31 日）。Robbins（2003）的研究报告指出，未来 10 年中，新南威尔士州、昆士兰州以及维多利亚州的电力需求增长速度将分别达到 3.1%、3.5% 以及 2.6%。Poldy（2005）的研究显示，未来 100 年中，澳大利亚的能源消费将与 GDP 呈高度的正相关关系，他还估计过去几年，年度能源消费增长速度已经达到了 3.6%。2004 年，世界能源消耗量出现了一个大的跃升，当年能源消耗增长速度达到了 4.3%（Catan，2005）。

因此，过去一直致力于经济增长的努力将会使这个问题变得更加严峻，反过来还会使其他能源的供给出现问题，因为这些能源也已经成为了能源消耗必不可少的一部分。例如，如果燃料的成本大幅提高，那么食物和矿产的成本也会提高，甚至大学的学费也会提高，因为要得到这些必须消耗燃料。在上文中已经分析了，新能源不能满足目前电力和液态燃料的需求，但是如果对经济增长速度施加一下约束，那么到 21 世纪中叶能源需求量将为目前能源需求量的

3~4 倍，并且以后每隔 35 年就会翻番。

通过对错误一的分析，我们得到：消费型资本主义社会确实是不可持续的。目前，我们已经消耗了未来相当长一段时间内的生产、消费、资源以及财富，更不用说将全球人口的生活都提高到发达国家的水平。就是在这种情况下，我们当前一切的重中之重还是毫无节制地追求增长。这就是所有可持续性问题的根源，这些问题现在已经危及到了我们的生存。

10.2　错误二：市场机制本质上就是不公平的

虽然市场是万能的，并能够在理想中的可持续发展社会中扮演主导角色，但是在现实中要实现这一点，必须对市场的力量实施谨慎的控制。显而易见，目前的市场体系应当对世界上的贫困和苦难负有不可推卸的责任。当我们看到第三世界国家的现实情况时，市场机制的副作用就更加明显（详情参见注释 2 中的网站）。事实上，第三世界国家的大量的贫穷和苦难不应归因于资源的匮乏，比如在这些国家他们都有大量的土地和食物，问题的根源在于对这些资源的不公平分配。为什么呢？答案就是：这就是市场经济运行的规律。

目前，全球经济已经可以看做是一个由市场主导的市场体系，那么在一个市场中，稀缺的资源总是流向富有的人，也就是说，他们有足够的财富购买。这也就是为什么我们发达国家总是能够获得更多的石油资源，以及每年都有超过 5 亿吨的粮食运送到发达国家，这 5 亿吨的粮食其实就相当于目前全球粮食总量的 1/3，然而目前全球还有 12 亿人口营养不良，8.3 亿人口处于饥饿状态。

更为重要的是，市场机制将会不可避免地造成第三世界国家畸形发展，如发展不具有要素禀赋的产业。此外，还会促使他们发展暴利产业，而不是发展那些有助于增强第三世界国家经济实力的产业。结果在第三世界国家中就会出现大量的种植园和工厂，主要为本国富人或者发达国家生产，并且发达国家的城市一般都建设有高速公路和国际机场。但是在这些第三世界国家中，却没有发展那些最穷困的人需要的产业，这些穷人要占到全部人口的 80%。在市场经济中，第三世界国家的生产能力，如他们的土地、劳动力等，通过市场机制的引导自发地为发达国家进行生产。其中最匪夷所思的就是出口粮食，许多贫穷和饥饿的国家将最优良的土地用于种植粮食并出口到发达国家的超市中，而在这些国家种植园中劳作的工人却是世界上最为贫穷的人。

这都是市场机制产生的不可避免的结果，在这种体制下大量的商品和资源流向掌握资本的极少数人，而不是流向那些最需要的人。只要我们让市场机制继续主宰经济发展，使世界财富不断流向富人，那么第三世界国家的贫困问题就永远无法解决。

传统的经济学通常被定义为实现经济增长的发展。因此，实现的发展通常会比资本拥有者最大化的投资利润多一些，如跨国公司和银行。这些机构绝不会将资本投资于第三世界国家最急需发展的产业，如廉价的日常必需品、水务以及为贫困者提供的廉租房等。他们的投资主要是充分利用第三世界国家的土地和劳动力，为发达国家的超市提供大量商品。因此，这些贫困国家大量的生产能力要么用来服务发达国家，要么就闲置下来。

换句话说，这种发展已经被严重扭曲了。例如，对于孟加拉国的人们而言，他们每天都要花费 15 个小时生产衬衣然后出口，如果他们将这些时间和精力用于农田和公司，并产出他们所必需的商品，境况要比现在好很多。

因此，我们发达国家的富足和安逸是建立在全球不公平的市场体系基础上的。看一下我们所购买的商品的标签，如果生产这些商品的工人们要获得一份满意的工资，我们要支付多少钱呢？如果用生产咖啡的大量土地为穷人生产粮食，那么我们需要为购买咖啡支付多少呢？如果目前全球生产体系不能再确保发达国家利用"特权"瓜分世界财富以及盘剥第三世界国家的人民，即使这样，发达国家中也很少有人会认为他们将不再享有高水平的生活质量。我们可以去超市购买咖啡，然而生产这些咖啡的土地本应该是用于为第三世界国家的人们种植粮食的。目前，世界上还有 10 亿的人口生活在赤贫的状态下，根本原因在于我们夺走了他们的财富，并用他们的土地和劳动力用来生产满足我们生活的商品（但这却不是唯一的原因）。正是由于这些原因，如果发展中国家仍然采用这种发展模式，那么无疑他们或将成为另一种形式的"合法的偷盗者"（Goldsmith，1997；Chossudovsky，1997；Rist，1997；Schwarz 和 Schwarz，1998）。

这些过程和影响绝不是偶然的或者无意的，它们完全是有意识的结果或者是蓄意而为。我们必须意识到发达国家已经拥有或者掌控了全球经济"帝国"的运行。其实，全球经济就像一个帝国，在这个帝国中富国为寻求满足自身的利益行事，并在必要时诉诸强权和武力压制，以确保第三世界国家能够服从它们的要求。

首先，来看一下发达国家厚颜无耻的虚伪。它们一再要求第三世界国家应该取消对出口产品的补贴，而发达国家每年却要用几百亿美元去补贴它们出口的农产品。发达国家要求资本能够自由流动，并能在第三世界国家进行自由投资，但是第三世界国家的劳动力却没有自由劳动的权利，而必须按照发达国家的要求进行。虽然它们将苛刻的条件强加于负债累累的贫困的第三世界国家，但是不幸的是，这也适用于目前全球负债最高的美国。

此外，还有"结构调整一揽子协议"，这会迫使第三世界国家的政府给予跨国公司最大的经营自由，与此同时这些跨国公司也就控制了这些国家的命脉。[2]

最终，发达国家依靠它们所建立起来的独裁式的"统治体制"一方面"帮助"附属国发展；另一方面凶残地打压反对这种体制的人们，它们纵容并参与恐怖主义，侵略、攻击并杀害数以千计的无辜民众，目的是控制它们对全球经济的控制权，并确保弱势国家对它们的服从。这种干预过去经常称之为"颠覆共产主义"，但是现在却冠冕堂皇地称之为"人道主义干预"以及反恐。[3]

因此，通过反思第三世界国家的问题，我们更加清晰地认识到目前这种市场经济体制是如此的令人不满意以及如此的不公正。这种体制允许投资、就业以及资本流向获益最高的地区，但却忽视了其他方面，并且还大量占有第三世界国家稀缺的资源，它剥夺了大多数人追求公平的权利。这种机制驱使贫穷的国家将其肥沃的土地用于为发达国家生产商品，但只给他们分配极少量的收益，它们彻底打破了地球上的生物生存法则，而这种法则不能在市场中获得，并应高于市场。

传统的发展经济学家指出，第三世界国家也出现了经济的快速增长，如中国、印度等，是不是这也意味着消费型资本主义道路在第三世界国家也能行得通。当然，在竞争性的全球经济体系中，一些地区可能通过击败对手成为赢家，因为他们能够以更低廉的价格获得劳动力和其他资源。但是我们可以看一下生活在非洲的 20 亿人和 50 个穷困潦倒的小国家，全球化给他们带来了什么好处。考虑到未来将进入资源极度紧缺时代，中国和印度长期以来依靠大量资源消耗的经济增长未来将走向何方？发达国家对全球和平和安全的承诺未来又会如何？

传统经济发展理论所隐含的概念性错误与实践一直以来都是从来没有人质疑的假设，并认为只有通过投资才能实现经济发展。这样的话所导致的必然结果就是：只有通过交易和贸易才能赚钱，然后再用这些钱去购买商品。发展的过程其实就是资本投资收益最大化的过程，因此只有投身全球经济浪潮，积极参与商品交易，才能获得发展；然而这个过程中出现极端的不公正的情况在所难免，要想获得令人满意的发展成果需要几代人的不懈努力。第 11 章一个更简单的视角所勾勒出的愿景与以上假设存在着矛盾。如果人们能够控制属于他们自己的土地、劳动以及资源，那么他们就能够很容易地实现令人满意的发展（参见注释 1）。

　　除非发达国家停止利用"特权"占用更多的世界资源，除非由需求而非市场机制以及逐利动机（逐利动机会使资源分配自动地向发达国家倾斜）来决定经济发展和财富分配，除非第三世界国家能够使用他们自己的资源致力于满足本国居民需求，否则第三世界国家不可能实现持续的令人满意的发展。总之，除非我们再创造出一个完全不同的全球经济运行机制，否则要实现可持续的令人满意的发展亦是不可能的。换句话说，如果我们的发展模式和生活方式不转型为一个更简单的方式，那么要解决这些问题也是不可能的。

10.2.1　全球化

　　目前，我们已经进入了一个各类问题和矛盾加速激化的时代，所有这一切都源自于经济的全球化。在 20 世纪 70 年代，全球经济经过大繁荣之后，就进入了一个多事之秋。这对于大型公司以及银行而言，要使其逐步积累的大量资金投资出去，并获得最大化的收益变得越来越难。结果巨型公司和银行重塑了全球经济生态，使全球经济成为一个更加一体化、自由化的市场体系，在这个体系中，他们扫除了以前阻碍他们获得更多商业机会、占领更大市场、获取更多资源和廉价劳动力的种种障碍和管制。

　　目前，"自由的市场机制"已成为至高无上的、神圣的准则。其目的在于向政府施加压力，使他们消除贸易保护、关税与市场管制，因为过去他们通常运用这些手段对本国的经济和社会发展进行管理、规范、激励、保护和引导。这样一种变革可以确保跨国公司在全球市场中无孔不入，获得大量的商业机会、资源以及占据更大的市场，然后使第三世界国家按照他们的意愿来发展，而不是按照第三世界国家自身的需求来发展。

现在全球化造成的最为严重的后果就是使数以百万计的人们生灵涂炭，尤其是第三世界国家的人们。全球化彻底废除了过去只有极少数人才能进行买卖和贸易的制度安排，打破了自给自足的经济体系。现在跨国公司可以充分利用全球化获得更多的商业机会来扩大他们的贸易范围。因此，全球化的过程其实就是跨国公司和银行获得巨大物质财富的过程。[4]

公司可以通过筹划来最小化纳税支出，尤其是通过在其所属的子公司之间进行"转移支付"进行纳税筹划。政府必须降低公司税负，也就是说，通过税收制度改革使它们的国家在吸引跨国公司方面更具有竞争力，这样可以使更多的公司将它们的海外工厂设在该国（根据最近一年的统计，澳大利亚一半的跨国公司及其分公司都没有在澳大利亚缴纳过税金）。因此，政府在削减福利支出、教育及健康支出上面临着巨大的压力，从而就会将税负从企业转嫁给劳动工人。

全球化战略对跨国公司、银行以及发达国家来说是一个决定性的胜利。然而，不平等却在快速地恶化，在全球化中只有很少人变得更富，在大多数地区穷人依然贫穷，甚至发达国家的中产阶级也被掏空。全球化其实就像一个傲慢的偷盗者，它使大量的财富都流向了跨国公司、银行以及公司所需要的高技能的工程师与技术专家。这样一个趋势很具有警示意义：目前我们正在走向一个由少数超级富豪精英主宰的世界，他们在这个世界中只做对他们以及他们的利益相关者有利的事，同时却快速破坏着社会的凝聚力以及地球生态系统。

那么，为什么政府心甘情愿地采纳"新自由主义"的政策呢？答案是：由发达国家主宰构建的全球经济系统使它们别无选择。尽管政府不相信新自由主义政策，但是它们所领导的国家想要在全球化的世界中生存，必须选择这样做。在目前高度竞争的全球经济中，政府必须削减生产成本，放松对公司经营的管制，使它们出口的商品更廉价、更具有竞争力，从而吸引更多的外商投资。如果政府不这样做，在逐步高度开放与竞争的世界中它们的国家将难以生存。此外，国家信用评级下降会导致国家难以吸引来海外投资，相应地，它们的公司用于投资的借款利率就会提高，从而它们的出口商品在国际市场中就不再具有竞争力了。

虽然全球化的其他一些方面，如互联网，使生活更加便利，但它们仍然解决不了目前面对的问题，因为：①当前经济全球化将会不可避免地加速全球性的不公平；②增长瓶颈的分析表明，经济全球化不能解决世界的可持续发展问题。因为，在这个世界上，没有哪个地方的能源和资源可以供交通、旅行以及贸易无限地消耗。一个可持续发展的世界必须建立在小型的本土化的经济体的基础上，并且贸易距离应该尽可能地短。

10.3 关于目前处境的结论

目前的社会经济系统已经病入膏肓，是不可能解决目前所面临的问题的，通过以上的分析讨论，这一点已经非常明确了。虽然目前的经济体系也带来了一些益处，但是它的核心原则有着致命的缺陷。如果我们任由市场机制、逐利行为继续主宰我们的经济用于追求他们的生活方式和更高的经济增长，那么要实现一个地位上公平、道德上满足、生态可持续发展的社会是不可能的。在一个令人满意的经济体中，应该由人的需求、社会以及环境来决定经济的运行，而不是由利润来决定（这并不意味着要走社会主义道路，也并不意味着在一个满意的经济体中不允许市场和私营企业的存在，参见第 11 章）。

　　需要强调的是，我们离可持续发展的生产和消费水平还有多远。以上的数据表明，要做到这一点，我们在拥有高质量的生活的同时，未来必须使人均资源消耗仅为现在的很小一部分。

　　总之，消费型社会在面对这些令人担忧的挑战时，显得异常力不从心。大多数人根本不会认识到，他们所享受着的高水平的生活是建立在不公平的全球经济体系基础上的，这种不公平导致每天都有成千上万的未成年儿童死于饥饿和疾病。因此，从根本上说这种生活方式也是不可持续的。事实上，他们把无限地提高生活水平和 GDP 作为最高目标，而没有意识到问题的根源所在，他们这种逻辑已经被证实是完全错误的。的确，在政界、学术界、传媒界、教育界以及公众中，对这种观点都普遍存在着一种否定。

　　需要再次说明的是，能源问题仅仅是目前全球不断恶化的经济形势下很多问题中的一个。当可持续发展和公平受到扼杀的时候，除非我们转换为一种能耗更低的、更加简单的生活方式，否则试图要解决这些全球性问题的一切努力注定是徒劳无功的。也就是说，如果不抛弃消费型资本主义社会运行的核心逻辑，实现社会的根本性变革，那么要实现可持续发展毫无希望。其实，如果我们每个人都愿意做的话，那么要做到这一点也不是什么难事。第 11 章将会对新型社会模式进行详细分析和描述，并指出新能源在其中扮演的角色。

第⑪章　更简单的生活方式

　　如果前文的分析是正确的，未来消费型资本主义社会的基本生活方式、思想、消费观必将面临巨大而又深刻的变革。变革推进的节奏并不是重点，关键是可持续发展的核心原则应该是什么？第10和第11章给出的答案已经很清晰了。这些章节认为可持续发展就是实现极低的生态足迹以及较少的能源消耗，但最重要的是生活方式、政治经济体系、居住环境以及价值观都应发生根本性的变化。因此，首先讲清楚这些生活方式的来龙去脉也是至关重要的，否则的话关于能源的论述将会失去意义。

　　很多研究过全球性问题的人都会或多或少地认为，如果我们不遵循以下基本原则的话，所有这些全球性问题都将无法解决。

　　● 物质生活不能达到富裕的水平。在一个可持续发展和公正的社会中，人均资源消耗必须是目前澳大利亚的很小一部分。

　　● 建立起来一个完全不同的经济体系，在该体系中人们以及生态系统的需求是经济运行的驱动因素，而不是市场的力量或者逐利动机（尽管也不能完全排除这两种因素的作用）。所以，可持续发展的经济应是一个能够以最小产出和消费量来支撑较高生活质量的经济，同时 GDP 与目前相比也相当的低，且没有增长，只需维持经济的正常循环即可。

● 可持续发展的经济应是小型的高度自给自足的地方性经济。

● 可持续发展的经济应是合作型、参与型的地方性经济系统，在这个系统的小型社区中，居民实现自治，并很大程度上独立于国家、独立于日渐衰落的国家经济与全球经济体系。

● 我们必须从根本上改变我们的价值观，尤其是要抛弃竞争、个人主义以及好奇心，并逐步彻底转变为以节俭、自给自足、合作、参与以及精神层面的满足为核心的价值观。

那么能够替代消费型生活方式的应该是更简单的（但是更富裕）生活方式。虽然生产、消费、工作量、资源消耗、贸易、投资以及 GDP 都降低了，但是生活品质依然可以保证。不幸的是，任何关于戒除奢侈生活方式的动议都遭到了恐吓或者是漠不关心。主要的原因是人们还不理解，简单的生活方式并不会对高品质的生活造成威胁，并仍然能够享受现代科技带来的好处。以下的分析将会证明简单的生活方式应是高品质生活的关键，即便对于那些发达国家的居民而言也是如此。此外，简单的生活方式还可以使我们摆脱经济的停滞以及日益逼近的灾难，并促使我们追求生活中最重要和最令人满意的部分，而不是一味追求生产和消费。

要转向简单的生活方式其实也很容易——前提是我们都有足够的意愿去实现它。实际上，简单的生活方式是建立在简单的科技水平基础上的。我们要挽救地球，就不应该进行超乎想象的技术突破，或者不需太多的资本，而最根本的在于我们思维方式和行为方式的彻底转变。

以下是关于这种变化的简要描述，其实很多人现在已经意识到了，必须重塑价值观和日常行为方式，之后我们才能够对大幅降低能源消耗所带来的影响以及新能源满足能源需求的方式进行评估。

11.1　我的资格

　　以下关于简单生活方式的展望并不是基于客观实践的理论性的建议，而是基于现实中自给自足且勤俭持家的自耕农的生活经历，到目前为止消费型社会中也有他们的存在。此外，这也反映出全球生态村运动的成效，目前在这个村中数百个小组正在按照更简单的生活方式的原则努力地生活，他们中的很多人都付出了很大努力，并力图全面展现他们的社会实践；要解决目前的全球性问题，这些有益实践必须要进一步得到推广。

　　通过这些资料，可以说我已经对以下列出的生活方式非常了解了，这些生活方式可行、易操作且收效大。从我自身的经验以及对国际社会的观察得知，我们有很多种替代方法来确保我们的高品质生活。我知道要解决我们面临的问题并不需要精湛的科技创新；知道普通人和那些做杂活的人能够制造并维护小型风车、水轮、太阳能被动式采暖、12 伏的电力系统、甲烷沼气池、芦苇床水循环系统、水箱及其供给系统、温室等；知道一个人仅用手工就可以建造一座完美的、足够大的、节能的、漂亮的房子，其中的花费极小，可以忽略不计；知道不使用化学肥料、杀虫剂或者拖拉机也能够产出大量丰富的食物；知道可以使一个跨接器使用 30 年，手工工具使用 60 年；知道可以轻松地制作漂亮的家具、水泵、陶器、篮子、没有工厂的风能发电站等；知道可以很容易地开拓一片安置地，在这个地方人们不使用汽车；知道如何依靠贫困线以下的收入过上富人的生活；知道大量的收入、财富、财产并不必要也不重要；知道勤俭持家与自给自足才是最大的满足；更为重要的是，我还知道，在仅有很少量资金、专业技术以及政府参与的情况下，如何轻松而又快速地将现存的郊区改造得更加简单且实用——所有这些的前提是：我们大家认为这些都是必须要的，并值得我们付出努力。

然而，以下将要讨论的几个问题已经超出了我的专业领域与经验，因此对于那些看上去很有价值的社会体系，尽管目前还很难准确地说出如何进行最佳的组织，但是这需要我们以试错的方式去反复探索、实践。

11.2　更简单的生活方式

假定目前全球性问题中最关键的因素就是过度消费，那么可持续发展型社会最根本的原则就是我们必须远离高度物质化的生活，采取简单的生活方式，但这并不意味着贫穷或者艰辛，这意味着将生活的重心转向追求舒适、卫生、审美以及效率。其实，我们的基本生活需求都能通过简单的以及节能的设备及方式来满足，这与当今社会将其视为理所当然并将这些束之高阁形成鲜明对比。

采用更简单的生活方式，消耗最少量的资源，并不意味着这是我们为挽救地球而不得已必须要承担的令人讨厌的负担，我们反而应该视其为生活的满足与幸福的源泉。我们应该明白，我们要享受这样的生活，如节俭、循环使用、种植庄稼、节俭地使用土地，而不是一味地追求消费、堆肥、修理、制作水果罐头、过度生产并将废物留给他人，过着相对自给自足的家庭生活等。佛学的最高目标就是要达到生活方式的简单而精神世界的富足。

11.3　实现自给自足

在全国范围内，我们要尽可能做到自给自足，然而这就意味着即使在家庭层面也得要大幅减少贸易或交易，但是更为重要的是，要在社区、郊区、市镇以及地区之间减少贸易或交易。因为在一个资源十分有限的世界中，资源、商品以及劳动力的转移与流动应大幅降低，使之最小化，这也就是说，我们必须要建立大量的小型封闭的能够自给自足的经济体。目前，我们需要将贫瘠的郊区以及干旱的乡镇转变为欣欣向荣的经济体，在这个经济体中可以充分利用经济体中的资源和劳动力生产我们需要的产品。

目前，家庭经济总量已经占到了全国经济总量的1/2，尽管这一点经常被传统的经济学研究视而不见，并宣称其仅仅占据极小一部分。事实上，家庭可以成为各类生活必需品及服务的提供者，如蔬菜、水果、家禽、咸菜、鱼（来自于池塘）、维修服务、家具、衣服、教育、医疗保健、娱乐及休闲服务、社区支持服务等。

一个社区中也可以设立许多家企业，如面包房。这些企业也可以是一个大企业在当地的分支机构，这样我们就可以骑自行车或者步行上班了。此外，我们需要的大部分蜂蜜、鸡蛋、蔬菜、陶器、药草、家具、水果、坚果以及肉（如兔肉、鱼、家禽）都可以由这些家庭农庄、家庭后院空闲的土地以及小型企业来生产，并且这些大多数产出都可以通过手工来生产，因此这要比通过工业化的工厂来生产更加节能，但是即便如此，我们还是需要保留一些能够进行大规模生产以及开采的工厂或者企业，如采矿企业、炼钢企业以及铁路企业。

　　我们需要的大多数食物都可以来自于我们的居住地点方圆 100
公里的范围内，甚至很多可以由附近的郊区或者乡镇直接供给。获
得这些商品或服务的渠道有：①精细化的家庭花园；②社区花园与
合作社，如家禽、果园以及渔场合作社；③位于附近郊区以及乡镇
的许多小型的市场化的花园和农场；④大规模公地的开发，主要用
于为社区生产"免费的"水果、坚果、鱼、家禽、动物、药草、黏
土、竹子以及木材。

　　一个家庭要实现食物自给自足的范围非常广。据统计，要供给
一位美国人，需要占用大约 0.5 公顷的土地来生产食物，同时这也
会带来土壤的流失以及化石燃料的燃烧。然而，Blazey（1999）认
为，一个三口之家要实现自给自足所需的土地还没有他们家庭的后
院面积大，他们通过精耕细作、复种、养分循环使用等可以实现很
高的产出，同时整个过程几乎没有能源消耗，也基本不使用化肥以
及杀虫剂。Jeavons（2002）也提供了类似的案例。在一个封闭的农
庄中，所有的废弃物都可以再次回归大自然，融入到土壤中正常分
解。同时，配合着固氮以及深耕等方式，基本上不需要进口化肥。
Blazey 的研究中的数据就是从位于维多利亚 Heronswood 的 Digger
Seeds 实地试验中得到的。采用他研究中所列方法，在一块 42 平方
米的土地上，每年可以产出 500 千克的蔬菜，其产出率几乎是标准
化牛肉产出率的 1000 倍之高。

　　我们的大多数社区都可以成为永续丛林，这是一种"可食用的
景观"，其中种满了长青的、能够自我修复的植物，且这个过程中
基本上没有能源消耗，同时也不涉及耕地、包装捆扎、储存、杀
虫、冷冻、营销、保险、运输以及废物处理。通过使产出的食物与
我们的居住地点相接近，可以确保废弃物中的营养能够通过动物、
池塘、堆肥、车库气装置等再次循环到土壤之中。

　　此外，我们还需研究世界上什么样的植物可以适应我们当地的

环境并茁壮成长，另外还要研究能够从这些植物中得到什么样的食物、材料以及可以提取什么样的化学物质，而日常中所用的合成纤维就是从这些植物中提取的。

虽然随着我们将食物逐步从肉食转变为素食，对肉类的消耗量就会大幅降低，但是在我们的聚居地还需要圈养很多小型的动物，如家禽、兔子以及鱼。这些小动物的食料在很大程度上可以由厨房和花园中的残渣来供给，同时这些小动物还能为我们的社区提供肥料、增加美感、增添乐趣。聚居地的草场上的山羊和绵羊可以为我们提供一些羊毛、奶和羊皮。而这些草场附近就是小型的奶加工厂、粮食以及木材的种植地。

这些公地本身蕴藏着巨大的经济和社会价值。这包括社区、木材、竹子、药草、果园、池塘、草场、棚库、大礼堂、剧院、工具、机械、拖拉机、工厂、图书馆、休闲中心、风力发电站、水电站、自行车以及汽车。这些公地有的位于公园、有的位于铁路旁边、有的位于废旧的工厂里，尤其是位于公路边的，当不需要的时候可以回收再利用。这些公地还可以提供很多免费的商品，而其维护任务主要由志愿者以及相关的委员会承担。鉴于对交通的需求将来会大幅下降，那么空出来的公地，就可以为城市中的社区提供更多的公路用地以及公园用地。

此外，我们应该将每个街区中的一座房子转变为一个社区中心，其中包括工厂、再回收商店、约会地、艺术及手工艺品店、多余商品交易所以及图书馆。

集聚区也按照永续生活的原则进行设计，如对空间的充分利用，建立复杂的、能够自我修复的生态系统、营养液再循环系统、当地水源蓄集，充分利用所有商机、复种以及多重功能，如家禽可以提供肉、蛋、羽毛、害虫控制、养殖、肥料以及休闲娱乐功能。通过采用这些方法可以大幅降低目前对土地的大量占用，以及食物、材料和服务供给过程中所需的大量能源消耗。

当然，对大多数人而言，他们都不可能也不必要从事农业生产。比如目前提供食物也许只需花费 1/5 的工作时间。当将运输、包装、营销以及零售的时间都考虑进去的话，那么每个工人每周需要花费 4 个人工时。集约化的家庭园艺每个家庭每周需要花费 4 个人工时（Blazey，1999）。全镇（包括了小型农场）平均食物生产所需要的时间显著低于目前的工作时间。出现家庭工作效率与小型农场工作效率差异的原因在于过程中消除了大量中间环节，如运输、拖拉机、化肥生产、营销与包装等。

从这些集聚区我们还可以得到大量的原材料，其中包括毛皮、油脂、颜料、木材、化学物质、药材、粘土、芦苇和蒲草（用于编织篮子）、竹子、生物质等。虽然这些对于工厂而言是投入材料，但是这也可以以手工生产的方式从公地上大量获得。

高度自给自足最为重要的体现就是财务的独立。更简单的生活方式需要很少的资本，因为这种经济不是扩张型经济，且其中的企业规模一般都很小。实际上，所有的社区都全权拥有属于自己的资金，并用这些资金开发土地、建设商店等，用来满足日常基本生活的需要。一般情况下，如果我们仅将钱存在传统的商业银行，这一切并不会自动产生。我们的资本一般都是从社区之外的公司借入的，并通常用于不受欢迎的目的，因此这不会提高我们社区的宜居水平。

鉴于此，我们应该设立村镇银行，并将这些银行存款借给能够提高社区宜居水平的公司或者投资项目。同时，这类银行有时还收取"负"利息，或者赠与用于提高社会福利的风险投资基金。此外，我们还为银行提供相配套的"企业孵化器"，用于帮助中小企业的成长发展，如为它们提供乡镇商会的会计服务、电脑信息服务及政策建议。银行和企业孵化器一起为我们建立自身所需要的企业和工业提供了强有力的支撑，这与仅追求全球利益最大化的企业以及外国投资者有很大不同，因为它们在镇上设立企业的前提是其自身利润能否实现最大化。因此，这样的话，我们就可以控制我们自身的发展，并确保经济的发展应由对整个镇的贡献来衡量，如这些贡献包括降低进口、使发展对生态环境的影响达到最小化、杜绝废弃物、为全镇人民提供就业。

这些纷繁多样的组织结构、企业以及活动将会使我们的富有地方特色的社区休闲气氛更浓。目前，大部分的郊区都属于休闲社区。与之相对应的城镇居住区也全都是彼此相互熟悉的人们、小型企业、工业、农场、湖泊、工程项目、艺术家、装饰品、动物、花园、森林、风能发电站以及水车，因此在这些居住区有很多有意思的事情可以去做、去观察或者去参与。因此，人们一般不会在周末选择去度假或者旅行，这反过来还可以大幅降低能源消耗。这也显示出，很多问题的解决之道要更多地采用"萝卜"，而非"大棒"。例如，我们减少了旅行不是因为受到了处罚，而是通过将工作和休闲娱乐地点建在一起的方式，消除了对这类活动的需求和欲望。

因此，这种高度的自给自足可以大幅减少旅行、运输、包装的成本，同时还减少了建设高速公路、轮船、飞机的需要等。此外，这还可以确保我们的社区免受外部经济势力的入侵和破坏，如经济衰退、利率上涨、贸易战争、资本流动、汇率波动与货币贬值等。

高度的自给自足还意味着我们必须要高度依赖我们的所在的地区和社区，但其重要性相对于其他重要问题而言也不能被夸大。因为我们所需的食物、能源、物资、休闲活动、艺术经历以及社区的源泉都是来自于土壤、森林、人、生态系统以及我们所处的社会系统，所以我们应该充分明白所有这一切都保持良好状态的极端重要性。如果我们不进行水土保持，能源系统、工作系统就不能正常运行，那么我们就不得不为购买所需的商品和服务支付更高的价钱。

因此，这就要求我们要时刻要考虑到保护好生态系统、技术和社会系统的重要性。这也是我们细心呵护生态系统的主要原因，因为如果我们不这样做的话，将会马上得到大自然的"报复"，那么必将遗憾终生。

11.4　更加公共化、参与性和合作性的方式

　　另外一种选择方式的三个基本特征是公共化、参与性和合作性。首先，我们必须学会分享。在一个社区工厂中，可能拥有的梯子、电钻的数量都很有限，这与每家每户的情况有很大不同。因此，我们应该采用互助合作的方式进行商品和服务的生产。

　　我们可能在做不同的志愿工作，如维护风能发电站、公共工程的建设、托儿以及基本的抚养、教育、赡养老人。这些活动也会涉及很多职能委员会，如负责维护公园与街道、能源、水、废弃物处理系统。此外，志愿者及其协会组织还会定期对公地进行维护。因此，我们需要的官员与技术专家的数量将会大大减少，同时我们的收入也会大大降低，相应地纳税也会降低（我们从事志愿活动时，事实上就是在纳税）。

　　经常性的社区志愿者做出的贡献尤为突出。如果过去的五年中每周六的下午都有志愿者开展志愿活动，旨在使我们的社区更加高效、更加宜居，你们可以想象一下我们的社区现在该是如何的丰富多彩。

　　同时，这些志愿活动也会增强社区的凝聚力，塑造更加和谐的社区关系。在这种情况下，人们可以在一些公共项目以及委员会上彼此间互相认识了解交流，因为社区中的所有人都会意识到他们的

福祉高度依赖于我们如何更好地相互服务以及维护好生态系统，这样他们就有很强的动机去增强公共意识，提供更优的公共产品，并确保他人获得满意的服务。这种社会运行模式与消费型资本主义社会的运行模式迥异，因为在消费型资本主义社会中个人几乎没有任何动力去服务好他人、服务好社区或者维护好生态系统。

如果能做到以上这些，我们可以理所当然地估计个人问题以及社会问题的发生率将大幅下降，那么财务成本以及社会成本也将随之大幅下降。这种新型的社区关系将会使社区更加健康、更加宜居，尤其是对于老人以及残疾人而言更是如此。在这种新型的社区中，每个人都能够做自己感兴趣的事、值得去做的事，每个人都可以有自己要实现的目标，并且每个人还可以拥有充足的时间发展艺术爱好，追求个人成长。

个人财富或者智慧并不能使我们的人生阅历更加丰富，只有通过接触、参与公共事务才能实现人生心灵的升华，如参与建设维护美丽的自然及人文景观，在这个景观中有森林、池塘、动物、水轮、花园、竹林、小型的农场以及公司、居家附近的公共项目以及娱乐设施、社区工厂、文化及艺术团体、能够传道授业解惑的能人、社区节日、庆祝活动以及一个繁荣的服务型社区。需要说明的是，要实现上述目标所需的集体主义精神并不会对个人的自由产生负面影响。更进一步地讲，我们也没有理由不给每个人充分的自由去追求他们个人的利益。

11.5　政府和政策

与现在相比，未来的政治环境将会有巨大的不同，因为更加纯粹的参与式民主将会出现。这对于新型社会模式中的小型社会的发展成长是至关重要的。庞大的集权型政府并不能有效地管理好数以万计的、分布广泛的小型社区，只有生活在社区中的人们才能管理好这样的社区，因为在这个社区中只有他们自己才十分了解社区中的生态系统、了解哪种植物长势最好、霜冻多长时间回来一次、社区中的人们的思维方式和需求、他们的传统、什么样的策略才真正适合他们等。他们必须做大量的工作来推动规划的编制落实、做出决策以及管理好整个社区生态系统。因此，除非社区能够保持很好的凝聚力以及践行较高的道德标准，并让人们乐于接受所做出的决策，才能使社区中的人们安居乐业，否则社区将难以令人满意地运行下去。

我们大部分的社区政策和项目都可以通过选取产生一个不领取薪水的公益性质的委员会来落实执行，关于重大的社区议题，委员会可以在乡镇例行会议上做出决策。当然，国家以及中央政府还是有一些权力的，如负责与国际机构的协调以及国际协议的谈判等，但它们保留的权利应该仅占很小一部分。

因此，我们对生态系统以及社会系统的依赖将会对传统政治做出颠覆性的变革。这一变革的重中之重在于选择哪种政治模式可以更好地服务社区的发展。政治其实并不应该是个人或者团体经过零和博弈的过程从中央政府得到何种好处，应该是为人们提供一种追求集体主义价值观的强烈动机，并找到一种可以使所有人都满意的解决方案，因为这高度依赖人们的信誉、对公共利益的关注以及做出贡献的强烈渴望。如果没有这些价值观的话，这些人就不会有意识地组建委员会、志愿组织、庆祝活动以及乡镇会议。所以，反过来正是具有些价值观，我们才有动机去尽我们所能，为我们乡镇社区的团结以及凝聚力的增强做出贡献。

在这种模式下，核心的行政管理机构就是志愿组织、乡镇会议、重大问题的全民直接投票，以及更为常规的日常对公共问题的非正式讨论。在一个良好的自治社区中，最基本的政治程序发生在非正式场合，如咖啡馆、厨房以及乡镇广场等，因为在这些场合下，所需解决的问题可以慢慢地进行研究，一直到找出各方都接受的最佳解决方案为止。一项政策能否得到很好的落实关键在于人们是否拥护。因此，在进行投票之前对要解决的问题达成共识与一致是至关重要的，尽管这一过程往往会很漫长，有时还会进行很多繁杂的正式以及非正式讨论酝酿。所以，在这个过程中政治就应该是参与性的，并成为人们日常生活的一部分，这正如古希腊、古地中海城邦以及美国新英格兰地区的政治制度。需要说明的是，这种政治模式并不是"选做题"，而是"必答题"，也就是我们必须要建立起一种参与式、合作式的政治制度模式，否则我们将难以做出能够真正服务城镇发展的最佳决策。

11.6 现代科技

更简单的生活方式并不是简单地指现代科技。事实上，我们现在有很多资源可用于科研以及所需要产业的开发，如更加优质的医疗服务、风能发电站的设计等，而不是将大量的资源浪费在不必要的产品、武器生产上，这些都应该尽快终止。

然而，在解决全球性的问题时，认为更先进的科技发挥着至关重要的作用的想法是错误的。在更简单的生活方式下，我们最需要的产品都能够通过传统的科技来生产。其实，手工工具也可以生产优质的食物、衣服、家具、房子等，并且在一般情况下，手工生产的产品也是最令人满意的。当然，我们也要使用机器，因为通过机器可以在自动化的工厂中实现基础组件的大批量生产。同时，我们还需要对如何提高粮食产量以及改进技术做进一步的深入研究，尤其是从当地的植物中提取化学物质、药物以及材料等。此外，未来我们还会有比现在还要多的资源投入到"精神"领域中去，而不是投入在经济领域，这些"精神"领域包括天文、历史、哲学、艺术以及人文等领域。

11.7　新经济

如果我们一直固守目前的经济体制，那么根本性的变革是不可能实现的。在一个理想的经济体中最基本的原则在于采用绿色可持续发展的方式，利用现有的生产能力生产能够使人们生活质量进一步提高的产品，同时其资源消耗、劳动力的投入以及资源的浪费达到最低。而我们目前的经济运行却是建立在完全相反的原则基础上，在这种原则下，拥有资本的少数人按照利润最大化的规则来决定经济的运行，因此这种经济运行模式并不能满足大多数人或者环境的需求，但却使消费和 GDP 出现了大幅增加。

11.7.1　基本的决定性因素：需求、非营利和市场力量

在一个理想的经济体中，所有重大的基础性解决问题都应该经过讨论、辩论以及反复酝酿、理性研究决定。第 10 章强调了现行的市场机制难以满足人们最急迫的需求，也不能实现生态环保的可持续发展，因为在这种市场机制中，资源分配的原则是出价高者得。在未来资源稀缺的情况下，这种市场机制如果能够做到可持续发

展、公平分配并使所有基础性的经济过程都处于社会的监控之下，那么其合理性将不证自明。如果经济的运行交给市场力量来左右，那么富人将会通过他们超强的购买力快速地获得所有资源和价值，从而就会导致我们的社会快速地沦为新型"封建主义社会"，随之而来的便是社会结构的轰然倒塌。

然而，在不久的将来，我们可能放弃通过大企业来发展经济，且在社会的有效监管下，越来越依靠通过小企业、住户以及合作社的形式来发展经济。市场机制仅允许在一些非重要的产业部门发挥。比如，对生产自行车种类的选择将全部交由市场机制来决定。此外，区域性的市场为个人以及家庭出售园艺以及手工产品提供了交易平台。换句话说，虽然市场机制可以在很多的经济决策中发挥作用，但是要保证这种情况仅在非重要产业部门才会发生。最为重要的是，绝不能允许市场机制来决定或者左右收入的分配、基本的发展问题、就业以及环境保护。

在当前的经济中，在社会监控下的公司运营也就意味着浓重的集权主义官僚作风。但是这一点完全可以通过加强对社区的监控来避免，因为在社区中人们都可以通过直接的以及参与式的政治程序来解决他们自己的问题。在此需要说明的是，鉴于当地环境、自然资源、技术以及传统是决定区域经济能否良好运转的关键因素，同时由于当地人对这些因素最为熟悉了解，所以他们最能够做出更好服务当地居民需求的决策。当远在千里外的中央政府面对两个停车场建设的备选方案时，选择哪一种将会更好地服务当地居民呢？这一问题对中央政府而言是一个艰难的决策，因为它远没有当地居民更了解他们居住的社区。因此，这里提到的社会监控并不是指社会主义制度下常常实行的"集权型的国家社会主义"。总而言之，如果没有当地居民的积极参与，那么是难以做出人们拥护的决策的。

在做出这些决策时，社区必须将所有的相关因素都考虑进去，如道德、社会和生态等，并不仅仅是资本拥有者思维中的财务成本和利益。如果发展变得很昂贵并且很无效，但是却对我们周围的生态环境的保护有利，那么这种发展模式我们也应该采纳。如果一个企业处于破产的边缘或者是运营效率很低，但是我们仍然不能让市场机制在此时发挥作用，因为如果让市场机制来决定，那么这些企业就必然会破产倒闭，理所当然就会导致大量工人失业，尽管这种企业迟早都会被淘汰掉的，但不是采用这种方式。因此，我们必须不遗余力地探索乡镇发展的最佳组织方式，否则乡镇的发展就会削弱。

通过进一步简化我们目前的经济运行体系，可以使我们大大提高更好地管理我们社区经济的概率。在这个更为简单的经济体系中，生产和消费将大大减少，经济运行平稳并保持零增长，同时资金的使用不收取利息（如果收取利息的话就必然产生经济的增长），仅仅保留一个小规模的金融产业。随着时间的推移，人们会逐步意识到经济并不是追求财富的竞技场，而是在我们从事一项重要活动（比如为一项庆祝活动彩排）的同时，能够保障源源不断地供给我们日常所需产品和服务的制度体系，从而使人们的生活质量更高。

因此，可以认为，在转型的早期，大多数经济的发展还是要依赖私有企业，但是随着时间的推移，私有企业的规模和数量将会下降，最终市场机制在经济中的作用将会完全消除，因为这个时候我们已经找到了可以保证社区经济效率和创新的有效机制。虽然到时候很多企业还是私有的，但是却转变为在社区全体居民监督之下来为整个社区服务的一种机构。这里一个重要的假设就是效率，"工作"的动机与创新追根溯源还是来源于：①有信誉和责任感的公民群体，因为这些公民明白为社区经济发展做贡献的重要性，并认为这是件令人愉悦的事情；②提供缜密的监控、反馈以及调节系统来决定经济的运行，而不是由市场机制来决定。这里关键的一点在于建立一个精密的管理体系（该体系主要由志愿者运行管理），并能够持续不断地让人们了解各类机构的运行情况，包括公司，以及人们需要什么样的创新。这类监控系统还应将重点聚焦于社会凝聚力、生活质量以及生态足迹，同时还应与世界上的其他类似机构保持密切的沟通联系。

目前，有且仅有两种方法可以决定经济运行。一种是通过理性的、预先设计好的缜密流程来决定社会总产出，然而这种方式在权威式的极权主义体制下与参与式的民主主义体制下的实现形式是完全不同的，或者将经济运行全部交与市场机制来决定；另外一种方式是，人们对命运按照最大化少数富人的财富的原则来决定，环顾全球，这一方式正在大多数的国家发生。

如果这种转型能够聚集足够的能量，那么人们就会很快意识到根本没有保留市场体系的必要。如果保留市场体系，只会进一步加剧人们的自私、社会的不公平、不公正，更为重要的是，这种市场体系会颠覆我们赖以生存的集体主义价值观。长期来看，经济的成功对人们来说将不那么重要，因为这对我们生活质量的影响越来越小。而真正高质量的生活来源于社区中的精神财富和生态环境的保护，以及人们凝心聚力一起来推动整个社区居民福祉的提高。显然，如果没有根本性的文化和精神层面的变革（当然，要做到这一点对我们来说是十分困难的），以上这些措施和方法便是死路一条。

11.7.2　维持生计

总之，以上措施可以保证我们每个人的生计都能得到保障，这一点是极为重要的。传统的经济运行模式允许少数的富人或者有权势的人破坏商业秩序、市场交易环境以及他人的生计，因此分散在社会中的财富就会源源不断地流到这部分少数人的手中，而市场机制的运行会使这一问题进一步恶化。全球化的实质就是要让数以万计的人们丢掉饭碗，并由少数的商业巨头控制着全球商业机会。而在我们所提出的未来理想社会中这种情况是绝不可能发生的。在未来，我们设想的社会压倒一切的目标就是要确保每个人都有工作和为社会做出贡献的机会，但这种情况只有当社区采用非市场化手段来控制他们自己的经济发展和经济命脉的时候才能发生。

11.7.3　相互交叉的产业

在新型经济中肯定还会有产业部门仍然需要现金。换句话说，我们还得允许市场机制存在。产业部门的发展可以进行全面规划，并置于全体社区居民的监控之下，其发展形式可以采用合作式。一个大型的产业部门其实也不需要花费太多的资金，这些产业部门包括家庭生产、以物易物、互助服务、志愿者、礼品等，要做到这一点就应坚守不盈利的原则，并能够从公地上免费获取产品。大多数人都要从居民家庭以及社区（包括公地）中获得他们所需的产品，这几乎不需要花钱。需要花很多钱用于消费的人（这些人包括全职专家，其很少在合作社中工作）将会产生大量的需求，并且其需求可以通过公司生产用于出售的产品来满足。

11.7.4　一周只用一两天的时间工作挣钱

如果我们排除所有不必要的生产，并将剩余下来的大部分生产转向家庭、社区中的小企业以及合作社，并最终转化为一个不涉及现金交易的新型产业，这样的话，我们每个人每周只需用1~2天的时间去办公室或者工厂工作就可以了，并可以利用剩下的5~6天的时间为社区做一些各种各样的、有趣的以及有用的事情。其中一些时间还可以用来做志愿者、在公地上种植果树、产出"免费"的水果。

在更简单的生活方式下，生活的重心不是放在工作、生产以及经济事项上，人们的压力和忧郁就会大幅降低，并会将更多的精力转移到能够更好地提高生活质量的事情上。

11.7.5　失业与贫困

在更简单的生活方式下，失业和贫困问题很容易根除（在以色列的 Kibbutz 居民区就不存在失业和贫困问题）。我们有社区工作协调委员会，其可以确保所有愿意工作的人都能够拥有一份工作，并且这将比现在的工作量少很多（在目前社会中，我们的工作量可能会比在更简单的生活方式下的工作量高达 3 倍）。

11.7.6　没有经济增长

我们只需生产所需要的那部分产出就可以确保所有人都能够享有高品质的生活，这样的话产出量和消费量就能够在一定时间内保持在一定水平上，不出现增长。事实上，未来我们还会积极地探索进一步降低工作量、生产量以及资源消耗量的方法。

虽然这样做会使人均收入以及人均 GDP 大幅低于目前水平，并且人们以货币来衡量的财富也会大幅降低，但是所有人的生活质量并不会因此而降低，反而会远远高于目前水平。因为，在未来的社会中人们几乎不需要花什么钱，就可以获得高水平的生活。因此，从一定程度上讲，货币收入或者个人财富与人们的生活质量几乎没有直接的相关关系。因为，这种高水平的生活质量的实现是建立在整个社区"财富"基础之上的，这些"财富"包括自然环境、公地、节日活动、团结、社区设施以及社会关系网络。

11.8 全新的价值观与世界观

最为困难、最具挑战性的变革不在于其他，而在于对人们价值观以及世界观的改变。其实，除非人们对目前的生活方式以及生活习惯的认识态度以及思维方式发生根本性转变，否则以上所设想的关于生活方式、经济发展方式、地理环境、农业发展以及政治模式等的转变是不能自动实现的。因为在一个充满竞争以及贪得无厌的个人主义盛行的社会中，社会的发展是没有可持续性以及公平正义可言的。"我们希望找到一条通往可持续发展的道路，旨在保障我们普通人的福祉"，其实，拥有这样的想法是极其错误的，在现实中这种情况是不存在的。抱有这样思维的人，就如同想要通过减肥获得完美身材，但却始终不放弃暴饮暴食。

以上分析的核心在于，目前西方文化中的很多根本性的逻辑思维方式在现实中是不可行的，这正如一个不断演进、恶化的错误，最终将会导致物种的灭绝。这样一来，更简单的生活方式就与西方资本主义致力于竞争与个人主义式贪欲的社会文化形成了针锋相对的矛盾。因此，必须要摒弃目前靠通过物质消费来提高生活质量的强烈欲望，取而代之的应是对节俭生活、人与人之间互助合作以及自给自足的不懈追求。其实，基本上所有的人都应该意识到，必须要关爱他人、积极合作、心怀社会、乐于奉献、参与自治。如果能够做到这些，就会从培养帮助他人、关爱邻里及社会以及生态环境保护中获得满足感。从社会学的角度讲，人是非常复杂、深奥微妙的，但他们能够充分认识到增强凝聚力、加强合作、解决冲突以及成为一名有社会责任心的公民的极端重要性。此外，人们还应该具备强烈的集体主义价值观，他们应该努力认识并高度关注全球形势发展。如果人们不具备这些特质，那么设想的新型社区就不能得到正常运转，从而就会在严格的生态保护政策下表现出各种的不适应。

这也并不意味着没有发挥个人特长的空间，或者人们必须都成为一名集体主义者，或者将会对人们的隐私以及私人财产造成威胁。其实，在这种社会中，我们可以拥有与众不同的宗教信仰、艺术爱好、人格特征等，并且我们仍然拥有属于自己的房子、财产以及私人生意。这仅仅意味着我们必须将互助合作、集体主义、公共利益、关爱他人等放在更加重要的位置。

同时，这也并不是说，我们必须要变成"圣人"才能挽救我们的地球。但在一定程度上讲，如果一个社会中人们的互助合作、责任感以及节俭达不到一个较高的水平，要实施更加简单的生活方式是不可能的。但这并不是意味着每个人都必须要参加志愿活动，但是最起码大多数人应具有做志愿活动的强烈意愿和动机。事实上，我们并不需要强迫自己成为理想中的公民，只要有服务社会的意愿和行动就足够了。然而，如果人们什么都不做的话，这就意味着社区的整体利益也会受到侵害。

有效的激励措施也是很有必要的。人们来参加社区志愿活动，主要是他们比较享受志愿活动整个过程，并且真心希望通过他们的努力能够推动社区发展，如果人们不参加这些志愿活动的话，社区就难以正常运转。然而，现实中不可能强迫人们来做这些志愿工作，但这些工作的确对社区繁荣发展至关重要。

需要再次说明的是，必须充分肯定我们对生态资源以及社区环境的依赖产生的正面作用，这有助于进一步强化人们树立正确的价值观。开展互助合作、参加志愿活动和社区会议、关注社会问题、保护生态环境符合每个人的利益，这一点是显而易见的。如果我们在赖以生存的生态环境和社区建设方面无所作为的话，生存环境将会日趋恶化，到那时我们将会面临严峻的生存危机。更为重要的是，如果我们能够潜下心来帮助他人，积极参与志愿活动，其实这个过程也是令人愉悦的。然而，整个过程都不会有人强迫去践行这些正确的价值观。事实上，只有我们每个人都能够发自内心地乐于做这些有益于社区发展的事情，才能确保新型社会模式能够正常健康地运转。

在这种情况下，才能使在消费型资本主义社会中早已抛弃的"地球情结"发扬光大。未来我们应该更加认识到土地和生态系统的重要性，因为它们提供了人们赖以生存的物质基础。我们应该由衷地感到我们属于并且依赖于这些"土地"，由此产生对它们发自内心的呵护。

鉴于新型社会模式下价值观与目前占据统治地位价值观的差异是如此的巨大，人们可能会认为，要从消费型资本主义的生活方式转向更简单的生活方式几乎是不可能的。然而，更简单的生活方式并不是让我们抛弃源自生活中的满足感，进而来挽救我们的地球，而是用一种全新的、与众不同的满足感来替代过去旧有的满足感。实际上，更简单的生活方式将给我们带来源源不断的回报，如更多的休闲去处，更少的工作时间，更丰富的、更有价值、有意义的工作机会，更加优质的社区服务，互帮互助的社会氛围，自给自足的生产方式，发展循环经济，打造低碳节能的家庭，更加具有人文关怀的社区环境，使人们远离失业、暴力和孤独，发展艺术事业，参与社区活动，丰富的节日活动（包括表演、艺术以及庆祝活动等），参与社区事务的治理，更加美好的自然生态环境，尤其是我们明白通过践行更加简单的生活方式，抛弃消费型生活方式，将不再会导致全球性问题或者使现有的问题进一步恶化。

只要这些价值观能够成为人们的主流价值观，那么实现更加简单的生活方式将指日可待。目前，我们最重要的任务就是让人们明白践行更简单生活方式的重要性，并且从消费型的生活方式转向更加简单的生活方式将会进一步提高我们的生活质量。人们对更简单生活方式的认同本身就会形成转向这种新型生活方式的一股强大推动力。如果人们没有对其形成共识和认同，那么生活方式的根本性转变将是不可能的。

11.9　土地与生态足迹

现在一切都很清晰了，我们关于新能源在可持续发展的社会中所扮演角色的意义的讨论其实很难产生太大的作用，除非新型的社会模式彻底放弃造成诸多全球性矛盾的原有社会发展逻辑。这些前提条件就决定了资源消费将必须大幅下降，并由此在社会结构、地缘政治、社会体系以及价值观方面产生一系列重大的、颠覆性的变革。事实上，仅在新型社会模式的实践方案都已敲定的情况下，再去探究新能源如何维系新型社会健康运行才更有意义。

以下讨论假定社会是按照非常节俭的原则以及自给自足的原则来运行的，虽然需要讨论的问题有很多，比如下文要讨论的生态足迹，但是其中一个问题，我们认为需要更加深入地研究讨论，即在上述所勾勒的新型社会模式下，要利用多少的土地以及能源足迹。

更简单的生活方式将会使经济运行更加稳定，因此，与追逐经济增长的经济发展模式相比，保持更加节约的产业结构将会大大减少对资源的需求，而在原有经济发展模式下，建筑与投资开发相关的产业占据了 GDP 的很大一部分。

一般而言，被动式太阳能建筑设计可以大幅降低加热与制冷所占用的空间。正如以上分析的那样，在食品生产过程中几乎不需要消耗非人力的能源，并且在抽水机抽取洁净水以及污水的过程中，所需要的非人力能源也是极少的，因为整个过程通过整合后，仅在社区的范围内就可以实现。同时，对运输、包装以及营销的需求也会大幅降低。此外，大多数的娱乐活动需求都可以在社区中以极低的能源消耗成本来满足。工业产出量也会大幅降低，大部分的工业生产仅在社区中的小型企业中就可以实现，这些小企业一般都是采用手工生产的方式；而仅仅极少数重工业生产才会需要采用机器，如钢铁、铁路、汽车制造等，因此，采矿业以及木材加工业通常的规模也比较小。船舶、汽车以及航空运输的需求也会降到很低的水平，很多产业很可能部分或者全部被淘汰，这些产业包括广告、化妆品、安保、金融、"福利"、"司法"、旅游、时尚、航空、汽车生产以及武器制造。

我们可以将最基本的集聚模式视为一道独特的风景线，这里有许多拥有大约 250 户人家、1000 个人的小型乡镇，这些乡镇平均间距为 2 公里左右，在 400 公顷的土地上一个连着一个。这样的安排主要使乡镇之间便于交流，显然上述讨论的新型社会模式下的生产方式适合在这样的人口集聚地来实现。此外，在人口集聚的乡村地区大约每 10 公里建设一个较大的乡镇，并且要有铁路经过此地；大约每 100 公里要有一座小型的城市，并且这些小城市的郊区就类似以上所描述的乡镇。

如果我们所集聚的乡镇长约 700 米的话，那么就要占据约 50 公顷的土地面积。以悉尼市郊区的道路所占据的面积为例，如果机动车辆减少 70%，那么道路所占据的面积仅为 2 公顷，铁路则为 1 公顷。因此，原来被道路所占据的大约 6.5 公顷的土地可以转化为公地，那么，在集聚区的公地面积可以达到 10.5 公顷，在集聚区以外的地区还会有更多可供使用的公地，比如乡镇附近的森林。

正如以上所分析的那样，实际上除了粮食和牛奶之外的所有食物需求都可以由这 50 公顷的集聚区所满足，但是在集聚区之外可能还会有少许小型的农场、果园、鱼塘以及种植园存在。它们可以供给粮食、纤维、羊毛、木材、奶制品以及能源。虽然多数的捕鱼可以通过在湖里以及小溪里钓鱼来实现，同时也可以把这个过程看作一项休闲活动，但是大多数的鱼塘还是分布在集聚区以内的。通过对养料实施严格的回收利用以及利用生物固氮作用，植物深深植入土壤的根茎可以充分吸收地下的养分，这就大幅减少甚至消除了人工施肥作业。

如果每户家庭平均拥有 15 棵树，并且将所有公地面积的一半用来种植这些树，如果每棵树所占据的面积按 4 米×4 米来计算，那么在上述集聚区域内可以种植 7000 棵树。如果这些树中，一半为果树或者坚果树，其产量按每年每公顷 10 吨来测算，那么年人均产量可以达到 100 千克（一些树的产量甚至比这一水平更高），足够满足人们以及动物的需求了。根据 Jeavons（2002）的测算，在 50 公顷土地面积上，食物产出的人均生态足迹约为 0.036 公顷，这一水平远低于 Blazey（1998）的测算。

假定每年人均消费面粉量为 100 千克，小麦或者玉米每年每公顷产出为 6 吨，那么在集聚区外还需要 17 公顷的土地。然而，乔木作物如栗子、橡树等也可以产出面粉，其中角豆树的产出量每年每公顷可以达到 20 吨，更重要的是，在整个过程中不发生任何能源成本。

在一个经济运行平稳的经济中，木材的需求量是非常低的。假定人均每年消耗为 50 千克，每年每公顷土地产出为 7 吨，那么则需要 7 公顷的土地面积。而所需土地面积的一半都可以使用集聚区中的公地。用于被动式太阳能房中加热和做饭的木材的需求量可能会翻倍。

通常水源一般都来自于当地，包括屋顶收集雨水、用小型水坝蓄水等。此外，还可以通过水土保持、水资源再利用、推广节水型农作物来降低水资源消耗。同时，也可以大量种植木本作物来降低蔬菜种植园面积以及对灌溉的需求。

假定每人每年对奶制品的消耗量为 100 千克，每头牛的牛奶产出量为 900 千克，那么则需要 110 头牛，即平均每人 2.5 头牛，从而城镇居民所需的奶制品的生产可能需要 54 公顷的土地。然而，在集聚区内的公地上放养的绵羊和山羊也可能会供给一部分奶。此外，动物的粪肥也可以收集起来用于产出沼气，利用沼气我们可以做饭、为冰箱制冷等，而粪肥中的泥浆可以作为肥料，并再次返回到花园或农田中。

上述方法的采用推广将会大幅降低农业生产的能源消耗。在美国，平均每人的食物供给要花费 1.6 kW 的电量；若将所有能源都考虑进去的话，人均每年食物供给的能源消耗将达到 50 GJ，这些能源消耗都包括灌溉、拖拉机、杀虫剂、在工厂加工、包装、广告以及最终到超市的过程，整个过程大约涉及 2000 公里的运输；而上述所描述的新型的食物生产系统的能源成本几乎为零。

假定每人每年消耗羊毛 2 千克，每公顷草地可以供养 25 只羊，每只羊每年的羊毛产出可以达到 3.2 千克，那么羊毛的产出可能会需要 25~30 公顷的草地。而这样的草地都可以在我们的集聚区以及种植园中开辟出来。需要说明的是，虽然土地的多重使用可能会涉及复杂的生态足迹计算过程，但是这确实可以降低对土地的需求。比如，用于生产食物的土地也可以用来放牧，用于木材的种植、水土保持以及休闲活动。

假定每公顷的土地棉花的产出为 5 吨，那么棉花以及高纤维含量作物种植面积其实是可以忽略不计的。随着越来越多的衣服穿破后，补一下再使用的情况越来越多，人们对新衣服的需求也会随之大大降低。

　　在新型社会发展模式下，每个城镇用于发展地区工业、医院、职业学校、大学以及服务机构而专门预留的土地将会变得很少。例如，一个占地 3 公顷的大学可以服务大约 10 个乡镇，人均高校占地面积为 3 平方米，每个乡镇平均高校占地面积为 0.3 公顷。

　　综上，我们大概需要 133 公顷的土地，这大约占全镇面积的 33%，而我们利用这些土地可以直接满足生活的各项需求，而不是用它们进行大规模的发电。

　　能源之所以是目前我们面临着的最大问题，主要基于要满足目前澳大利亚人均石油及天然气 128 PJ 的消费量，将占用大量的土地。如果所需要的这些能源全部用生物质能来替代，假定要净投入 7 GJ 的生物质，每公顷才可产出 7 吨的乙醇，那么对于我们占地只有 400 公顷的乡镇而言，要满足人们的能源需求，则需要种植 2610 公顷的森林！这是不现实的。在此情况下，人均生态足迹为 2.6 公顷。另外，为发电机提供动力也需要占用额外的土地。

　　因此，我们需要制订一个更加节俭的能源计划，其中 100 公顷土地作为种植园，用于能源产出；此外，在镇里的其他地方，还可以用于太阳能光伏发电、风能发电、沼气生产、微型水力发电、太阳热能发电，从而可以从另一个方面缓解全国范围内新能源供给成本高的局面。以上讨论的情况也非常适合悉尼所处的南纬 34 度的地区，而一定程度上，气候越冷，那么能源问题表现得就越突出。

　　随着被动式太阳能房设计在住宅建造、商业设施、动物圈养棚等处的不断推广应用，场地加热与制冷消耗的能源将会变得越来越小，甚至可以忽略不计。

　　如果能够以非常节俭、高效的方式利用能源，那么电力的供给就不会像以前那样困难了。根据我自己家庭的用能情况记录，一个三口之家每天消耗 0.4 kWh 的电量基本就可以满足当天的能源需求了（目前，我的家中有电灯、电脑、电视、管道风机、车间中的机器，但是没有空调、电磁炉、电冰箱以及洗衣机）。这样一个能耗水平还不到发达国家每个家庭能耗水平的 2%。因此，在新型社会模式下，一个乡镇每天消耗 500 kWh 的电量基本就可以满足需求了；在这 500 kWh 电能中，其中一半是来自太阳能光伏发电、太阳热能发电以及风能发电，而这部分电能不需要进行储存，这样就降低了过程中的能源损耗；大约 1/4 的电能来自于水力发电，另外，1/4 来自于通过燃烧木炭来驱动的火力发电，当后两类发电中断时，备用发电机可以快速启动用于发电。假定燃烧木炭来驱动的火力发电系统的发电效率为 22%，每年每公顷的森林可以产出木炭 7 吨，那么要满足整个市镇的能源需求，则需要种植 5 公顷的森林。

在一些山区，很多小型的水坝也可以用来发电，并且还有助于缓解能源储存问题。沿着小溪建设的一系列小型水坝就像有高低落差的蓄水池一样进行发电，从而可以进一步缓解电力供应紧张的局面，因此通过建立水坝的方式可以进一步提高抽水储能效率。目前，现存的电网系统在必要时可以提高当地的供电量，并逐步从集中式的供电逐步向分散的新能源发电转变。未来，越来越多的机器将由太阳能发电、燃烧木炭来驱动的火力发电或者涡轮发电来驱动。

虽然未来冰箱制冷以及做饭所需要消耗的沼气主要来自于生物质能源，其实大多数都是来源于木材，但是这些生物质还可以来自于我们集聚区中的厨馀、厕所的粪肥、花园以及动物的废料等，所有这些废物加起来每年可以达到 800 吨，这些废弃物通过甲烷消解器一方面可以产出甲烷，另一方面可以将剩余的废弃物作为废料再次返回到花园中利用。此外，位于市镇郊外的 110 头奶牛每天大约可以产出 1.5 吨的粪肥，我们也可以充分利用这些粪肥用于产出沼气。通常，夜间是用沼气发电的最佳时间，其产出的电量可以用于冰箱制冷、电灯照明以及做饭等。

鉴于通过使用沼气发电用于电冰箱制冷的做法非常环保节能，

因此，社区的公共设施也可以逐步推广采用这一做法，比如社区中的冷冻机等。然而，大多数来自于田地的食物才是真正新鲜的，因此我们需要尽可能少地储存冷冻食物。同时，这一方式还应在住房、蒸发式制冷机、地窖、水果蔬菜烘干等方面大力推广应用。此外，低集约度的农业种植还可以使土豆、块根作物留在土地中，直到需要的时候我们再取出来。

生活工作节奏大幅减慢，人们承受的压力也随之消减，从而就可以激发人们采用更加节能的措施来最大化产出量以及生产效率。例如，当太阳光比较强烈的时候，未来繁重的伐木工作可能会由太阳能驱动的涡轮机来进行；较为轻松些的伐木工作可以在冬日的下午手工进行——这样可以使身体暖和起来。此外，在小溪水量大增的时候，水坝中的水轮可以将纸浆与回收的废纸充分搅拌在一起。

液态燃料的供给也是我们面临的一大能源问题。如果将 100 公顷土地面积中的 90 公顷都用作生产液态燃料，假定每年每公顷可以产出 7 吨燃料，每吨燃料可以产出 7 GJ 能源，每年则需要产出 4410 GJ 的能源。那么，市镇中的 1000 名居民人均能源量将仅仅为目前澳大利亚人均石油及天然气消耗量的 3.5% 左右。在新型社会模式下，虽然能源消耗如此之低，但是人们的生活质量并未因此而降低，原因在于在新型社会模式下，货物运输、国际性的旅行、运输的车辆、需要建设的道路、房屋、基础设施、工业建设、农业生产能耗、包装、国际航运、高能耗的娱乐活动等都将大幅减少，同时专业性以及官僚性的服务、政府也都将大大减少。此外，国际运输、旅行、贸易也随之大幅下降，从而使人均能耗水平大幅下降。

然而，全国性的生物质（以及电力）生产、液态燃料的分销网络仍然还会存在，并会导致人均能耗水平显著提高。如果在澳大利亚 1000 万~2500 万公顷的土地上可以获取足够多的生物质，那么所能提供的燃料量也仅相当于目前人均石油天然气消耗量的 20%~

50%。然而，现实是世界上几乎没有国家能够拥有人均 0.5~1.25 公顷的土地来种植生物质，这将使全国平均生态足迹大大高于全球人均可利用的水平。

以上关于在 4 平方公里范围内土地利用的相关数据，我们可以得到人均生态足迹仅为 0.25 公顷，这一水平相当的低。然而，全国平均生态足迹可能会较我们所讨论的市镇的平均生态足迹要稍微高一些，因为居住在大城市的人们更加依赖进口商品、原料以及能源，并且以上分析还没有考虑到重工业、铁路、钢铁制造以及更加集约式的服务机构，比如高等教育。然而，以上大幅削减的这些高能耗部门并不占用太多的肥沃土地。尽管我们假设在远离市镇的地区，每个镇平均还有大约 250 公顷的土地，但这一假设对于新型经济模式的运行而言是不可行的，因为这将会使人均生态足迹提高 0.5 公顷，虽然这一水平仍然低于 2050 年全球平均可用生态足迹 0.8 公顷，因此，我们有足够的空间对以上不太严谨的假设作出进一步修正。

以上这些数据都是大致估计的数据，目的在于说明建设新型的社区模式所需要的工作量及其可行性，还可以大致测算出生态足迹以及能源消耗情况。同时，这还为其他研究者评估不同假设可能带来的结果提供了思路和参考。但是，这也表明更简单的生活方式往往意味着极低的能源消耗，然而在这种新的发展模式下，仅通过新能源就可以充分满足社会对能源的需求。

11.10　关于过度的思考

适应并践行更简单的生活方式其实也很简单——如果我们发自

内心地想去做这件事。这个过程中不涉及复杂的科技，也不需要拿出解决高难度技术难题的方案，比如如何才能使核聚变反应堆运行起来；同时，这更不需要广泛的官僚网络或者大量的资本投入。

如果我们都愿意这样做的话，我们就可以在短短的数月内，通过使用手工工具以及参与志愿活动，实现城镇和郊区在地理上、结构上以及经济上的变革。更简单的生活方式本质上是要对现存社会模式进行重组，通过重组实现对资源无限需求的约束，而目前的大多数资源都在被白白浪费掉。虽然未来在任何一个社区都有丰富的劳动力、技术、建议、幽默、人文关怀和团结，这可以增进社区的福祉，但是目前还没有达到这一水平。在新型社区中，人们应该互相帮助、共同开发并经营社区设施、赡养老人、组织节日活动等，同时他们可以待在自己的家中看电视（美国看电视的时间一般为 4个小时）。

此外，更简单的生活方式还包括诸如与消费型资本主义社会针锋相对的矛盾，因此要从消费型资本主义社会成功转型为新型社会模式也是极其困难的。近年来，就我个人而言，我对这一转型成功的概率越来越悲观，如果这一转型失败，那么人们对于财富与经济增长的无止境追求将会使能源问题雪上加霜。实现成功转型需要家庭、社区、经济、科技以及政治体制的不断发展与完善，从而使其与西方文化基本价值观的矛盾逐步化解。

正如以上所分析的那样，专制的国家、专制的革命集团通过暴力手段是不可能实现社会的成功转型的。尽管是集权制政府，它们也没有足够多的资源实现这一转型，而更为重要的是，要实现这一转型并建立新型的社区，必须依靠广大社区居民，并且这些居民应该清晰地认识到更简单生活方式的重要性，而且他们发自内心地想践行这种生活方式。只有社区居民能够充分了解当地环境以及社会形势，他们才能够建立社会网络、增进互信、加强合作等。只有社区居民愿意做、乐于做，规划、生产、维护以及管理才能顺利实现。要实现社会模式的成功转型还意味着要帮助普通人更加愿意接受新的生活方式，更加乐于参与最优地组织管理自己所属社区事务的长期过程。这清晰地表明了我们所需要变革的性质，同时排除了采用其他方案的可能性。

之所以通过专制暴力手段不能实现社会成功转型，主要原因在于在目前的议会民主体制内，没有通过暴力取得国家政权的价值观。尽管首相及其内阁掌握着大权，他们也不能在违背大众意志的前提下来推动变革。如果他们试图这样做，就会马上倒台。因此，变革职能来自于基层，并通过人民大众在思想意识及价值观方面渐进性的进步来逐步实现。当然，要改变人们现有的价值观，树立新的价值观并在此基础上变革社区的新型组织模式，将是一个极其漫长的过程。

在我们建立一个更简单生活方式的新型社会模式之前，我们仍然不能抛弃现有的社会模式。也就是说，我们应该在旧有的社会模式下，通过具有远见的小型团体的行动，不断地培养和发展建立新型社会模式所必需的关键要素。经典的马克思主义革命理论往往都要涉及漫长的以及痛苦的斗争才能打破旧有的社会制度体系，否则新型的社会模式是不可能建立的。然而幸运的是，当我们充分理解了向更简单生活方式转变的必要条件后，我们就会明白无政府主义者所宣称的关于转型的另外一种与众不同的观点其实也是正确的。因此，我们在一定程度上可以"预知"一种全新的转型途径，即通过利用"星星之火的力量，以形成燎原之势"，最终达到取代旧有社会模式的目的，除此之外，尚无他法。要推广践行更简单的生活方式，不能通过专制的国家政权或者是慈善的社会民主国家自上而下地实施，只能依靠人们逐步来构建，然而这需要人们能够不断学习并认同未来社会发展的方向，这样可以确保他们在未来能够更好地经营发展自己的社区，使其更加繁荣。

那么，接下来所面临的主要目标、关键问题以及阻碍进步的最根本的障碍不是所谓的资产阶级，因为他们的权利是人民赋予的。所以，社会能否成功转型的关键问题在于人民大众。如果他们认为更简单的生活方式比资本主义的生活方式更优越，那么消费型资本主义社会模式迟早都会退出历史的舞台。因此，能否向更简单的生活方式成功转型关键在于广大人民是不是发自内心地愿意去践行。那么接下来的任务就是让广大的普通民众了解到更简单生活方式的诸多优点。因此，这项任务也可以看作一场"战役"，这是一场意识形态之战，人们的世界观以及远见将决定着这场战役的胜负。

在这场变革中，随着消费型资本主义社会的缺陷逐步暴露出来，人们对这些缺陷是不可能视而不见的，这样一来对我们争取社会舆论也是大有裨益的。当缺陷越来越多地暴露出来后，人们开始越来越感到生活质量正在逐步下滑。如果再爆发大的石油危机，人们会进一步感到不满。目前，我们十分依赖石油，随着石油逐渐变得稀缺，其价格的大幅波动将会警醒人们认识到这样一个现实，即我们必须要转型到另外一种完全不同的消费以及发展模式。当没有石油供给的时候，一个最显著的变化就是只有区域性的地方经济体才能够生存下来。当然，对这样一种形势有时人们也可能会做出错误的反应，如他们可能会加紧对产油地区的控制，或者是快速转向核能资源的开发。不幸的是，机遇之门既是短暂的，同时也是有风险的。如果形势恶化到混乱成为社会的主流，并到了必须建立另外一种全新的社会体系的时候，我们必须抛弃自满，否则任何变革都难以实现。

消费型资本主义社会能否成功转型，并朝着正确的方向发展，关键在于是否能够树立足够多的榜样，并向人们展示更简单的生活方式是我们一个最优的选择。因此，对于每个关心地球命运的人而

言，努力为建立更简单生活方式做好充分准备工作，才是他们任务
的重中之重。在过去的 20 年中，"全球另类社会运动"已初见成
效，在运动的指引下，全球各地的很多民众开始建立并居住在新开
辟的集聚地，以确保更简单的生活方式充分落实。[1] 如果我们在第
10 章对形势的分析或多或少有些价值的话，那么地球的命运将依赖
于这项运动在不远的未来能否产生足够多的具有说服力的关于践行
更简单生活方式的案例。

11.11　现在我们能做什么

首先，每个人都能做的第一件事就是尽可能多地谈论这个问题。
我们目前急需对当前面临的形势进行极限分析以及对公众所关注的
更简单的生活方式的吸引力进行调查分析。

但是，最为有效的方法就是在我们的社区中践行一些新的生活
方式。当消费型社会模式彻底被宣布失败的时候，建立新型社会模
式的最为有效的方法就是让迷茫的人们看到一种新的社会组织方式
的生命力。

下面是关于第一步的简要论述，如果能够成功采用，可以使垂
死的乡镇以及城市的郊区最终转型为新型的经济发展模式。

转型过程中的协调机构是社区发展协作委员会（Community
Development Collective，CDC）。在理想状态下，CDC 将会制定一系
列的关于城镇以及郊区开展参与式自治的规则，但是刚一开始的时
候，仅仅只有很少的人愿意去做这样一个不体面的事情。

他们最初的目标可能就是建立一个社区花园和工厂，这样可以
确保以前那些不曾使用的高效资源开始被当地人所利用，并用来满

足他们的需求，这些高效的资源主要包括技术、能源、经验以及商誉等。尤为重要的是，在食物以及其他物品的生产中，要重点关注那些低收入的群体。这类企业就像一个合作性质的"公司"，参与者在其中通过出谋划策、提供劳动力，从而根据他们的付出来获取相应的产出份额。

那么，CDC 也可以去寻找一个领域，并在该领域中成立合作社，开展合作性的生产活动，从而满足当地社区居民的需求。一个最有可能被选中作为试点的领域就是烘焙面包。一周一到两次，合作社的志愿者可能使用社区的土制烤箱来烘焙面包，满足人们的需求，并且将剩余部分出售给社区之外的其他人。

其他可能被选中的领域就是家具、自行车以及家用电器的修理。然而，在这个过程中，工厂可能会变成商店，用来出售多余的产品。尤其是在废弃物收集日，将从社区搜集的废弃的家具、家用电器、自行车零件以及玩具，经过加工修理后再次出售，而搜集的废弃材料经处理后返回工厂用于生产。另外一些备选领域是房屋修理与维护、苗木生产、草药、汽车修理、家禽养殖、蜜蜂养殖、水果及蔬菜的保鲜与装瓶，玩具、拖鞋、凉鞋、帽子、手提袋、篮子制造、将社区中剩余的水果从个人运返果园。

其次，CDC 将会对一些复杂的产业领域进行调查研究，并努力在这些产业中组织高效的生产活动，如在公地上种植果树、种植生长较快的燃柴类树木、水产养殖、土制房屋的建造、隔离、再循环以及种植"可使用的景观类作物"。所有这些活动中，最为显著的特征就是生产活动变成了单独的、小型的、合作性的或者是私人性的企业。

这些生产活动还可以提供大量的无形价值，如参与社区授权以及相关的有价值的活动。所有当地人都能参与这些活动，而不仅仅是只有低收入群体尤其是园艺师、受雇做杂事的人以及佣人才参与这些活动，这一点是非常重要的。在理想状态下，花园和工厂应该成为充满生机活力的社区中心，该中心汇集着各种各样的信息、承担资源再循环、娱乐以及组织庆祝活动等职能。此外，在每周的特定时间，所有的人应该在某一指定的地点参加志愿活动，活动之后一起就餐、讨论、娱乐以及参与其他各类集体活动。

此时，我们应该做的就是要建立一个全新的经济组织模式，该组织模式不以营利为目的，而是注重合作、远离市场机制、实施参与式社会管理，其长期目标是将这种组织模式推广到全社会。

要实现这个目标，首先就应该让人们在新的产业领域中可以同公司开展经济交易，而这些公司主要在 CDC 正式启动前，在社区范围内运营。其次，我们还应该拿出一系列支持原有公司发展的行动，比如，对于饭店而言，其蔬菜的供应应该来自于 CDC 合作社的种植园中。

在社区中，我们不会建立与现有公司相互竞争的企业。比如如果再建立一家面包烘焙店的话，那么新成立的面包店将会抢占稀缺的市场机会，这除了会导致原来面包店中的员工失去工作外，从整个社会层面来看，并不会带来任何净收益。因此，在新型经济模式中，我们的中心必须放在创造市场以及就业机会上，让原来没有工作的人们能够再次就业。

随着越来越多的人开始就业，原有的企业将会受益很大，因为这可以确保它们进一步增加销量以及营业收入。此外，它们还可以将生产的产品卖给原来并不具有购买力的那部分未就业的人，而现在这部分人都已经实现了就业。

借助于人们的志愿活动，园艺以及工厂将会取得较快的发展。不久后 CDC 就可以开始组织社区的志愿活动了，也许这些活动可能只在特定的时间进行，主要目的是开发社区，使其变得更加美好，比如，在社区公园中种植果树及榛树，或者为新的合作社或者家庭工厂建造简易的房屋等。也许这就是开发当地土壤肥沃的公地的第一步。

　　为出售 CDC 通过分工协作所生产的产品，社区会定期组织市场集中交易，这样通过以零售方式销售商品，还可以为很多不能全职在企业工作的人提供在家庭园艺、手工艺制作或者家庭生产等方面的就业机会。

　　此外，得出通过社区生产可以在多大程度上取代从社区之外的地方的商品购买量是非常重要的。目前，城镇以及郊区的居民消费主要是靠外购来满足的，而不是靠自身的生产。如果商品是在我们社区之外生产的话，那么也就意味着其他的地方创造了就业机会，而不是在我们自己的社区创造就业机会，从而导致财富外流。鉴于此，CDC 应着手研究社区自身可以生产多少产品来替代外购。其中，食物是应首先实现自给自足的，其次是薪柴、隔离材料等，然后是木材、建造房屋的粘土、娱乐服务等。

　　CDC 必须高度重视实现社区范围内自给自足的重要性，从而减少财富外流，也就是说，生活要简单、要自己动手做家庭园艺、修理、水果保鲜、资源的循环再利用。这样的话，消耗的产品越少，社区需要外购的商品量也就越少。因此，我们的生活方式越简单，就越有可能通过自身的生产来满足自己的需求。那么，我们自己做得越多，生产的产品也就越多，这就意味着用于外购商品花费的钱将会越少。如果削减我们的开支，那么社区需要的外部产品或者劳动力就会相应减少。

　　CDC 也可以通过建立手工艺制作小组来增加家庭的产出，可以组织课堂教学、技术分享以及关于开展园艺、家禽养殖、篮子制作、做法、木工、缝纫、保险、拖鞋制造、编制、皮革制造、打铁等方面的展示，还可以邀请有熟练技艺的人去开办讲座。CDC 应该将材料的产地编列出来，尤其是来自于公地上的材料，如竹丛、芦苇、葡萄、草药以及粘土矿坑等，也应该研制营养搭配方案，但是使用社区自己种植的或者是野生的一些食材，其价格要便宜很多。

CDC 内部应该设一个委员会，其职责是如何为居民提供娱乐服务，这包括定期的音乐会、舞会、艺术家的表演、剧团表演、手工艺品展示、艺术画廊、野餐日、庆祝活动、仪式以及节日活动等。

最后，还应该成立一家社区银行（或者是一个信贷机构）以及商业孵化器，借助它们可以建立大量能够满足人们需求的公司。

CDC 最为重要的一个职能就是开展研究和教育工作。毕竟，其职责的重点就是使社区居民了解新的社会方式的特点以及可能带来的诸多好处。因此，所有 CDC 组织的活动都在不断唤醒社区居民的意识，使他们更加自觉地践行更加简单的生活方式。

如果我们想要建立一个持续发展的以及公平公正的世界秩序，那么社会的转型将是不可避免的，然而社会的转型需要大众的支持，只要他们深深地认同简单的生活方式，那么他们就会身体力行地去推动简单生活方式的落实，从而使他们所处的社区及其郊区最终实现高度自给自足以及能够互助合作的、独立的社区型经济体。然而，在这个转型以及 CDC 职能发挥的过程中，人们必须要有足够的耐心，因为这不是一蹴而就的，只有这样我们才能最终实现社会模式的成功转型。

目前，类似这样的一些行动在吸引参与者方面也遇到一些困难。但是，随着消费型资本主义社会所遇到的问题变得日益严峻，人们越来越认识到旧有的社会体制并不能解决当前的问题。如果人们看到社区中的其他人正在过着一种令人满意的生活，那么他们就可能会有很大的积极性去参与其中。日益严重的石油危机、美国房屋按揭引发的全球金融危机给我们从事的事业莫大的信心。

以上所提出的方法和路径是积极的，它并不是在我们建立新型社会模式之前，破坏现有的社会模式。一定程度上，这些方法可以使我们享受新的生活方式带来的好处，因此，相信不久的将来旧有的社会模式终将会被替代，这是历史潮流，是不以人的意志而转移的。最为重要的是，鉴于当前的全球形势，什么样的行动策略会更加有效呢？有没有其他更多的备选路径也可以使我们实现更简单的生活方式呢？

　　在招募工作伙伴面试时，我们通常会提出这样的问题："随着石油日益枯竭，而新能源也不能替代石油，你想要的未来的社区是什么样的呢？"

注　释

第 1 章

[1] 澳大利亚霍巴特大学工程学教授，A.B.C.科学展，2004 年12 月。

[2] 我以前重点研究的领域有：Trainer，F.E.，1995：新能源能够挽救工业社会吗？，能源政策，23，12，pp.1009-1026，以及Trainer，F.E.，2003：太阳能能够满足澳大利亚的电力以及液态燃料需求吗？，全球能源问题期刊，19，1，pp.78-94。

第 2 章

[1] Czisch（2004）认为，德国"目前马上就到达到发电最大极限了"，并且风能发电量"预计未来不会大幅增加"，尽管如此，目前风能发电量还不能满足 6% 的总能源需求量（然而，Dena 的研究中这一比重可能会达到 13%，详情参见注释 4）。

鉴于排斥因子的影响，丹麦的沿海地区发电量基本上也接近极限了（Country Guardian，2002）。其他一些研究人员也得出了类似的估计，并认为适合发电的地区已经是寥寥无几了。美国 EIA/DOE 在 1997 年的研究得出了这样的结论，"许多非技术性的风能发电成本调整因素最终导致在经济和技术上都可行的风能发电地区也仅仅只剩下了 1%"。Mills（2002，p.188）引用了一个结论，并认为 90% 的可以用来发电的区域可能在现实中都不可行。平均而言，他认为排斥因子可高达 30%~50%，即使是在人口稀少的地区也是如此。

Elliot（1994，p.8）和 Grubb and Meyer（1993，p.194）认为，区位约束条件也会使风能发电量减少 10% 左右。他们还认为，在人口稠密的欧洲，仅有约 1.5% 的区域在技术上可用于风能发电。El-liot、Wendell 和 Gower（1991）认为，在美国分离可达到 7 级的 75% 的地区都无法用于风能发电。Sorensen（2000，p.311）的报告显示，即使沿海地区可作为他用的也仅有 10%，比如作为航道。

［2］在风向恒定的地区，风车斜向一边的间距直径可能会减低 10×3，而不是以前所认为的 10×5。而 Hayden 认为，要达到 10×3 的水平几乎不可能，如果在风向不确定的情况下，间距甚至可能会达到 10×10。Mills（2002）以一个电容为 1.25 MV、风扇直径为 77 米的风能发电站为研究对象，讨论了风车间距与发电区域的问题。Sorenson（2000，p.195）指出，对于美国以及丹麦的大多数地区，风车间距在 10×5 左右是必要的。美国加州的风向具有很大恒定性，因此风车的间距可以适当减小。目前，现有的发电站都是建立在风能资源非常丰富的地区，然而我们还不确定，对于在风能资源不同丰富的大型的风能发电站而言，究竟多大的间距才算合适，并由此可能会导致电容量下降多少。

Sorensen（2000，p.435）认为，如果间距为直径 10 米，鉴于风车之间的相互干扰因素，那么电容量可能会损失 10%。然而，如果风能发电进行大面积推广，还会导致其占用大量的土地的同时，风车布局的密度提高，Sorensen 指出这样的话可能会使电容量损失进一步增大，如果大量的风能发电站都集聚在一起的话，风能的干扰效益就会叠加。Grubby 和 Meyer（1993，p.186）认为，由于风车布局过密可能导致电容量的损失达到 25%，而通常平均为 13%。

随着风能发电的不断推广，发电站能够选址在风能最为丰富的地区变得越来越难。如果风能发电在夏季要为美国供给很大一部分能源的话，大多数发电站可能都会布局在平均风速为 6.5 m/s 的地区（在这些地区，很多发电站所在地的风速可能会更低）。然而，风速的高低是否会影响到平均电容率，目前还不得而知，但是在这些地区，发电系统的电容率大约要低于 16%，与单个发电站的电容率有很大差异。

目前，欧洲及美国的电力总消费量分别是风能发电量的 42 倍和 250 倍。因此，如果风能电可以增长到供给电力需求的话，比如全部需求量的一半，那么风能发电的占地面积将会达到增加，发电的平均效率也将会低于目前，因此平均电容率会比现在的水平更低。

［3］我们所需要的不是理论上的一个"电力曲线"，而是在某一地区实际的平均月度发电产出以及平均月度风速情况。而电力曲线假设在理想的状态下，比如以风速为 7 m/s 为例，要得到一年的风能电产出量，就是将每天的发电量乘以 8760 个小时，然而这一结论是极具误导性的。例如，当风速提高然后再下降，这时发电站会处于加速状态，因为产出通常会滞后于风速的变动。更为重要的是，发电站产出的大部分电能其实都是由高风速来推动的，因此，计算平均风速比计算风力平均分布更没有意义。

［4］Dena 的研究明确地指出，到 2020 年德国风能发电量可能会满足月 13% 的能源需求，同时输电网或者是备用发电系统不需要大量的增加。然而，德国能源组织（主要致力于风能研究）的研究看似会给人以误导的嫌疑。比如，其研究中提到，长约 400 公里的

电网必须要升级到 850 公里的新型电网。然而这一点并不是不必要，研究显示要使风能电供给 10% 的全国能源需求，全国范围内的输电网必须要扩容 5%。

绝大多数难点以及高昂的开发成本，其中包括建设一批新的电网系统用于输送沿海地区产出的风能电，然而这一成本还没有涵盖全部的成本项目，因为该报告中仅对截止到 2015 年的成本进行了初步测算。

"更加精准的预测可能会消除对备用电容的需求"，这一观点可能具有很强的误导性，正如以下分析的那样，事实并非如此。然而，即使是高度精准的预测也不能解决风能周期性的变动。研究报告中的表 2 显示，之所以得出这样的结论，主要原因是他们直接从平均风速的分布情况得出答案，然而，现实是风能的平均供给量仅能达到预计的 36 GW 的 19%，而对于全国而言则更低，即只能实现预计 250 GW 的 7 GW。然而这还不是最重要的。的确，要应对 7 GW 电力供给的缺口，化石燃料面临着巨大的缺口，但是如果缺口为 36 GW 呢？也就是说，没有风时，如何应对这 36 GW 的用电缺口？这一观点的关键在于，平均分布仅仅提供了平均水平，但是并没有明确地告诉我们风速的波动情况，以及在什么时候发电量可能低于平均水平。

研究报告中的表 5 实际上已经提供了关于上述问题的一些信息。在冬季，风能电"统计意义上的保障电量"大约为 2.3 GW，夏季为 1.8 GW，仅为风能发电系统电容量的 6.4% 以及 5%，也就是说，有时风能电的供给量会大幅低于平均电力缺口的 19%。这些数据对于分析"发电系统可靠性"也具有重要意义；详情参见下文。

［5］报告根据对冬季时节风能发电效率的研究，认为需要对风能最小的时候进行研究，然而此时其发电可靠性（通常为风能发电装机容量的 0.2~0.3）很难确定。实际上，没有任何一个风能发电站

的发电效率可以达到其电容率的 20%，更不要说整个发电系统的发电效率可以达到这样的水平了。2003 年，英国发电系统的平均效率仅为 0.24，丹麦经常会下降到 0.05 左右。对于风能发电效率的季节性波动，除了 Czisch 的研究，目前已有的文献还没有对其进行专门研究。Czisch 在其研究中指出，欧洲冬季风能发电效率是夏季的 4.7 倍。本书对此得出的重要结论主要是基于 4 项研究，一项是具有挑战性的 DENA 电网研究（参见注释 4），另一项是对与英国风能发电情况迥异的北欧国家的研究（北欧国家的大部分发电都来自于水力发电以及抽水储能，通过与其他国家电网的密切连接以及北欧广袤的地域，各国间电力可以相互调剂余缺）。

[6] 在这种情况下，风能发电站效率一般低于平均电容量的 40%，并且其每天平均持续时间可达 5 个小时。如果将所有发电站都纳入到一个横跨三个州的巨型电网中，可将这个周期降低至 2 个小时。

[7] 在该州，风能发电低于电容量的 5% 的概率约为 13.3%。此外，只有 4.6% 的时间，风能发电处于较高水平，这样意味着在余下的时间中，大部分的风能发电站就可能处于闲置状态。

对于南澳大利亚以及维多利亚地区，虽然这一情况将更好一些，但是在这些地区，能够达到电容量 5% 以及 95% 的时间分别为 6% 以及 4%。

[8] 在夏季，强风常常可以大幅提高发电电容（p.19），比如，如果将所有州的提高都考虑进去的话，可以将电容率从 40% 提高到 70%，这相当于一个月的 12 倍。此外，西南威尔士州的电容波动程度较三个州的整体电容波动要高很多。

[9] Czisch 和 Ernst（2003，图 3）的研究显示，如果风能发电站间距为 500 公里，那么 12 小时的相关度约为 0.2，但是如果间距为 200 公里，相关度则为 0.62。

丹麦西部地区风能发电的波动大约是其他地区波动率的 1/3，虽然有了一定程度的降低，但是波动的绝对值仍然很大（风能发电月刊，2004 年 2 月，p.37）。

ESCOSA 的研究报告显示，澳大利亚南部地区（规划委员会，2005，表 C2，p.70）5 个发电地点之间的相关性非常的高，大约从 0.32 到 0.67，平均相关度（以半小时为一个周期测算）为 0.52。该研究还发现，如果将 12 个发电区域作为一个整体的话，那么其波动程度可以降低 50%（p.14）。

［10］假设一个发电系统只能产出最高荷载电容 25% 的电量，欧洲就是这样一个水平，这样的话则需要相当于最高荷载电容 26% 的备用电容。因此，对于每产出 1 MV 的风能电，我们除了要建设足够的风能发电站外，还需要建设足够多的燃煤发电站作为备用发电系统。然而，假设近年来丹麦和德国的馈入因子为 16%，那么每产出 1MV 的风能电，就需要建设电容量为 1.82 MV 的燃煤发电或者是核能发电作为备用。

［11］Coppin、Ayotte 和 Steggle（2003，p.46）提供了一幅风速为 7 m/s 的风速分布图、发电曲线以及电力产出分布图。然而在 10 m/s 的风速下，发电站将会产出最多的风能电，尽管其发电量只有最高产出的一半。据统计，低于 7 m/s 的风速产出的电量仅占总产出的 19%，而有一半的电量是由大于 11 m/s 的风速产出的，26% 的电量是由超过 13 m/s 风速中的 7.5% 的风量产出的。换句话说，发电站的发电量主要是由极少量的高风速来推动产出的。

Sorensen（2000，p.164）提供的数据也得出了同样的结论。对于一座位于 7 m/s 的风速地区的发电站，仅有 11% 的电量是由 7 m/s 的风速产出的，而有一半的电量是由大于 16.5 m/s 风速中的 1.5% 的风量产出的。

因此，平均风速对于我们的研究并没有多大意义。重要的是围

绕平均值的波动程度以及高风速发生的概率大小。从 Coppin、Ayotte
和 Steggle 给出的发电量产出分布图上可以得出，该发电站位于平均
为 7 m/s 的风速区域中，但在该区域风速基本上是一样的，那么其
产出的电量仅相当于理论产出的一半。

通过对维多利亚州风能分布图的研究，进一步佐证了这一结论。
该地区的风能资源为"中等"或者"较为有限"，其平均风能一般
与全州平均值接近，但其中也有一些地区的平均风能要高于全州平
均水平。同样地，风能资源最为丰富的地区中，其中一半的地区的
风能均值与全州平均水平大致相当，但在风速较高时，风能量将会
稍微地增加。比如，Baw Baw 地区可能是该州风能资源最为丰富的
地区，实际上其风能均值与全州的平均水平基本一致，同样地当风
速提高时，风能也会稍微随之增加。在该地区，风速在 7 m/s、7.5
m/s、8 m/s、8.5 m/s 的频率仅分别高出全州平均水平 2%、1.5%、
1%以及 3%。也就是说，该地区不同时点所接收到高风能量间的微
小差异使其成为该州风能资源最为丰富的地区。

因此，未来收获的风能量的减少将会比"立方法则"（Cube
Law）所测算的要大很多。6 m/s 的风速产出的电量仅为 7 m/s 风速
产出电量的 67%，但是实际上对于位于 6 m/s 风速的区域中的发电
站，其风能电的产出要远低于 67%的水平。

当将维多利亚地区风能分布情况添加在 Coppin、Ayotte 和
Steggle 所提供的风能分布图上时，以上的分析将会变得更加清晰。
一座位于 6 m/s 风速的地区，荷载功率为 660 kW 的风能发电站，其
电力产出还达不到 6 m/s 风速的地区的 67%，根据估计仅有 50%。
反过来，这也表明，6 m/s 风速的地区电力产出仅为 8 m/s 风速的地
区的 1/3。

Coppin、Ayotte 和 Steggle（2003，p.46）的简要评述进一步佐证
了这一点。"……（风能发电站）位于风速较高的地区可以获得明显

的经济优势"。相反，在风速较低的地区，风能大幅下降的趋势非常明显（参见图24）。在位于平均风速为 8m/s 的地区、荷载功率为 660kW 的风能发电站，其发电产出量还不到总产出的 1.7%，同时还有 1% 的风速损失。然而，同样的一座发电站，如果位于风速 6m/s 的地区，其产出损失将达到 2.4%，同时风速损失为 1%。也就是说，这幅图要展示的就是，当风速下降时，风能发电量将会以加速下降。

[12] 这也是一个地图分辨率问题。在大比例尺地图上，平均风速为 6m/s 的地区，其中有一半的区域其平均风速在 6 m/s 及以上。

[13] Hansen（2004）得出，对于一座 1000 MV 的风能发电站，在电量传输 1000 公里的过程中，目前的电能损失率大约为 19%。Bossel（2006，p.56）认为，理想状态下，电力供给系统的能源损失为 10%，然而即使是美国也难以达到这样的水平。需要注意的是，在整个过程中电力的传输距离相对较短。通过查阅文献，我们也发现了一些更高的估计，如从澳大利亚南部地区传输至百里之外的 Snowy Dam，能源损失可能达到 25%（Enxiv，2005）或者是 20%（Ferguson，2005）。Lillies（2005）的研究报告显示，功率为 3GW 的输电线，从美国俄勒冈的达尔斯（Dalles，Oregon）传输至洛杉矶的西尔玛（Sylmar，Los Angeles）一共大约 4000 公里，能源损失高达 44%。

Czisch 和 Ernst（2003）预计，高压直流输电（如果每 1000 公里可传输 70 kW 的电量，这是海底电缆传输量的 10 倍）将会使风能发电的成本增加 30%~33%。Arnold（2003）的研究指出，对于燃煤发电而言，功率为 5 GW 的高压直流输电将会使燃煤发电成本增加 40%，如果传输距离为 5000 公里的话，则总成本为 20 亿美元。西部电力管理局所属的 Electronix 公司的研究报告显示，可以传输 660 MV 的、功率为 500 KV 的输电线的成本是每公里 60 万美元，功率为 500 KV 的变电所输电的成本是每千瓦 160 美元，功率为 250 MV 的海底电缆输电的成本为每公里 40 万美元。如果采用海底电缆输电，功率为 5GW 的输电线要穿越地中海，其成本将高达 80 亿美元，即每千瓦 1600 美元。这远远高于每千瓦的发电成本，这也意味着要将撒哈拉产出的电量输送到 4000~5000 公里之外的北欧地区的成本将是建造燃煤发电站成本的 2 倍之高。

导体的尺寸及其重量也是重要的考虑因素。一份研究报告显示，对于铜质输电线而言，功率为 5 GW 的光缆直径为 27 厘米，而铝质直径为 36 厘米。目前，传输电线一般都具有钢质内芯，但是对于大规模的输电，其重量和成本都将是极高的。此外，如果电缆是埋在地下的，还需要安装散热装置。输电距离为 4000 公里、功率为 5 GW 的输电线的输电损失率为 10%，也就是说，每输送 1 米的电量，其损失就达 0.12 kW。

[14] 在澳大利亚新南威尔士州，政府对风能发电的补贴是 100%，即 4 分/kWh，这就意味着发电站的电力定价为 8 分/kWh，才是经济可行的，但是这也是有前提条件的，即发电站必须位于风能资源非常丰富的地区，在该地区平均风速要达到 8 m/s 以上。在丹麦，风能发电的补贴也非常高，每年可达 100 亿丹麦克朗，即每千瓦时补贴 0.45 克朗，并且风能电的价格大约是其成本价的 4~5 倍 (Country Guardian，2002)。

在德国，对屋顶太阳能光伏发电的补贴为每千瓦时 48 欧分 (Douthwaite，2004，p.93)。Worldwatch (2001-2，p.46) 的研究显示，德国光伏发电可以享受 10 年期银行贷款免息的优惠政策，并且可以以每千瓦时 50 欧分的较低价格购买电力。Mills 认为，德国对风能发电的补贴要占到风能电零售价格的 85%~90% (2002，p.46)。E. ON Netz (2004，pp.3，4) 得出了一个更高的估计，即补贴大约为发电成本的 2.7 倍。另外一份研究显示，德国对太阳能光伏发电的补贴可达到每千瓦时 81 欧分，并在发电站的寿命基础上实施 20年 （www.solarcatalyst.com/solarcircle/docs/aitken–GermanyTransition.pdf）。

Babcock 和 Brown 的报告中关于功率为 200MV 的澳大利亚南部风能发电场的数据，为缓解风能发电不确定的财务状况带来了一丝曙光［悉尼晨报（Sydney Morning Herald），17.7.2003］。这项风能发电项目将花费 4500 澳元，风能电的售价为每千瓦时 8 澳分。假定电容率为 25%，那么未来 25 年累计总收入将为 10.51 亿澳元，然而项目建设借款产生的利息也将达到 2.5 亿澳元，运营与管理费用（按照每年资本成本的 2%测算）将达 2.25 亿澳元。因此，发电站生命周期内总成本为 9.6 亿澳元，仅比其全部收入略低，据此还可以进一步测算出年度收益，即每年约为 360 万澳元，投资回报率为0.8%。假设发电站的寿命为 30 年，电容率为 30%，那么收益也将会进一步提高。

Constable（2005）根据英国贸易与工业部的一份研究发现，尽管英国政府对风能发电的补贴比例占到全部收入的 50%~70%，但是它们"依然挣扎在盈亏平衡的边缘"。

第 3 章

［1］De Laquil 等人（1993）认为，中央接收器以及碟式太阳热能发电系统的成本分别比槽式发电系统高 1.14 倍及 1.43 倍。Sandia（2005）认为，它们的发电成本率分别为 1.6 及 2.5。Mills（2002）通过研究得出了四个不同的估计，其结果无论是一个估计都数槽式太阳能发电成本最高。Mills 和 Morrison 认为，碟式太阳能发电系统比 Fresnel 发电系统更加昂贵。根据 De Laquil 等（1993，表 15）的研究，碟式太阳能发电系统的成本是槽式太阳能发电系统的 1.5 倍。Sargent 和 Lundy（2003）认为，尽管目前槽式太阳能发电系统在市

场上比较受欢迎，但是碟式太阳能发电系统中的中央接收器或者是塔式发电系统的成本在未来会稍微减低，并有可能低于槽式太阳能发电系统的成本（在本书中，有时会使用"槽"代指 Fresnel 太阳能发电组合）。

Sandia 网站（www.energyllan.sandia.gov/sunlab/pdfs/lsolar–overview.pdf，"太阳能发电科技评述"）中的数据显示，每产出 1 千瓦的电量，槽式、塔式以及碟式太阳能发电成本分别为 4000 澳元、4400 澳元以及 12600 澳元，尽管他们预计到 2030 年，碟式太阳能发电系统的成本将会降低到槽式发电系统的一半。Sandia 的另一份研究中的数据显示，碟式太阳能发电系统的成本为 6000 澳元。澳大利亚国立大学的研究显示，对于大型的以及功率为 3MW 的碟式太阳能发电系统而言，其每千瓦的发电成本为 6000 澳元，对于功率为 50 千瓦的碟式发电系统其成本为 4000 澳元，但是他们却估计未来功率为 20MW 的碟式发电系统其成本只有 2000 澳元。Mancini 等（2003）通过对 4 台碟式发电系统进行研究，大部分发电系统都可以产出 1 千瓦的电力，且其发电成本都在 3000 美元左右，但仅有一台发电成本为 10000 美元。如果将这些资源投入用在建立一系列小型的发电站的话，其成本将远低于大规模发电成本。Heller 估计，未来大型碟式太阳能发电系统的发电成本为每千瓦 4500 澳元或者 6428 澳元。需要说明的是，这些碟式发电系统的成本并不包括储存成本，但是这一成本却被包括在了 Sargent 和 Lundy 的估计中。

［2］Brackman 和 Kearney（2002）对 1991 年 SEGS IX 发电效率进行了研究，在该研究中 SEGS IX 占地 483960 米，且该地区太阳入射量为 8 kW/m/d，经过研究发现其发电效率在 7% 左右。SEGS VI 的发电效率约为 10.7%。Quashning 和 Trieb（2001）研究显示，太阳热能发电的效率约为 10%~14%。Sargent 和 Lundy（2003）认为，太阳热能发电的效率可以提高到 15%~17%。对于塔式太阳能发电系统

Solar II，其发电效率为 7.6%，1997 年其每天的电能产出量为 1.3 kW/m。De Laquil 等（1993）研究中的表 15 显示，槽式太阳能发电的效率为 14%，而碟式太阳能发电效率为 20%（Sargent 和 Lundy，2003）。然而，Mills 等（2004）的研究却认为，槽式太阳能发电系统的发电效率可以达到 25%。

Sandia（2004）对功率为 30MW 的 SEGS VI 发电系统在 1997 年的发电情况进行了研究，其研究结果显示，每产出 1 千瓦的电量（并不是"峰值"，详情参见下文），其成本大约是燃煤发电成本的 6 倍（对于燃煤发电而言，其成本为 12 亿澳元+25 亿澳元，详情参见下文）。表 4A 显示，成本为 1.192 亿美元（几年前的数据）的发电站，减去由备用发电系统产出的约占 1/3 的电量，其每年可以产出电量净额为 57 GWh。然而，电容率为 0.8 的燃煤发电站每年可以产出 7008 GWh 的电量，即是太阳能发电量的 123 倍之高。Sandia 的研究还显示，可以产出同样多电量的槽式太阳能发电系统，其成本将会达到 123×1.192 亿美元即 147 亿美元（折合为澳元为 209 亿澳元）。实际上，这一成本还是有点低估了，因为燃气备用发电系统的成本还没有考虑进去。

Solarmundo 西班牙太阳能发电（Haberle 等，2003）的研究显示，如果一个地区平均年度太阳光线入射率为 7.3 kW/m/d，那么该地区太阳能发电效率大约为 10.5%。同时，其发电成本也将会相当地低，即每千瓦 540 欧元，这与 Sargent 和 Lundy 的估计 4859 美元比较接近。

在西班牙，通过对功率为 50 MW 的太阳能发电站 2010 年发电情况的研究，发现其成本也相当低，这可能是采用了 Fresnel 反射器的原因（Aringhoff 等人）。然而，其成本仍然比该地区燃煤发电成本高出了 7~8 倍。未来聚光板的平均成本会降低到每米 120 美元。如果年均太阳光线入射量为 7.3 kW/m/d，那么预计发电效率为 14%。这也就意味着，每天要产出 1.02 kW/m 的电量。一般，一座太阳能发电站需要 55 万平方米的聚光板，每天并可产出 56.1 万千瓦时的电量。然而，一座电容率为 0.8 的燃煤发电站，每天可以产出 1920 万千瓦时的电量，因此燃煤发电的产出是太阳能发电的 34 倍，也就是说，Andersol 型号的太阳能发电站要产出同样的电量，其成本将会达到 68 亿美元（折合澳元为 100 亿元）。第 3 章关于一维跟踪式太阳能光伏发电系统，其成本为 300~800 美元/米。SEGS VI 发电系统成本为 486 美元/米。Sandia 网站上发布的数据显示，槽式太阳能发电系统的发电效率为 11%，塔式为 7%，碟式为 12%，尽管该网站预测到 2030 年碟式发电效率将达到 25%。

另外一项研究 （www.solarpaces.org/SolarThermal_Thermatic_Review）显示，长期来看，未来太阳能发电成本可能会下降到目前的一半，这与 Sargent 和 Lundy 的研究基本是一致的。

[3] 以 Mills、Morrison 和 Le Lievre 的研究中功率为 400 MW 的发电站为例，其拥有 312 万米的聚光板，每年可以产出 112 万 MWh 的电量，但是假定以 Sargent 和 Lundy 估计的每千瓦时的成本为 4859 美元，总成本将达到 19.4 亿澳元。其 128 MW 的电量产出其实就相当于功率为 160 MW、电容率为 0.8 的燃煤发电站在同样的时间内的电量产出。然而，燃煤发电站的总成本仅为 2.24 亿澳元，因此，如果我们决定要建立太阳热能发电站，并且要得到像燃煤发电同样的发电效率的话，那么太阳能发电就必须要花费燃煤发电 8.7 倍的时间进行发电。当然，其他一些因素也应该考虑进去，如煤炭的成本、环境成本、太阳能的不确定性、储存成本以及"启动临界值"等（详情参见下文）。

功率为 30MW 的 SEGS VI 发电系统平均可以产出 6.5MW 的电量，也就是说，其电容率为 22%，发电成本为 1.192 亿美元，即每千瓦的发电成本为 3973 美元，但是假定电容率为 22%，那么每千瓦的发电成本将为 18054 美元，折合成澳元为 25600 澳元。

[4] 以下是一些悬而未决的问题。在发电效率与聚光成本之间的权衡之后（当温度越高发电效率就越高，但是为防止热量的损耗，所需的精密材料成本也随之上升），他们认为，最好在温度相对较低时进行聚光并发电，即在 270 度左右时。在此温度下，太阳热能的发电效率可能会达到 31.5%。然而，燃煤发电在 550 摄氏度时，其发电效率可以达到 37%；此外，Carnot 定律认为，要实现发电效率为 25%，那么相应的温度应达到 270 摄氏度左右。地质力学家认为，地热发电站即使在 270~300 摄氏度下，其发电效率也仅为 15%~20%。与 Mills、Morrison 和 Le Lievre 的研究结论相反，Sargent 和 Lundy 对太阳能发电未来发展的讨论显示，未来会采用更高的温度进行发电，对于塔式太阳能发电而言，其温度可以达到 800 摄氏度以上。他们的研究还假定，75% 的太阳能光束可以被吸收，并转化为热能，而 SEGS VI 发电系统附近地区，只有 50%~55% 的太阳能光束可转化为热能。Sargent 和 Lundy（表 4-3）还估计，到 2020 年这一比重会达到 56%。

虽然也有研究对以上数据做出了乐观的解释，但是在目前已有的文献中依然是寥寥无几，然而这也并不意味着未来不会出现。Fresnel 发电系统的确要比槽式太阳能发电性能更优，并且成本还相当地低廉。不幸的是，目前并没有足够的信息和数据对这一论断进行佐证。（遗憾的是，虽然该研究并没有提供更多的有价值的关于太阳热能发电以及电力科技的信息，这主要考虑到对中纬度地区太阳热能发电潜力作出评价将更加容易些，但是他们却不愿意对该研究提供帮助，并且不允许在研究中使用他们以前提供给我们的数据。）

[5] Jones 等（2001，图 14 至图 18）得到 10%。Sargent 和 Lundy（2003）认为，发电站运营需消耗的能源成本将占到发电总产出的 8%~10%（表 5-20）。

Haberle 等（2003）的研究表明，发电站所产出总电量的 8% 都被发电站自身所消耗了，尤其是在很长的吸收管抽取热能、吸收液体的过程中所消耗（例如，吸收管直径为 7 厘米，长度可达数百公里）。要对建材的能耗做出一个完整的分析，需要考虑到方方面面的因素，这包括发电站所需设备的生产过程中所消耗的能源等。关于对于发电过程中产生的耗能是否要设定一个标准一直处于争论之中，但在我看来这是不可避免的。比如，工人上下班、穿衣等所消耗的能源是否也要包括进去呢？

[6] Mills、Morrison 和 Le Lievre（2004）认为，功率为 400 MW 的发电站所需要的水泥以及钢材的投资回收期仅为几个月，但这与 Lenzen（1999）所得出的数据相差很大。假设所有的钢材消耗量是既定的，310 万平方米的聚光板大约使用 5200 吨的钢材，平均每平方米 1.89 千克。

Lenzen（1999）所提供的一系列数据一直备受争议。如果在太阳能发电站建设中消耗的太阳热能用于电能的生产，那么能源的成本占总产出的比重约为 8%~11%，而不是之前的 3%。那么，这是什么测算方法导致的呢？

在目前基本全部依托燃煤发电的电力经济条件下，对于上述提到的要将发电站建设中所消耗的热能转化为等价的电能，很多研究者都认为这样分析是不恰当的（即除以 3），因为 MJ 方法代表着对原始能源的实际值的测算，这部分能源必须要用于材料的生产（如果将太阳能光伏电用于生产材料的话，那么整个发电流程或将被改变）。采用太阳热能以及 MJ 方法是计算 ER 最为常用的方法之一。

用电能的形势测算能源产出是符合逻辑的，因为我们最终要得到的不是来自太阳热能发电站产出的热能，而是产出的这些热能可以转化为多少的电量，这正如一家乙醇生产厂家，想得到以液态乙醇形式存在的能源一样。在计算太阳能光伏发电的能源回收期时，并不需要将生产过程中投入的能源除以 3，将其转化为电能的当量，进而用于与最终产出的电能进行对比分析［比如，Gale（2006）认为投入的成本的测算采用 MJ 方法］。

虽然这也是饱受争议，但是如果以上的论断被接受的话，那么建造太阳热能发电站的能耗成本将是巨大的。当考虑到寄生能源后，能源的净产出将下降到总产出的 80%以下。

［7］Haberle 等人（2003）认为，在 307 摄氏度的温度下储存熔盐是一种常用的方法，但是在 390 摄氏度的温度下，目前还没有更加高效的设备可供采用。显然，在超过 360 摄氏度的高温下，进行大规模的热能储存目前还做不到（Eren，5.36，p.365）。随着温度下降，发电效率也会下降，并有可能下降到 28%。然而，Mills 认为，在 370 摄氏度的液态水的环境下，发电效率可能会达到 31.5%。

［8］将电能以氢能的形势储存起来后，在以燃料蓄电池发电的方式再次转化为电能，整个过程的能源总损失可能会高达 75%，在传输、储存以及抽取氢能的过程中，损失会更高，详情参见第 6 章。

［9］Mills 和 Keepin 研究中的图 3 显示了来自于 7 个不同的发电系统的年度电能产出情况。其中，4 个发电系统表现出了发电产出显著的季节性差异；另外 3 个系统夏季的发电效率相对较低，而且在冬季时节仅能实现 1.1 kW/m 的电量。

美国国家新能源实验室认为，在冬季 SEGS VI 发电系统的发电产出仅为夏季的 20%。通过将槽式发电站的聚光板调整到东西方向，其冬季发电效率将会有所提高，但是这样会导致年度电能总产出量下降 20%（下文将进一步讨论）。

Czisch 提供的分布图显示，在葡萄牙、摩洛哥以及毛里求斯，SEGS 发电系统在仲夏时节与隆冬时节电量产出比分别为（10+）∶1、3.6∶1 以及 4∶1。

以冬季的一天为例，SEGS VI 发电系统每天的电能产出仅为夏季的 1/4（Sandia，2005），剩下的电力缺口将通过燃气发电来解决。

2002 年，仲夏时节与隆冬时节电量产出比为 9.5：1。此外，年度电量产出的变化也非常大。1992 年，太阳能发电站的产出仅为 1995 年的 56%。因此，年度间的差异还包括另外重大的变动因素。

SEGS VI 发电系统每年产出的电量中的 41% 都是集中由夏季时节的 3 个月产出的，冬季时节连续 4 个月的累计产出量还不到全年总产量的 10%。因此，太阳热能发电的产出主要是集中在一年中很短的最有利的一段时间，这也就意味着太阳能的不确定性问题将比每平方米太阳光线入射量问题更为严重。在这个地区，仲夏时节与隆冬时节的电量产出比大约为 2：1，但是一般而言，这一比率为 5：1。令人惊讶的是，Sandia 提供的分布图中，这一比率竟高达 9.5：1。

显然，对于塔式发电系统而言，这一比率会稍微低一些。太阳能发电站 Solar One 夏季的电容率为 15%，但是冬季将会下降到 2%。在隆冬时节，发电系统的发电效率可能会降低到负值，也就是说，其自身消耗的能源比其产出的能源还要多。冬季时节，塔式发电系统电能产出的下降将比槽式以及碟式发电系统的下降要大得多。可再生资源数据中心的数据显示，在太阳能资源丰富的地区，南北方向的槽式发电系统夏季发电量与冬季的比率为 2：1，随着纬度的提高或者离赤道越远，这一比率就越大。

因此，以上的分析可以说是对冬季太阳热能发电问题严重性的有力佐证。夏季与冬季太阳光伏发电的产出与接收的太阳能基本上是一致的，也就是说，发电效率是相同的。然而，这与槽式太阳能发电技术有着明显的区别，随着接收到的太阳能逐步下降，槽式太阳能的发电效率也随之下降。

[10] 这类发电系统与固定的太阳能光伏板发电的效果是一样的，只不过是在正午时分，太阳可以直接直射太阳能光伏板。然而，固定太阳能光伏板所接收的太阳能大约相当于移动太阳能光伏

板所接收的太阳能的 3/4，移动太阳能光伏板也就是光伏板随着太阳的转动而转动，并始终保持与太阳光线成直角。

[11] 在太阳能发电槽很长的情况下，这也不是一个十分严峻的问题，因此，一般情况下太阳能发电槽一般很少带有槽底，但是如果在中纬度发电槽有 10 米长的话，那么其所接收到的能源的 10% 就可能会在槽底损失掉，无论是在夏季还是冬季，槽底的能源损失都是如此，同时，这也适用于带有 1 米高吸收管的太阳能发电槽。因此，对于在聚光板上部带有 10~15 米吸收管的，并以 Mills 线性 Fresnel 排列的太阳能发电槽，该问题更是不可避免的，并难以解决。欲通过扩大吸收管底部来解决这个问题的话，必将带来热能的损失，尤其是当太阳光线不能够反射到槽底部的时候。

[12] 这与 Broesamle 等（p.7）的研究结论基本是一致的。7 月份作为一年中太阳能资源最为丰富的时候，在太阳光辐射强度为 750 W/m 的时候，SEG VI 发电系统并没有电能产出，直到太阳光辐射强度达到 800 W/m 的时候，电能产出也仅能达到最高发电效率的一半，只有太阳光辐射强度达到 850~900 W/m 的时候，电能产出才能达到最高水平。

类似地，Jones 等（2001）提供的关于槽式发电站的示意图显示，在太阳光辐射强度为 700 W/m 的时候，没有电能产出；直到达到 750 W/m 的时候，能源产出也仅能达到最高发电效率的一半，只有达到 850 W/m 的时候，电能产出才能达到最高。

De Laquil 等（1993）的研究显示，只有当太阳光辐射强度达到 300 W/m 的时候，才有可能产出电能，尽管此时产出的电能量非常小，发电效率非常低。冬季时节，一天中悉尼的太阳光辐射强度超过 400 W/m 的时间大约也只有 2 个小时（Morrison 和 Litwak，1988）。甚至是在澳大利亚中部地区，冬季时节，太阳光辐射强度超过 400 W/m、500 W/m 以及 600 W/m 的时间分别为 6 小时、4 小时以及 2 小时（关于 DNI 的相关证据或者太阳能光线隔离度的相关分析详见下文）。

1992 年，SEGS VI 接收到的太阳能大约为 1995 年的 82%，但是电能产出却只相当于 1995 年的 56%，这再次印证了光线隔离度的下降将会导致大量的不均衡反射（NREL）。

来自 Sandia（2005）以及太阳能抛物线槽的数据进一步证实了对 SEGS VI 的观测结果。在仲夏时节，当太阳光辐射强度为 800 W/m 的时候，发电站的电能产出仅能达到其最高产出以及最高发电效率的 33%，而在 400 W/m 的时候，仅能达到 5%。这一效果在表 5.37 中表现得比较明显，并展现出了随着接收到的太阳能的逐步减少，太阳热能发电也会出现大幅下降。太阳辐射较高的地区有：美国加州的 Barstow 为 2725 kWh/m/y，当辐射下降 8% 时，电能产出下降 11%；约旦的 Wadi Rum 为 2500 kWh/m/y，印度的 Jodhpur 为 2200 kWh/m/y，当辐射下降 19% 时，电能产出下降 25%。换句话说，随着光线的隔离度不断下降，电能产出将以加速度下降。

太阳能发电碟以及中央接收器的发电临界值一般较低，因为其聚光度较高，然而 Kaneff（1992）通过对澳大利亚中部地区碟式太阳能发电系统的研究得出，当太阳辐射低于 400 W/m 的时候，发电系统将不能正常启动；当辐射为 650 W/m 的时候，发电量达到最高值的一半；当辐射为 1000 W/m 的时候，电能产出达到最高水平（图 82）。然而，Sandia（2005）的研究显示，碟式太阳能发电系统由于其可以将太阳能聚焦于一点，而不是聚光于发电槽的吸收管，因此碟式太阳能发电系统在辐射为 240 W/m 的时候，就可以气动发电了。这一点在 Heller（2006）以及 Mancini 等（2003）提供的关于欧洲太阳能发电的相关证据中，已经体现得非常充分了。太阳光线的隔离度与碟式太阳能产出之间的相关度要比槽式太阳能发电系统大一些，但这在现实中也并不是那么明显（参见下文关于碟式太阳能发电效率的论述）。

[13] 可再生资源数据中心，http：//rrdec.nrel.gov/。

[14] 在地中海 1000 公里海岸线附近地区，冬季时期太阳光线的隔离度要低于夏季。在西班牙、摩洛哥、阿尔及利亚以及沙特阿拉伯，夏季与冬季所接收到的太阳能之比分别为（3.4~5.1）：1、2.6：1、2.3：1 以及 3.0：1。此外，冬季时期这些国家的水平光伏板接收到的太阳能要比澳大利亚中部地区低很多，这些国家的每天接收到的太阳能分别为：2.2 kWh/m/d、无数据、2.7 kWh/m/d 以及 2.5 kWh/m/d。

[15] Broesamle 提供的太阳能地图显示，这一范围向西扩展了很多，并一直延伸到利比亚。然而，一般情况下，撒哈拉地区年度平均太阳辐射强度为 6 kWh/m/d。仅在埃及南部边界地区才能达到 6.5 kWh/m/d，这一地区大约占到埃及国土面积的 1/3。Mamoudou 太阳能分布图显示，北纬 20 度地区，夏季与冬季的太阳辐射度比率约为 1：1.65，但是在北纬 10 度的地区，这一比率则为 1：1.2，即冬季辐射强度相当于夏季的 83%。此外，还显示这一地区的辐射强度最强可以达到 6.5 kWh/m/d，这与美国的 5.5 kWh/m/d 相比，该地区要稍微高于美国西南部。然而，由于向西部扩展了很大一个区域，因此接近欧洲的地区，其辐射强度可以达到 6.0 kwh/mld 或者 5.0 kWh/m/d。

第 4 章

[1] 当然，未来的光伏发电成本会进一步降低（然而，从能源的成本来考虑的话，这些成本可能会提高），但是通过研究目前的成本情况，可以给我们理由来否定那些关于未来成本会提高的判断。以下是关于未来光伏发电成本估计的一些证据。Hayden（2003，

p.161 和 2004，p.210）的研究显示，自 1998 年以来，光伏发电成本有略微的下降。目前，光伏板的批发成本大约为每瓦 5~6 澳元，是零售成本的一半（BP 澳大利亚太阳能公司，Largent，2003）。对于巨大的维多利亚市场而言，光伏板的成本为每瓦 6 澳元（Origin Energy，2003）。据称，最近新推出的"裂片蓄电池"（Sliver Cell）技术可以使光伏板成本大幅下降，但是其他一些研究人员却认为这仍具有很大的不确定性。一些人还认为，裂片蓄电池的成本太高了（新南威尔士大学光伏及新能源工程项目）。

2004 年 5 月，通过对 BP 太阳能公司进行研究确认发现，80 W 的光伏板的零售价格为每瓦 10.5 澳元，批发价格为每瓦 6.87 澳元。需要说明的是，一块 0.65 米长的光伏板的成本则为每米 1292 澳元，发电效率为 12.3%，尽管商家声称发电效率可以达到 16%~17%。就这两者之间发电效率的差异的原因可以做这样的解释，即整个模块的区域包含了除了蓄电池面积以外的其他面积。因此，在评估光伏对系统时，牢记这一点是非常重要的。

Hayden（2004，p.198）指出，基于二氧化硅材料的具有计算设备的成本大幅降低，并不会对光伏发电成本产生影响，这与我们平时的设想有些不同。计算设备成本的降低通常是由于减小了计算机配件的尺寸而实现的，这同时还可以提高计算速度，但是这与光伏发电的效率却没有太大的关系。

不同研究人员对光伏发电的成本估计差异很大，因此这还给我们的深入分析带来了一些困难，尤其是关于成本估算的口径问题，比如制造商的利润边际等。

［2］参见 Kelly（1993，p.300）以及欧共体委员会（1994，p.24）提供的一些案例。太阳能系统（2003）估计，系统平衡成本（BOS）大约占到总成本的 43%。然而，他们也认为，由电网连接起来的装机发电系统成本为每瓦 12.5 美元，这也意味着系统平衡成本要占到

总成本的 60%。Largent（2003）认为，系统平衡成本将要占到最终总成本的 60%~70%。2003 年，BP 太阳能（澳大利亚）公司认为，系统平衡成本要占到总成本的 40%~70%。对于澳大利亚能源产业园区中，功率为 66.8 kWp 的发电系统，其系统平衡成本占到总成本的 63%。悉尼太阳能科技公司（2004）估计，2004 年 5 月系统平衡成本占到总成本的 50%。另外，Hansen（2004）认为，仅薄膜的系统平衡成本就占到了总成本的 20%（至于在该成本中是否包括了其他成本项目，目前还不得而知）。De Moor 等（2003）认为，系统平衡成本大约占总成本的 50%，并且在过去的 10 年中，比重未见有所下降。Peacock（2006）的研究显示，最近位于澳大利亚南部地区的 112 光伏板以及 129 光伏板发电系统的成本分别为每瓦 10 澳元及 11 澳元，这大约是光伏板成本的 2 倍。

被称为世界上最大规模的太阳能光伏发电系统，最近在德国正式投产运营（DW Radio，2004）。据报道，其成本为每瓦 5 美元，折合成澳元为 7.6 澳元。这一成本是相对较低的，部分原因在于使用了一个木质结构作为支架，该支架的寿命预计为 20 年，另外还由于德国政府对光伏发电的高额补贴政策，这其中包括了可以享受银行贷款 10 年免息以及以每千瓦时 50 欧分的低价优先购买电力的权利（Worldwatch，2002）。

这些数据也适用于非跟踪式发电系统。然而，对于全天都可以随着太阳转动的光伏发电系统而言，其可以多接收约 30% 的太阳能（在低纬度地区，但是在高纬度地区差异也不会太大，参见 Reichmuth 和 Robinson（图 2，p.3），但是其系统平衡成本也会较高。例如，在华盛顿州，功率为 10 千瓦的发电系统中一个直径为 15 米的跟踪模块就需要消耗 6.7 吨钢材，其成本大约为 20000~25000 美元，并且每一个模块都支撑着一个 80 米长的光伏板，即仅考虑钢材成本的话，其成本就达每米 250~312 美元。Reichmuth 和 Robinson（p.4）

认为，一般情况下，选择采用跟踪式的光伏发电系统是不理智的，因为这会额外大大增加技术的复杂性，从而提高发发电成本。

在此需要说明的是，在对光伏发电成本进行评估时，系统平衡成本是最大的不确定性因素，因为大多数情况下我们并不知道系统平衡成本是否都包含了所有的成本项目。同时，系统平衡成本也是最可能会否定本章所得出的成本估计的一项要素。因此，正如以上分析的那样，在评估光伏发电成本时，最好以最终的实际装机成本为依据。在以上的成本估计中，尽管有一些较低的估计，但是完整的发电系统的系统平衡成本总体应与系统自身成本大致相当。

[3] 位于澳大利亚新南威尔士州的 Mt. Piper 发电站的成本为 8 亿澳元（太平洋电力公司，1993，p.104）。1997 年，位于维多利亚州的、功率为 2000 MW 的 Loy Yang 发电站以 49 亿澳元出售，这也就是说，每 1000 MW 的售价为 24.5 亿澳元（悉尼早报，2003）。这一售价比其建造成本要高出很多。

[4] 能源发电的投资回收期问题可能会使对光伏发电的经济可行性的评估愈加困难。正如以上分析的那样，发电站的建造所消耗的能源成本是以货币支付的，而我们还可以用这些货币购买较为廉价的能源。鉴于此，发电站产出的能源还是比较昂贵的，但是如果从发电站产出能源的价格的角度来测算发电站的建造所需花费的货币成本，那么光伏发电的经济可行性就会全然不同了。此外，由于已产出待售的能源价格比目前的价格要高一些，从而将会降低对光伏电的需求以及光伏发电的经济可行性。

我在悉尼（南纬 34 度）家中的照明系统，在晴朗的夏季，可以输送 9.4% 的入射能源至蓄电池。然而，冬季的发电效率是比较低的，因为太远与地面成一个很低的斜角，因此来自太阳的能源就需要通过很长的距离穿过大气才能到达地表，因此，我需要跟踪式的光伏发电系统来解决这个问题，这与固定的光伏板发电系统相比，其发电效率要高 30%左右。然而，这一数据没有包括在蓄电池已充满的前提下（然而，电容为 80 安的蓄电池远远满足不了冬季时节的用电需求），剩余大约一半的已吸收的太阳能会白白损失掉。每个光伏板平均每天产出的电能大约为 0.2 kWh。如果以每千瓦时 4 欧分出售的话，则需要 270 年才能收回 600 澳元的光伏板。若将蓄电池也包括进去，在 25 年的寿命期内，光伏板的成本也仅占总成本的 28%，并且其产出的能源中仅有 70%的能源才能被输送到蓄电池中。

［5］这些数据与 Mills（2002，p.28）研究中得出的关于屋顶光伏发电成本 60 澳分/kWh 基本上是一致的。

［6］Smeltink（2003）进一步确认了这个一般性的结论，但是他们却认为一些聚光蓄电池的成本大约为 68 澳分/瓦。

［7］不幸的是，要取得关于跟踪式光伏发电系统的、精确的、有说服力的，并且已公开的系统平衡成本数据是不可能的，对于槽式太阳能发电也是如此。如果不考虑后者的热能交换设备的话，两种发电系统的支撑结构是基本上相似的，在这两个系统中，正是框架结构支撑着抛物线式的、Fresnel 反射镜，并且整个发电设备能够至少以一个轴为中心进行转动（随着季节的变化而变化）。鉴于发电系统都具有一个 U 型横切面的发电槽或者是反光镜，因此其横切面面积应大于太阳的辐射面积。Strebkov 等认为，两者的比例在 2：1 及 2.4：1 之间（而一些研究中的比例常常比这个还要低）。然而，这种效应对于平板的聚光器而言并不存在，但却会增加槽式发电系统每接收 1 单位太阳能的接收成本。对于西澳大利亚的罗金厄姆（Rockingham）发电项目，每平方米的弧度玻璃的成本为 70~80 澳元（Littlewood，2003）。

此外，我们还可以从太阳热能发电聚光器的成本中得到些信息，尽管这些成本通常包含了吸收管的成本，理论上讲，这并不是一个很好的推算依据。SEGS VI 聚光器的成本为 487 美元/米（约 700 澳元/米）。Strebkov 等认为，太阳热能发电系统中的中央接收器的聚光区的成本大约为 200~600 美元/米。Mills 和 Keppin（1993）认为太阳热能发电的聚光区成本为 250 美元/米。White Cliffs 碟式太阳能发电系统（Kaneff，1992）认为很多年前，其成本为 363 美元/米。然而，这些数据对于大规模能源发电的成本测算而言，并不是很好的测算依据。

在 Brackman 和 Kearney（2002）关于槽式太阳能发电的讨论中认为，聚光区大约占到总成本的 45%。不幸的是，这个数据也包括了热能吸收设备的成本，但是这却表明了，光伏聚光系统的系统平衡成本要比光伏组件成本高很多。

［8］假定发电效率为 3%，要为一台功率为 1000 MW 的发电站提供备用储存电量，那么储存电量必须为（8 小时 × 1000 MW＋16 小时 × 670 MW）100/3=618048 MWh 才能满足阴天时候的电力需求。这一储存量大约为燃煤发电站一天所消耗能源的 9 倍，是其产出电能的 25 倍。

［9］BP Solarex 公司 1999 年发布的关于英国 390 平方米光伏发电系统、瑞士 805 平方米光伏发电系统以及西班牙 Toledo 地区 7960 平方米光伏发电系统的数据显示，在过去的 3 年中，这些发电系统的电能产出大约是其聚光区所接收到的能源的 6%~7%。

位于墨尔本的大型发电站系统 2001 年的发电效率为 11%。而同样位于墨尔本的、功率为 1.26 千瓦的一座小型发电系统，其产出的电能仅为聚光区接收到能源的 8%，在隆冬时节，平均为 2.5%（Renew，1999）。

通过研究美国太阳能电力协会提供的实际发电效率方面的数据，我们发现大型发电系统产出的电能基本上是入射能源的 8%。

Ferguson（2000）估计，西班牙 Toledo 发电系统中，要生产所需的光伏板，大约需要消耗相当于发电系统产出的总能源的 25%（在此假定发电系统的寿命为 30 年)。

对于未能连接进入电网系统的发电站,最为重要的是,当产出的电能超过了需求量或者所需的储存量,剩余的电量就不得不白白浪费掉。假定在冬季时期,太阳能的入射量是夏季时期的 2 倍,那么在冬季时节一个大规模发电系统要能够满足所有电能需求,其储存电能的容量就必须是夏季时期的 2 倍。

第 5 章

[1] Lynd 等 (1991) 认为,即便是做出最为乐观的估计,即每公顷可以产出 21 吨生物质能源,那么美国闲置不用的农田仅能提供目前交通燃料需求量的 14%~28%(即使在肥沃的土地上大量使用肥料、水以及杀虫剂,也只能保证每公顷玉米的产量为 18 吨,然而,美国森林平均产量为每年每公顷 3 吨)。Di Pardo 认为,美国最多只有 10% 的农田能够用于产出纤维生物质。

Lynd 等人认为,在美国可以以每吨低于 56 美元的价格收集到 1.86 亿吨的废弃生物质(干)。Lynd(1996,p.410)认为,这可以产出 200 亿吨的乙醇。然而,这还不到美国石油消费需求的 6%。

Oak Ridge 国家实验室(Ornl,2005)认为,美国森林废弃物可以提供 8 夸特(8.4 EJ)的能源,而美国能源总需求为 100 夸特。假定不考虑森林的收获及运输成本,对于美国 2.5 亿公顷的森林面积,每年每公顷可以产出生物质约 2 吨,也实属高估了。

澳大利亚最大的废料源当属蔗糖生产了。如果每年可以收集 1100 万吨(Mills,2002,p.48),也只能满足大约不到 2%~4% 的能源总需求。Kelleher(1997)认为,在澳大利亚,每年可以收集农业废料大约为 2400 万吨,如果按照生态要求,每公顷土地要留存 1 吨的话,那么每天还可以有 30% 的增长。Bugg 等(2002b)认为,澳大利亚的非农业废料大约为 700 万吨，而全部农业废料为 5500 万吨。然而，一部分人就认为，应该将全部的废料返回到农田中，因为收集废料就会将土壤中的营养物质带走，并且未来随着肥料供应日益紧张，将会导致生物质发电量的减少，从而增加对石油的消耗。

[2] 我们不得不承认，目前存在大量的已经严重退化了的土地。一些人（p.636）认为，只有"相对高产的肥沃土地"才能实现较高的产出量。Oak Ridge 国家实验室的研究报告显示，种植在美国实验田中的柳枝稷、柳树以及杨树的能源产出为每年每公顷 11~15 吨（McLaughlin，1999）。Hall 等（1993，p.635）认为，欧洲"非常希望"试验田中的生物质产出能够提高到每年每公顷 10~12 吨。然而，对于大规模的生物质生产，则会需要大量的土地，因此在美国要找到这样大片的用生物质种植的土地是不现实的，更不要说澳大利亚贫瘠的土地了。Pimentel 和 Pimentel（1997，p.203）认为，美国农业的平均产出为每年每公顷 2.9 吨，需要说明的是，这一数据是在剔除最高产的土地、大规模使用肥料以及灌溉等因素的基础上得到的。

[3] Ornl 认为仅从美国 2000 万公顷的农田中获得较高的生物质产出也不是不可能的。Hohenstein 和 Wright（1994，p.187）认为，美国 9100 万公顷的农田每年每公顷的生物质产出平均为 5 吨。Graham（1994，p.187）认为，到 2030 年美国仅有 8800 万的农田可以利用，但是其中 75% 都已经不再适合用作生产生物质了，这就意味着仅剩 1620 万公顷的农田可以利用了。

[4] 森林的概念本身就是比较模糊的。澳大利亚统计局（2000）认为，澳大利亚森林面积为 1.64 亿公顷，但是由于树干倒映在地上的一半为 2 米，并且可以将森林覆盖率提高到 20%。因此，按照公认的口径测算的话，澳大利亚的森林面积大约为 4000 万公顷。

[5] 尽管目前概念并不统一，但是研究者们仍然对"肥沃"的

土地以及"适当"的土地提供了一些测算数据。"肥沃"的土地是指不考虑使用灌溉、放牧、占有期等因素的全部承载能力的之和。"适当"的土地是指剔除以上因素外，还包括不可使用的面积，如私人土地（土地所有者可能不想作为他用）、收割比较困难的土地以及接近小溪的土地。

Bugg 等提供的表 2 显示了在适当的土地上进行生产硬木树的一些情况：60 万公顷×18.9 t/ha/y，170 万公顷×15.4 t/ha/y、230 万公顷×12 t/ha/y、490 万公顷×8.6 t/ha/y、870 万公顷×4.7 t/ha/y、319 万公顷×1.3 t/ha/y。

对于发达国家，人均森林面积能够达到 1.4 公顷（8.6 t/ha）或者是 2.53 公顷（4.7 t/ha）已经很高了。从世界范围来看，人均森林面积约为 0.55 公顷，世界平均森林产量约为每年每公顷 3 吨。

［6］Sheehan 认为一些关于能源产出的数据让人感到迷惑不解，这些数据却被广泛引用，如 20 万公顷的土地产出 1 夸特（1EJ）的能源；每年每公顷可以产出 5000 GJ 的能源，这是木材能源产出量每年每公顷 7 吨的 36 倍之高，即使考虑到光合作用率 11%，要达到这一高的水平也不太现实；大多数植物的平均生长速度为 0.07%，而 Pimentel 的研究却得出，在以色列，水藻的生长速度为 3%。

光合作用是决定生物质以及生物质能源产出的关键因素。在自然生态系统中，在接收到的太阳能中，仅仅 0.07%才能够被植物所吸收并储存起来，即使是在特殊的环境下，如甘蔗种植，这一数据最高也只提高到 0.5%。对于平均太阳辐射强度为 5 kWh/m/d 的地区，植物能源吸收率为每公顷 1.4 千瓦（即一天中的平均水平）。而美国人均各类能源的消费率则为 10 千瓦。也就是说，要满足美国能源消费需求，人均土地量必须要额外增加 7 公顷，并且对能源转换过程中的损失政府不能进行补贴。对于液态能源以及电能而言，其转化效率大约为 33%，这也就说明，要满足人们的能源需求，人均生态足迹需要达到 20 公顷（到 2070 年，全球可以使用的肥沃的土地面积平均只有 0.8 公顷）。

[7] 参见 Pimentel 和 Pimentel（1997）的研究；亦可以参见 Pimentel（1984，1991，1998，2003）以及 Pimentel 和 Patzak（2004）。如果对于干馏器而言能源可信度是既定的，那么能源缺口仍达 20%。该研究还充分考虑到了能值投入情况，如制造机器以及建造基础设施所要消耗的能源。

Ferguson 认为，生物燃料的能源净吸收量"如此之低以至于这些方法几乎没有用武之地"（Ferguson，2000）。Ulgiati（2001）得出，在意大利，用玉米生产乙醇的能源回报率为 0.59，当废弃物中的能源能够充分利用的话，那么能源回报率可以提高到 1.36。他还得出，用玉米产出乙醇"并不是一个可行的选择"。

Slesser 和 Lewis（1979）认为，经过酸解的能源回报率为 0.3，经过酶水解的能源回报率为 0.125。Giampietro、Ulgiati 和 Pimentel（1997）得出，乙醇的净能源回报率在 0.5~1.7 之间。

Lorenz 和 Morris（1995）认为，随着技术的不断进步，目前已经可以实现玉米的正净能源回报率，但前提条件是非乙醇类能源产出的能源可信度是既定的。

Pimentel 和 Patzak（2004）通过详细分析来自生物质的乙醇生产所要消耗的能源预算，认为在任何情况下其消耗的能源比产出的能源都要大。玉米消耗的能源要比其产出的能源都要高 29%，柳枝稷高 50%，木材高 57%。对于来自大豆和向日葵的生物质柴油的生产，该数据分别为 32%以及 118%。然而，美国玉米种植及乙醇工业协会对这些数据持保留意见（对此我们深感不解）。

[8] Patzak（2005）批判了 Shapouri 等提出的关于大豆的能源可信度为 5.9 MJ 以及应将能源产出过程中剩余的副产品用于动物饲料的论断，并强调所有的副产品都应该再次返回农田。他还认为，要

从玉米中提取乙醇所消耗的能源比提取的能源还要高。

[9] Stewart 等（1979）估计，每吨木材可以产出 149 升的乙醇（4.3 GJ 的能源）。

Lynd（1996）认为，纤维材料如木材以及草料可以获得约为 4.4 的能源回报率（1996，p.439），长期来看，这一回报可以进一步提高到 7，甚至更高。主要原因是，与玉米相比，在木质生物质的产出中消耗的能源很少。然而，Lynd 所预测的数据中还包括了能源产出，但并不是以乙醇形式存在的能源。大约投入的 40% 的纤维生物质最后都会转化成尚未发酵的木质素，而木质素的燃烧可以产出电能。Lynd 认为，产出的电能大致相当于乙醇所含能源的 20%，因此木质素中的热能大约相当于乙醇中能源的 60%。需要强调的是，我们关注的重点是液态燃料的能源回报率，这也就意味着其他类型的能源也可能从乙醇生产中提取（然而，在这个过程中需要的电能也可以由过程中的副产品来产出，并且在计算能源成本时将其从中减去）。因此，Lynd 认为，未来能源回报率平均也会达到 4.4，但是仅对于乙醇而言，其回报率也只有 2.75。

Lynd 的研究中给出的数据显示，1 吨生物质的投入（20 GJ）可以实现 6.6 GJ 的乙醇。假定能源回报率为 2.75，要生产这么多的乙醇所需要的能源量大约为 2.4 GJ。因此，最终净乙醇产出大约为 4.2 GJ。事实上，这些数据也是 Lynd 在其关于目前科技发展的研究中得出的 [1996，以及 Lynd 等（2003）]。

Giampietro、Ulgiati 和 Pimentel（1997）提供的表 1 显示，虽然每投入 1 吨的生物质可以产出 8 GJ 的能源，但是其净能源回报率大概只有 0~0.4。他们认为"目前没有生物质燃料方面的科技能够适用于大规模的生物质电能产出"（p.53）。

Foran 和 Mardon 的研究中提供的表 32.2（1999）给出了一个较为精确的能源预算的估计，并认为乙醇的净产量出可以达到 80 升，每吨木材可以产出 2.3GJ 的能源，且能源回报率为 2.13。

其他研究得出的一些结论有：4 座生物质发电站分别可以产出的乙醇量为 416 l/t、265 l/t、265 l/t 以及 125 l/t（来自于废弃物，www.mrb.org/pdfs/pub26.pdf）。美国俄勒冈纤维研究协会（www.ener-gystate.US/biomass/document/OCES/pdf）认为每吨的生物质投入可以产出 227 升乙醇，并引用 NREL 的研究，即每吨的生物质投入所产出的乙醇量在 172~249 升之间（木材为 249 升）。NREL 关于 1 吨的生物质可以产出 257 升乙醇的论断，是被引用最为广泛的（www.eia.docl.gov/oiaf/analysispaper/biomass.notes.html）。而在该网站（www.princeton.edu/cgi –bin/bytesery.hr/–ota/disk3/1980/8008/800805/pdf）上公布的数据显示，每吨的生物质可以产出 70~120 升的乙醇。尽管这些数据之间存在很大差异，但是却隐隐约约地表明了，每投入 1 吨的生物质大约可以产出 190 升左右的乙醇。不幸的是，在所有这些案例中是不是所有的乙醇的产出量都是净额的概念，即是否扣除了乙醇产出过程中消耗的能源，目前我们还不得而知。

Ferguson 亦引用了 Giampietro、Ulgiati 和 Pimentel（1997）的研究，并认为在中等肥沃的土地上所需要的肥料以及杀虫剂所消耗的能源成本大约占产出的乙醇总量的 20%，并且在后续的收获、运输以及处理过程中，所消耗的成本大约可以占到 17%。生物质能源的生产还涉及大量的肥料的使用，这一般要占到消耗的能源总成本的很大比重。美国的玉米生产每年每公顷要消耗 135 千克氮肥，60 千克小麦。Mason（1992）认为，生物质种植园每年每公顷大约要消耗 50~60 千克的氮肥。

一般而言，生产过程所消耗的电能要占到全部消耗的 8%（这一论断被 Slesser 和 Lewis 所质疑，他们认为应该占到 21%）。其他的投入，包括钢铁、水泥以及水的嵌入成本，这部分要占到 8.2% 左右。而为产出乙醇全部投入的能源总成本大约占乙醇总产出的

63%，这就意味着能源回报率为 1.58%，估算的能源净收益为每吨 3 GJ。

Pimentel 和 Patzak（2004b）给出了一个更为详细的研究，其中包括对投入的成本项目进行了全面的讨论分析。但他们得出了一个令人悲观的结论，即用木材来产出的乙醇，其能源消耗量将比其能源产出量高出了 57%。

在研究中不经常被提及的一点就是处理废水所要消耗的能源成本。Giampietro、Ulgiati 和 Pimentel（1997，pp.210，591）认为，每生产 1 升的乙醇将会产生 13~37 升的高 BOD 含量的废水，要处理这些废水则需要消耗相当于能源产出量的 50%。Ulgiati（2001）认为，每净产出 1 升乙醇，产出的废水量将达 33.58 升，因此在计算能源净产出时，必须要将生产过程所消耗的能源成本要从乙醇产出中扣除。

[10] Ellington、Meo 和 El-Sayed（1993）基于目前能源成本现状提供了详细的分析，并在该分析中将能源成本因素考虑进去，如在建造发电站过程中所消耗的钢铁以及水泥的成本。他们认为，每投入 1 吨的、能源含量为 18.89GJ 的木质生物质，就可以产出 9.95GJ 的乙醇（即产出的乙醇为投入生物质的 53%），但是产出过程本身就需要消耗 5.4GJ 的能源。因此，其能源回报率为 1.84，投入的每吨生物质带来的乙醇净产出量为 4.55GJ。

Giampietro 等人（1997）在一个分析中，采用了 Ellington、Meo 和 El-Sayed 的假设，并得出能源回报率为 1.58，每吨生物质带来的乙醇净产出量为 3.3 GJ。

[11] Foran 和 Mardon 提供的表 4.3 中的数据显示，投入 2.2 吨 80% 干燥程度的木材，在追加投入 0.4 吨主要用于生产过程中的能耗，则可以产出毛重为 1 吨的乙醇。因此，80% 干燥程度的木材的能源回报率为 2.4，这比一般的木材回报率要高很多。此外，产出

的乙醇的能源含量大约相当于投入原材料能源含量的 33%。需要说明的是，在计算能源回报率的时候，我们必须要考虑到用于能源产出而消耗的 0.4 吨的材料。假定能源回报率为 2.4，如果能源产出为每吨 8.6 GJ，那么生产过程中所消耗的能源成本则为每吨 3.6 GJ。而（Beer，2004）认为，Foran 和 Mardon 的研究"过于乐观"。

　　Ulgiati（2004）也进行了类似的研究，木材的能源产出为每吨 4.5 GJ，即能源回报率为 1.1。

　　[12] 他们认为，未来给料中的 55% 的能源都可以转化为乙醇，而生产过程中所消耗的能源大约是 Ellington、Meo 和 El-Sayed 以及 Giampietro 等估计的 1/3 到 1/2，由此可见不同发电站所消耗的能源差异还是比较大的，即每产出 1 吨乙醇，所消耗的能源从 3.89 GJ 到 0.5 GJ 不等。尽管在美国发电效率为 22%（考虑到所有的能源成本，根据 Hohenstein 和 Wright 的研究，1994，p.164），他们仍假定生物质发电效率为 50%。在生产过程中他们假定的能源消耗为 2 GJ，这仅为 Giampietro 等以及 Foran 和 Mardon 假设的 11%。从表 1 中可以得到，消耗的电能为 0.5 GJ；而表下面的脚注 b 和脚注 c 主要是为了说明生物质的投入量目前还不确定，但是他们认为如果采取另外一种的核算方法，可能会使能源的净产出量下降 1/3。换句话说，他们的假设有点过于乐观，他们还认为未来随着科技的进步，发电效率的提高是不成问题的。

　　[13] 虽然这一估计的数据非常的低，但是我们目前还不清楚，如果电能产出过程中木材消耗的差异为 8% 的话，是否是由于在计算在过程中没有包括在生物质种植阶段的能源投入。然而，试图去证明这一论断的任何努力，目前都是无功而返。

　　[14] Youngquist（1997，p.187）认为，在 20 世纪 90 年代石油的消耗已达 66 亿桶，即每年消耗 2770 亿加仑，其中交通运输消耗石油 2120 亿加仑。美国能源部（2000）认为，美国交通运输消耗的

石油达到了 2120 亿加仑。联合国统计年鉴显示，2002 年全球人均石油消耗为 114 GJ，而美国石油及天然气人均消耗量为 203 GJ。国际能源组织（2006）认为，2005 年全球人均石油量为 145 GJ。

[15] 国家能源组织（Fulton，2005）认为，如果每吨生物质可以净产出 112 加仑的乙醇，即 9.7 GJ/t，那么，到 2050 年全球交通燃料的需求量的 1/3 或者更多都可以用生物质来供给（详情参见 Lovins 等，2005，p.104）。在他们的研究中并没有说明土地的情况，然而，研究得出的生物质的能源产出量很高，但现实中也仅能满足极小一部分能源需求。

美国国家学术委员会估计，到 2020 年生物燃料每年可为美国供给的能源大约相当于 5.84 亿桶石油（Lovins 等，2005，p.103），这大约相当于美国柴油及天然气总需求量的 15%。

Kheshgi（2000）在其研究中提到了 Hall 等（1993，p.632）所做的估计，即全球有 8.9 亿公顷的土地可以用于种植生物质，并可以产出 80 EJ 的能源（然而，对于大片的贫瘠退化的土地而言，如果认为其生物质产出量可以达到每年每公顷 10 吨，显然这一估计偏高很多）。在 20 世纪 90 年代，全球化石燃料的消耗量为 320EJ。而 Hall 等人估计，目前全球森林每年产出的能源量为 40EJ。他们认为，来自于全球种植园中生物质的所有能源产出都加起来的话，也仅相当于全球石油消耗量的 20%。

Koonin（2006，p.435）认为，生物质燃料可以满足全球能源总需求的 30%。

Pimemtel 认为在 20 世纪中叶，美国能源消耗总量为 85Q，这比美国所有绿色植物吸收的太阳能的总量 54Q 还要高出 30%（Pimemtel，1994，1998，p.197）（到 2030 年，美国能源消耗量将上升到 96Q。）

Kheshgi（2000）指出，目前美国乙醇的生产量仅为天然气消耗量的 0.8%，而能够生产乙醇的农田面积也仅占美国总农田面积的1%，这就意味着要满足美国的能源需求，种植生物质的农田面积应该是目前所有农田面积的 1.2 倍（这还包括柴油的生产），并且在计算乙醇的产出时，应减去生产乙醇过程中所消耗的能源。从另外一个角度来看，他们认为，到 2030 年美国仅有 1400 万公顷的农田可以用来种植生物质，并仅能产出 4.8 EJ 的能源。Tolbert 和 Schiller（1995）的结论与 Kheshgi 基本是一致的。他们认为，虽然几十年来美国农田中用于食物生产的面积越来越少，目前一共为 7400 万公顷，但是其中仅有 1600 万公顷的面积适合种植生物质。

Giampietro、Ulgiati 和 Pimentel（1997）发现，美国要用乙醇满足 10%的能源需求，这将要这对于这部分能源 37 倍的商业化的生物质投入。假定美国要用生物质来满足目前的食物及能源需求，那么需要占用的农田面积则为现有农田面积的 15 倍、农业耗水量的 30 倍、杀虫剂使用量的 20 倍。对于日本而言，则为目前农田面积的 148 倍（p.591）"目前，在我们的分析中，尚没有任何生物质燃料科技可以用于大规模的生物质生产，而可用耕地以及水资源却愈加严重短缺"（p.593）他们的分析并没有考虑到为保护生态环境，所应采取的相应污染控制措施，即任何应对大量废水的排放问题。鉴于各种各样的原因，Giampietro、Ulgiati 和 Pimentel 认为，"生物质能源并不能有效缓解目前对化石燃料的严重依赖"（1997，p.588）。

[16] 澳大利亚草料的平均生产量为每公顷 4 吨，每吨 30 捆，即每公顷可以产出 120 包，如果出手的话，每公顷可以获得 550 澳元的收入（在澳大利亚 2002 年大干旱之前）。澳大利亚农业经济局公布的数据显示，每公顷的生产成本约为 270~300 澳元，即净收益为每公顷 270 澳元。

[17] 面对绿色革命运动取得成绩，即使乐观主义者也不认为未来的产出可以翻倍。详情参见 Ragauskas 等（2006，p.484）。

第 6 章

[1] 即使将大量的氢能压缩或者是液化，容器也难以将全部氢能装进去。Bossel、Elliason 和 Taylor（2003）认为，如果用 40 吨的容器来运输氢能的话，其运输的氢能也仅相当于 288 千克的石油。Simbeck 和 Chang（2002）也得出了同样的结论，然而这一数据也是饱受争议。LBST 认为，如果氢能液化后，休积缩减到了原来的 10 倍，但是载重为 40 吨的卡车能够运输的氢能仅相当于 2.9 吨的石油，并且在液化过程中也会有大量的能源损失，但在以上研究中并没有将此损失考虑进去。根据 Friedman（2005）的研究，如果汽车用氢能来驱动的话，那么其燃料箱必须比原来汽油燃料箱大 14 倍。Bossel、Elliason 和 Taylor 认为，要运输压缩的氢能 200 公里，这个过程所消耗的能源量就相当于运输氢能量的 12.5%。

[2] Lovins 认为超级汽车的优点在于可以减少用于运输的汽车的数量，这种汽车的主要特点不是汽车本身的重量，而是其能够承载、运输货物的重量。正如《自然资本主义》一书中讲到的那样，Lovins 并没有认识到用天然气来产出氢能过程中可能存在的问题（要想得到本书更多批判性的评论，详情参见 Trainer 的相关著作，或 者 参 见 http：//socailwork.arts.unsw.edu.au/tsw/D50NatCapCanno－tOvercom.html）。事实上，他是认为未来美国的天然气消耗量可能会增长 50%，到那时天然气的短缺将会给美国敲响警钟，并且越来越多的人认为天然气未来的应用前景像石油一样，也是面临着诸多难题和困境。

第 7 章

[1] 澳大利亚昆士兰州能源办公署估计为 70%。Ferguson
（2004）研究中认为，假定抽水储能以及后续的水力发电的平均效率
分别为 56% 以及 64%，那么其实际则分别为 70% 以及 80%（美国俄
勒冈大学物理系，2000；德国 Esslingen 科技大学，2000）。如果以
60% 作为平均发电效率，那么要产出 1.7 单位的电能，则在储能后
还需要额外提供 1 单位的能源。

[2] Sadler、Diesendorf 和 Denniss（2003）研究显示，如果 1 立
方米可以产出 1MJ 的能源，则需要 38 平方公里的区域。

[3] Sorensen（2000，pp.568，552）给出了两个数据，40% ~
50% 以及 65%。Hansen（2004）认为，用于压缩空气的 75% 的能源
都是可以再次回收的，并且在回收过程中不需要消耗热能（他认
为，如果如果将天然气用于加热的话，那么总体能源回报率可达
85%）。

第 8 章

[1] 功率为 1000MV 的发电站，一天可以产出的电量为 2400 万
千瓦时，这相当于 8600MJ 的热能。来自于岩石源中的水，其温度
达到 270 摄氏度为最佳。在澳大利亚南部地区的模拟实验中，其输
入输出的温度之差为 167 摄氏度，且其发电效率为 15% ~ 20%。以前
的其他证据显示，发电效率一般为 8%。在产出的能源中，大约有
1/4 的能源被发电站自身发电所消耗，但是也有证据表明，"寄生"
能源损失也是非常高的。Burns 等（2000）认为，在模拟实验中，
"寄生"能源损失达到能源产出总量的 60%，但他们的这一结论被

认为是"荒唐的"、不可信的。

假定扣除寄生损失后，发电效率为80%。因此，功率为1000 MW的发电站要保持正常运转，每天必须要为其供给10×8600万MJ的热能。如果每消耗4200J的热能可以将1升水的温度提高1摄氏度，那么要使水温提高到167摄氏度，则需要701400J的热能，即0.7MJ。因此，要输送8.69亿MJ的热能，那么每天则需要12.28亿升的热水，即每分钟85万升，每秒1.4万升。如果以此速度要从岩缝中抽取500~1000立方米的水，可以说这是一项异常艰巨的任务，几乎是难以完成的，那么此时我们就需要考虑先前在估计中假设的"寄生"能源损失是不是有问题。

［2］ http：//ftp.ecn.nl/pub/www/liberary6/conf/ipcc02/costs –02 –06. pdf。

［3］这个计算公式是：（200GJ × 6% × 94）÷ 400。其中200是指目前澳大利亚人均能源消耗量200 GJ；6%是指目前能源消耗的增长率；94是指全球的94亿人口；400是指全球能源消耗总量。

［4］Lovins的主要观点是体现在Von Weizacker和Lovins（1997）的研究中。对于本研究的批判性分析参见Trainer的著作：《自然资本主义难以克服资源瓶颈》或者参见http：//socailwork.arts.unsw.edu.au/tsw/D50NatCapCannotOvercom.html。

第10章

［1］对于备选的合适的路径参见：Trainer（2005），"发展：一个全新的视角"，太平洋生态学家（Pacific Ecologist），夏季刊，pp.35-42，或者参见 http：//socailwork.arts.unsw.edu.au/tsw/D99.Dev.Rad. View.html。

［2］http：//socailwork.arts.unsw.edu.au/tsw/DocsTHIRDWORLD.html#

STRUCTURALADJUSTMENTPACKAGE。要了解更多关于第三世界国家发展的问题，参见 http：//socailwork.arts.unsw.edu.au/tsw/08b – THIRD–WORLD–Lng.html。

〔3〕要了解更多关于帝国的结构及运行，参见 http：//socail–work.arts.unsw.edu.au/tsw/10–Our–empire.html。想要获得关于此方面的更多文献资料，参见 http：//socailwork.arts.unsw.edu.au/tsw/doc–sOUREMPIRE.html。

〔4〕要获得关于全球化的破坏性影响的更多证据，参见全球化记录，http：//socailwork.arts.unsw.edu.au/tsw/docsGLOBALISATION.html。

第 11 章

〔1〕Hagmaier 等（2000）列举了超过 300 个居民集聚点。美国社区指引（国际社区协会，2000）列举出了 700 个居民集聚区（Douthwaite（1996）还对人口的迁移进行了分析（Schwarz 和 Schwarz，1998））。

术　语

（e）　该符号表示以电能形式存在的能源量，主要是为了与以热能形式存在的能源有所区别。

能源投资回报　能源产出量与能源产出过程中消耗的能源量之比，在本书中简写为 ER 或者 EROI。

总产出　是指能源的总产出量，这其中并没有将能源产出过程中消耗的那部分能源扣除。

馈入　是指发电站产出的电能中输送入电网供给系统中的比例或者是电能量。

整合　是指将诸如风能之类的新能源产出的电能输送入电网供给系统的过程，从而可以在一定程度上避免新能源的不确定性而影响电力供应。

不连贯性　是指大多数新能源具有很大的不确定性，比如风能，时而有风，时而无风。

净产出　是指能源总产出减去能源产出过程中消耗的能源。

（p）　该符号表示所提到的能源量为发电站产出的最高能源量。

最高电容量　是指一座发电站能够产出的最大电能量。燃煤发电站的平均电容量为其最高电容量的 0.8。对于位于风能资源丰富的地区，风能发电站的平均电能产出量是其最高电容量的 0.5。

渗透性　是指某一种能源能够供给的电能占全部电能供给量的比重。

缓变率　是指发电站电能产出由较低水平逐步向较高水平增长变动的速率。

（th）　该符号表示文中所提及的能源量是以热能形式存在的，主要是为了与以电能形式存在的能源有所区别。此外，这还代表热能，为"thermal"的缩写，表明发电过程中需要消耗热能，如燃煤发电站、燃气发电站以及核电站。

计量单位

kg	千克
t	吨
m	米（在本书中也代指平方米）
km	千米
MJ	兆焦耳（等于 100 万焦耳）
GJ	十亿焦耳（等于 1000 兆焦耳）
TJ	万亿焦耳（等于 1000 十亿焦耳）
PJ	一百万亿焦耳（等于 1000 万亿焦耳）
EJ	十万万亿焦耳（等于 1000 一百万亿焦耳）
kW	千瓦
MW	兆瓦（等于 1000 千瓦）
GW	千兆瓦（等于 1000 兆瓦）
TW	兆兆瓦（等于 1000 千兆瓦）

由于汇率变化是动态的，本书在书写过程中汇率也会随时发生变化，为便于分析，本书中美元与澳元的汇率均按照 1 美元=0.7 澳元来折算。

北京市版权局著作权合同登记：图字：01-2013-4781

Renewable Energy Cannot Sustain a Consumer Society By Ted Trainer ⓒ Ted Trainer 2007
First Published 2007 by Springer Science & Business Media BV
Chinese Translation Copyright ⓒ 2014 by Economy & Management Publishing House
This Translation of Renewable Energy Cannot Sustain a Consumer Society, The Edition is Pub-
lished by Arrangement with Springer Science & Business Media BV

图书在版编目（CIP）数据

可再生能源与消费型社会的冲突/（澳）特瑞纳著；赵永辉译. —北京：经济管理出版社，2014.1
ISBN 978-7-5096-2920-8

Ⅰ.①可… Ⅱ.①特… ②赵… Ⅲ.①新能源—研究 Ⅳ.①TK01

中国版本图书馆 CIP 数据核字（2014）第 017069 号

组稿编辑：王格格
责任编辑：勇 生 刘 浪 王格格
责任印制：黄章平
责任校对：李玉敏

出版发行：经济管理出版社
　　　　　（北京市海淀区北蜂窝 8 号中雅大厦 A 座 11 层　100038）
网　　址：www. E-mp. com. cn
电　　话：(010) 51915602
印　　刷：三河市延风印装厂
经　　销：新华书店
开　　本：720mm×1000mm/16
印　　张：19.25
字　　数：242 千字
版　　次：2014 年 6 月第 1 版　2014 年 6 月第 1 次印刷
书　　号：ISBN 978-7-5096-2920-8
定　　价：68.00 元